高职高专电子信息类专业系列教材
职业教育国家在线精品课程配套教材

PCB设计与制作
——Altium Designer设计应用
（第二版）

马 颖 李 华 苏鹏举 ● 主编

西安电子科技大学出版社

内 容 简 介

本书结合项目案例，以 Altium Designer 22 软件为平台，系统介绍了使用该软件进行印制电路板 (PCB) 设计与制作应具备的知识，内容包括简单原理图设计，复杂层次原理图设计，元件符号及封装设计，单面、双面以及四层异形 PCB 设计与 PCB 制作等，注重操作训练和实际应用。

本书针对高职高专教育的特点，力求通俗易懂，按照项目‒任务模式重构教材内容体系，通过对闪烁灯、呼吸灯、流水灯、万年历和无线鼠标等 5 个典型电子产品的原理图绘制和 PCB 设计进行详细讲解，使学生从软件入门、熟练操作到创新设计，逐步掌握 Altium Designer 22 软件的使用方法，同时读者也可以扫描书中的二维码，通过微视频学习软件操作，进行碎片化学习。

本书可作为职业院校电子信息类、自动化类等专业的教学用书，也可作为 PCB 设计初学者和相关技术人员的参考用书。

图书在版编目 (CIP) 数据

PCB 设计与制作：Altium Designer 设计应用 / 马颖，李华，苏鹏举主编 . --2 版 . 西安：西安电子科技大学出版社，2023.8(2025.7 重印)
ISBN 978-7-5606-6989-2

Ⅰ. ①P…　Ⅱ. ①马… ②李… ③苏…　Ⅲ. ①印刷电路—计算机辅助设计—应用软件
Ⅳ. ①TN410.2

中国国家版本馆 CIP 数据核字 (2023) 第 142080 号

策　　划　刘玉芳
责任编辑　刘玉芳
出版发行　西安电子科技大学出版社(西安市太白南路 2 号)
电　　话　(029)88202421 88201467　　　　邮　　编　710071
网　　址　www.xduph.com　　　　　　　　电子邮箱　xdupfxb001@163.com
经　　销　新华书店
印刷单位　咸阳华盛印务有限责任公司
版　　次　2023 年 8 月第 2 版　　2025 年 7 月第 4 次印刷
开　　本　787 毫米 × 1092 毫米　1/16　印　张　18.75
字　　数　441 千字
定　　价　59.00 元
ISBN 978-7-5606-6989-2
XDUP 7291002-4
如有印装问题可调换

前 言

本书是国家精品在线开放课程"PCB 设计与制作"的配套教材，书中以 Altium Designer 22 软件为设计平台展开讲解。本书在第一版的基础上，重新构建了内容体系，基于"项目导向、任务驱动"的教学模式，精心选择项目载体，将原理图绘制、元件符号及封装设计、PCB 设计和 PCB 制作等内容融合到各个项目之中。

本书的主要特点有：

(1) 本书采用模块化结构重组教材内容。基于 PCB 项目开发的工作过程，从组建项目研发团队、安排成员分工、搭建 PCB 设计环境，到接收客户资料、分析项目评估报价、划分任务、设计项目、实施检测、交付资料，再到最后考核评价项目，每个项目都是一个完整的 PCB 设计或制作过程。

(2) 书中每个项目都包含了完成任务需要用到的知识讲解，配备完成任务的操作指导及视频演示。对于共性知识点、技能点，在不同项目中会进行重复训练，使学生通过学习可以轻松熟记设计方法及操作步骤。每个项目结束后都有针对性的拓展训练，方便学生巩固所学内容，提高职业技能。

(3) 本书中的项目载体选择了闪烁灯、呼吸灯、流水灯、万年历和无线鼠标等 5 个典型电子产品，项目实例操作由浅入深、循序渐进，从简单的原理图到复杂的原理图，从单面 PCB、双面 PCB 到四层 PCB，从规则板到异形板，难度不断提高。教学设计从入门项目的手把手教学，到进阶项目、提高项目转变为以学生为主体，教师主导教学，最后的综合项目、创新拓展项目由学生自主设计，教师进行个性化辅导，以逐步提高学生的自学能力及创新能力。

(4) 本书在 PCB 制作项目中介绍了三种制板工艺方法：单面板的热转

印法、激光雕刻法和双面板的感光法。这些方法可满足具备不同实训条件的院校的教学需求。

全书共分为七个项目。四川信息职业技术学院的马颖老师修编了项目一～三的内容并进行了相关操作视频的录制，同时负责对全书进行统稿；李华老师修编了项目四和项目五的内容并进行了项目四～六的操作视频的录制；四川英创力电子科技股份有限公司的苏鹏举工程师修编了项目六和项目七的内容。

本书配套的教学资源，如操作视频、电子课件、技能训练题库等，共享在"PCB 设计与制作"国家级精品在线开放课程中。加入课程学习的方法有二：① 通过"学银在线"的课程网址 http://www.xueyinonline.com，搜索课程名称"PCB 设计与制作"，找到四川信息职业技术学院的课程，点击"加入课程"，注册登录即可加入课程学习；② 通过"学习通"App，在首页右上角点击"邀请码"，输入 MOOC 班级邀请码（在方法①搜索的课程网站首页有邀请码）即可加入课程学习。也欢迎教师通过我们的课程平台开设您的SPOC 班级，有教学需求的请联系编者。编者信箱：370129952@qq.com。

限于编者水平，本书在内容取舍、编写方面难免存在不妥之处，恳请读者批评指正。

编　者

2023 年 4 月

目 录

项目一

搭建 PCB 设计软件环境

PCB 是什么？

从智能手机到厨房电器，电子产品在我们的日常生活和工作中发挥着重要作用。印制电路板 (Printed Circuit Board，PCB) 是每个电子产品的核心部件，也是当今大多数电子产品的最基础的部件。图 1-1 所示的印制电路板就是某电子产品的核心。

图 1-1　印制电路板

PCB 主要应用于通信、消费电子、计算机、汽车电子、军事/航天航空、工业控制及医疗等领域。

项 目 描 述

　　某 PCB 公司在承接 PCB 设计项目之前，需要组建设计研发团队，做好项目准备工作。这里主要是指招募项目经理、PCB 工程师，进行团队成员分工等。然后需要完成 PCB 设计软件 Altium Designer(以下简称 AD) 的下载、安装和配置，并进行设计环境的测试。图 1-2 所示为 AD22 软件界面。

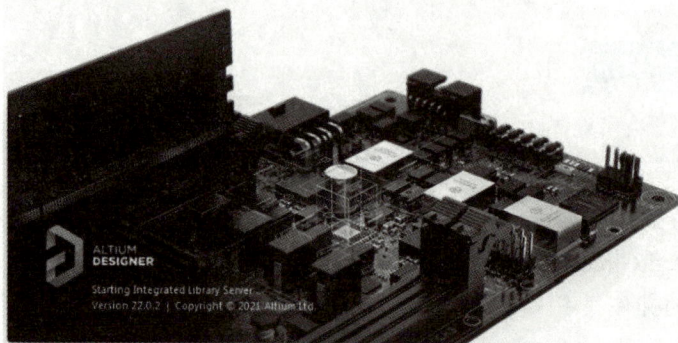

图 1-2　AD22 软件界面

项目分组

　　采用随机或扑克牌分组法，4 人一组，对班级学生进行分组，4 人分别担任项目经理 (组长)、PCB 开发工程师、PCB 测试工程师和项目验收员，模拟真实 PCB 设计项目的实施过程。分组完成后，小组讨论拟定组名和小组 LOGO，营造小组凝聚力和文化氛围，并确定任务分工。项目经理需完成表 1-1 的填写。

表 1-1　项目分组表

组别			小组 LOGO	
组名				
团队成员	学　号	岗　位	工 作 职 责	
		项目经理	安排任务，统筹计划，解决疑难问题	
		PCB 开发工程师	负责 PCB 设计环境的搭建、技术指导	
		PCB 测试工程师	负责 PCB 软件的测试及团队协调工作	
		项目验收员	按考核评价表对团队成员进行打分评价	

　　项目实施过程中，每个学生轮流担任组长、PCB 工程师等角色，让每个人都有锻炼组织协调项目管理、项目设计、项目测试和项目验收能力的机会。通过小组协作，培养学生团队合作、互帮互助的精神和协同攻关的能力。

任务 1.1 /// 安装 PCB 设计软件

任 务 单

任务要求

(1) 下载 Altium Designer 22 软件，本书使用的是 22.0.2 版本。

(2) 安装 AD22 软件，汉化软件菜单，正确注册软件。

(3) 随机分组，每 4 人一个设计小组，协作完成任务内容。

学习目标

(1) 了解 PCB 的特点、分类、组成要素、设计制作流程等基础知识。

(2) 了解 PCB 设计的常用软件及其特点。

(3) 会通过信息检索，从正确的途径下载 AD22 软件安装包。

(4) 能正确安装 AD22 软件，汉化软件，从官方获得许可证文件，注册软件。

(5) 学会制订工作计划、分工协作、团队互助，培养解决问题的能力。

任 务 准 备

一、认识 PCB

印制电路板 (Printed Circuit Board) 简称 PCB，是组装电子元器件用的基板，是在通用基材上按预定的设计，形成点间连接及印制有元件封装图形的电路板。印制电路板非终端产品，我们通常说的 PCB 是指裸板，即没有装配元器件的电路板，如图 1-3(a) 所示。装配了电子元器件的 PCB 如图 1-3(b) 所示。

(a) PCB 裸板   (b) 装配了电子元器件的 PCB

图 1-3 印制电路板

印制电路板是电子产品的核心部件，从电子玩具、手机、计算机等民用产品到导弹、宇宙飞船、航空母舰，只要有电子元器件的存在，都要用到印制电路板。印制电路板是电子元器件的支撑体，是电子元器件电气连接的提供者，因此，PCB 主要具有导电、绝缘和支撑三个方面的功能。

电子产品采用印制电路板可以大大减少布线和装配差错，提高了自动化水平和生产劳动率。随着电子技术的发展，电子设备越来越复杂，需要的元器件越来越多，印制电路板上的线路与元器件也越来越密集。

二、印制电路板的分类

根据印制电路板中导电板层的不同，可将印制电路板分为单面板、双面板以及多层板。常见的多层板一般为 4 层板或 6 层板，复杂的多层板其导电板层可达十几层。

1. 单面板

单面板 (Single-Sided Boards) 是指只有一面覆铜的电路板，所以印制导线集中在敷有铜箔 (Copper Foil) 的这一面，且元件的引脚也可以通过焊锡与铜箔焊盘在这一面相连接，因此称覆铜面为焊接面 (Solder Side)，如图 1-4(a) 所示。

元件面 (Component Side) 为放置元件的板面。对于通孔插装式元件 (THD)，元件集中放置在焊接面的另外一面，如图 1-4(b) 所示；而对于表面贴装式元件 (SMD)，元件面与焊接面都集中在同一面 (即覆铜面)。

(a) 焊接面　　　　　　　　　　　(b) 元件面

图 1-4　装配通孔插装式元件的单面板

单面板制作简单，造价低，但是走线不能交叉，必须绕独自的路径，因此只适用于制作简单的电路。

2. 双面板

双面板 (Double-Sided Boards) 即电路板的两面都有布线的导电图形，如图 1-5 所示。其应用最广泛，因为双面板的面积比单面板大了一倍，并且解决了单面板中布线交错的难点，且布线可以绕到另一面，所以它更适合用在比单面板更复杂的电路上。

连通双面板两面印制导线的"桥梁"叫作金属化过孔，是在 PCB 上镀上金属的小洞，它可以与两面的印制导线相连接，如图1-6所示。

图1-5 双面板

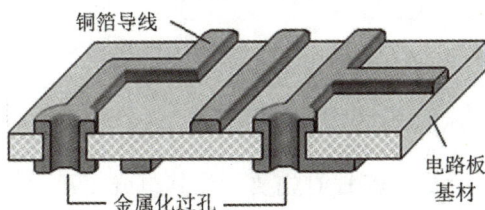

图1-6 金属化过孔示意图

3. 多层板

面对较复杂的应用需求时，电路可以被布置成多层结构并压合在一起，同时在层间布建通孔电路以连通各层电路，即形成多层板 (Multi-Layer Boards)。

用一块双面板作内层板、两块单面板作外层板或两块双面板作内层板、两块单面板作外层板，通过定位系统及绝缘黏结材料交织在一起且导电图形按设计要求进行互连的印制电路板就称为四层、六层印制电路板，也称为多层印制电路板，如图1-7所示。板子的层数就代表了有几层独立的布线层，通常层数都是偶数，并且包含最外侧的两层。大部分主机板都是四到八层的结构，各层都紧密结合，一般不太容易看出实际数目，不过如果仔细观察主机板，还是可以看出来的。

图1-7 多层板示意图

此外，根据 PCB 板材的软硬，PCB 可分为刚性 PCB、柔性 PCB 和软硬结合 PCB，如图1-8和图1-9所示。刚性 PCB 与柔性 PCB 直观上的区别是柔性 PCB 是可以弯曲的。柔性 PCB 的耐弯折性、精密性使其可更好地应用到高精密仪器 (如相机、手机、摄像机等) 上。

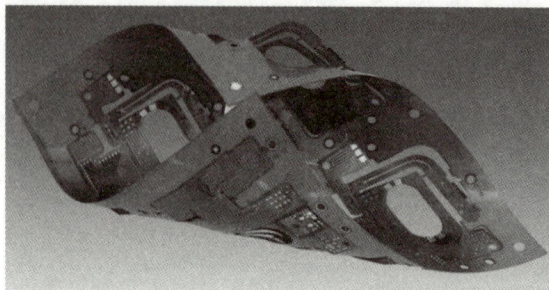

图 1-8　柔性 PCB

图 1-9　软硬结合 PCB

三、PCB 的组成要素

设计 PCB 时先要了解其组成要素，如铜箔、铜膜导线、焊盘、过孔、覆铜、丝印字符等。

1. 铜箔

制作 PCB 时要将敷铜板上的部分铜箔蚀刻处理掉，留下来的部分就变成 PCB 的线路与图面了，即铜箔，如图 1-10 所示。

2. 铜膜导线

印制电路板上，焊盘与焊盘之间用作电气连接的铜质导线称为铜膜导线 (Track)，简称导线。PCB 的导线有粗有细，粗的通常是电源线和地线，而细的则是数据线，如图 1-11 所示。导线的粗细主要是根据流过的电流值决定的，详细参数如表 1-2 所示。

图 1-10　雕刻法制作中的 PCB

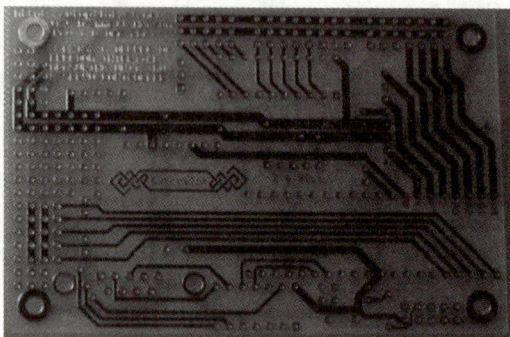

图 1-11　制作完成的 PCB

表 1-2　铜膜导线宽度、厚度与电流值的关系对照表

铜膜导线宽度 /mm		2.5	2	1.5	1.2	1	0.8	0.6	0.5	0.4	0.3	0.2
电流值 /A	70 μm	6.00	5.10	4.20	3.60	3.20	2.80	2.30	2.00	1.70	1.30	0.90
	50 μm	5.10	4.30	3.50	3.00	2.60	2.40	1.90	1.70	1.35	1.10	0.70
	35 μm	4.50	4.00	3.20	2.70	2.30	2.00	1.60	1.35	1.10	0.80	0.55

注：70 μm、50 μm、35 μm 为铜膜导线厚度。

3. 焊盘

焊盘 (Pad) 是用于焊接元器件引脚的金属化孔，可以固定元件引脚、引出线或测试线等。AD 软件封装库中给出了形状大小不同的焊盘，如圆形、矩形、八角形、圆角矩形等，如图 1-12 所示。根据元件封装类型，焊盘还分为通孔插装式和表面贴装式两类。通孔插装式元件封装焊盘上必须要有通孔，表面贴装式元件封装焊盘上无需通孔。设计 PCB 和绘制封装时，要充分考虑以下几个因素：元器件的外形、引脚粗细、放置形式、受热情况、受力方向等。

(a) 圆形直插式焊盘   (b) 矩形直插式焊盘   (c) 八角形贴片焊盘   (d) 圆角矩形贴片焊盘

图 1-12　AD 设计中的几种焊盘

4. 过孔

PCB 层与层之间的电气连接是通过金属化的过孔 (Via) 来完成的。过孔用于在钻孔后的基材孔壁上淀积金属层以实现不同导电层之间的电气连接。从工艺上讲，过孔可以分为盲孔、通孔、埋孔三类，如图 1-13 所示。过孔尺寸大小需要根据载流来设定，比如电源层和地层比其他信号层连接所用的孔都要大些。

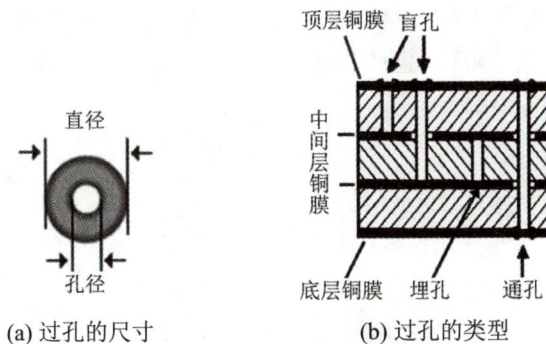

(a) 过孔的尺寸   (b) 过孔的类型

图 1-13　过孔的尺寸与类型

盲孔：从印制电路板内仅延展到一个表层的导通孔，用于表层电路和下面内层电路的连接，孔的深度通常不超过一定的比率。

埋孔：未延伸到印制电路板表面的一种导通孔。

通孔：从印制电路板的一个表层延展到另一个表层的导通孔，用于实现印制电路板内部的互连或作为元器件的安装定位孔。

5. 覆铜

覆铜 (Copper Clad) 就是将 PCB 上闲置的空间作为基准面，然后用铜箔填充。覆铜的作用：一是散热；二是屏蔽，用来减小高频干扰；三是降低压降，提高电源效率。覆铜类型有实心覆铜和网格覆铜两种，如图 1-14 所示。

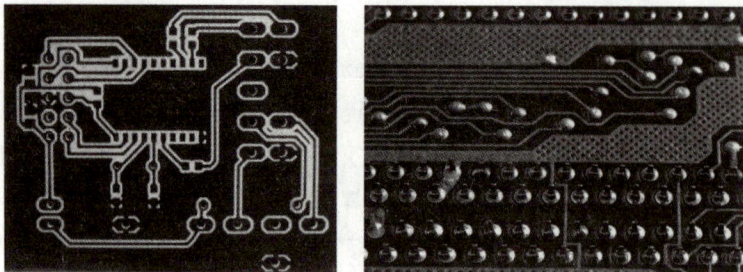

(a) 实心覆铜　　　　　　　　　　(b) 网格覆铜

图 1-14　PCB 上的覆铜类型

　　大面积的实心覆铜加大了电流和屏蔽作用，但是如果印制电路板要通过波峰焊，则可能会翘曲，甚至会起泡。网格覆铜可以减小铜的受热面，又能起到一定的电磁屏蔽作用，但是网格是由走线组成的，走线的宽度如果不恰当，也会产生干扰信号。通常有大电流的低频电路等多用实心覆铜，而对抗干扰要求高的高频电路多用网格覆铜。

6. 阻焊膜

　　常见的印制电路板有绿色、蓝色、黑色、红色等颜色，这些涂覆在 PCB 铜箔上面的油墨就叫阻焊膜 (Solder Mask)。大部分 PCB 使用绿色阻焊油墨，所以通常称之为绿油。这层油墨可以覆盖在除了需要锡焊的焊盘等以外的部分，其作用是提高焊接质量和节约焊料，避免焊接短路。它也是 PCB 的永久性保护层，能起到防潮、防腐蚀、防霉和防机械擦伤等作用。阻焊膜的颜色只是起到装饰作用，对性能没有什么影响。

7. 丝印字符

　　在阻焊膜上还会印刷上一层丝网印刷面，即丝印字符 (Silk Screen)，其主要功能是在电路板上标注各元器件的符号、位置框 (大多是白色的)，如图 1-15 所示，以方便组装后维修及辨识。

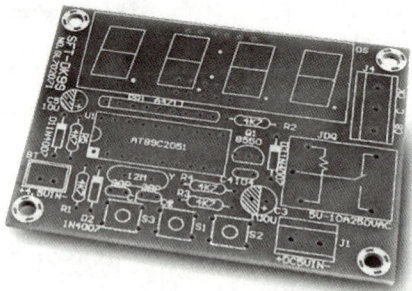

图 1-15　PCB 上的丝印字符

四、PCB 设计制作流程

　　下面以图 1-16 所示的一款爱心流水灯产品为例来介绍电子产品的 PCB 设计流程。

图 1-16 爱心流水灯实物图

1. 方案设计

PCB 工程师根据产品功能、技术要求或用户的设计需求，规划电路的基本模块，设计产品的电路图，并进行器件选型。如本产品中将电路分为四个部分，分别是最小系统电路、电源电路、下载接口和心形 LED 显示电路。其中心形 LED 显示电路含有 32 只直插式 LED 灯，排列成心形图案，通过写入程序控制单片机 I/O 口的高低电平，使 LED 灯灭或亮，形成各种花样效果。

2. 绘制原理图

根据产品电路模块绘制具体的电路原理图，确定元件的参数，完成元器件的封装设计。爱心流水灯的电路原理图如图 1-17 所示。

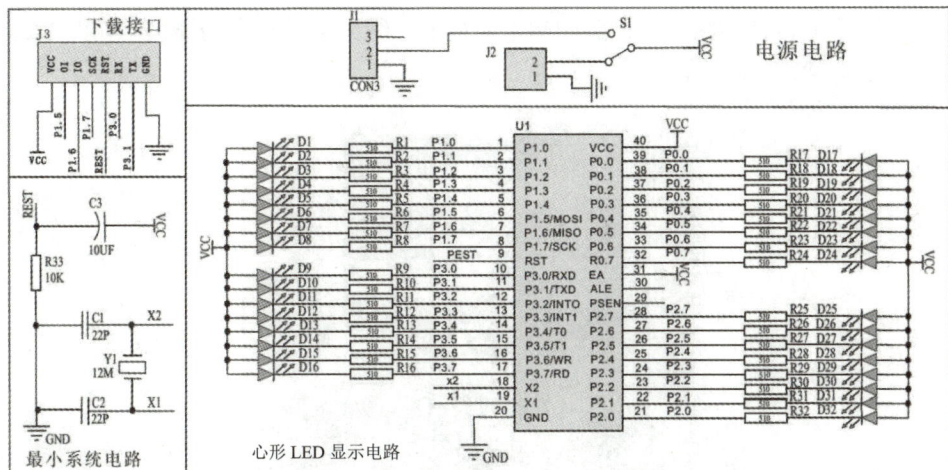

图 1-17 爱心流水灯的电路原理图

3. 元器件布局

绘制原理图后，将元器件封装和电路网络导入 PCB 设计中，根据产品的包装外形、电路结构、电磁兼容性规范、电气布局的合理要求、PCB 板叠层结构等特点进行元器件布局。爱心流水灯的元器件布局如图 1-18 所示。

4. PCB 设计布线

元器件布局好后，根据 PCB 设计中网络表生成的预拉线用铜箔导线填充。

爱心流水灯的布线如图 1-18 所示。电路板布线的合理性、规范性将直接影响电路板的质量。

5. 计算机辅助制造 PCB

PCB 工程师输出 GERBER 文件等制造文件，利用制板设备进行 PCB 加工制造。制作完成的爱心流水灯的印制电路板如图 1-19 所示。

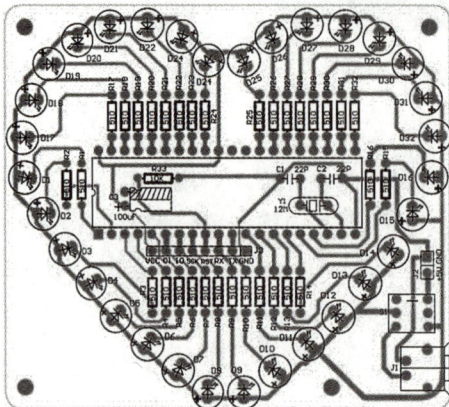

图 1-18　爱心流水灯的元器件布局布线图　　　图 1-19　爱心流水灯的印制电路板

6. 装配调试电子产品

将电子元器件装配、焊接到印制电路板上，得到电子产品的样机，如图 1-20 所示。最后通电调试，实现产品功能。

图 1-20　焊接了元器件的爱心流水灯印制电路板

五、PCB 设计软件

PCB 设计主要是版图设计，以电路原理图为依据，实现电路设计者所需要的功能。在设计印制电路板时需要考虑外部连接的布局、内部电子元器件的优化布局、金属连线和过孔的优化布局、电磁保护、热耗散等各种因素。优秀的 PCB

版图设计可以节约生产成本，达到良好的电路性能和散热性能。

本书使用的设计软件为 Altium Designer，是原 Protel 软件开发商 Altium 公司推出的一款高效的 PCB 设计软件。软件通过把原理图设计、电路仿真、PCB 绘制编辑、拓扑逻辑自动布线、信号完整性分析和设计输出等技术完美融合，为设计者提供了全新的设计解决方案，使设计者可以轻松进行设计。熟练使用这一款软件必将使电路设计的质量和效率大大提高。

说一说

除了 AD 以外，请了解几款常用的 PCB 设计软件，说说它们的特点。

1. 立创 EDA 软件

_____

_____

2. ORCAD 软件

_____

_____

3. PADS 软件

_____

_____

_____

4. 其他 PCB 设计软件

_____

_____

_____

任 务 实 施

一、下载 AD22 软件

到 Altium 公司官网 (https://www.altium.com.cn) 的下载页面，下载最新版的 AD 软件安装包，本书使用的是 AD22.0.2 版本。

学习笔记

学习笔记

二、安装 AD22 软件

(1) 运行安装主程序 Installer.exe，进入 "Welcome to the Altium Designer Installer" 安装界面，单击 "Next" 按钮。

(2) 进入 "License Agreement" 许可协议界面，如图 1-21 所示，选择语言为 "Chinese" 中文，勾选 "I accept the agreement" 选项，单击 "Next" 按钮。

(3) 在 "Select Design Functionality" 选择设计功能界面，如图 1-22 所示，不需要修改任何选项，单击 "Next" 按钮。

图 1-21　许可协议界面图　　　　　　图 1-22　选择设计功能界面

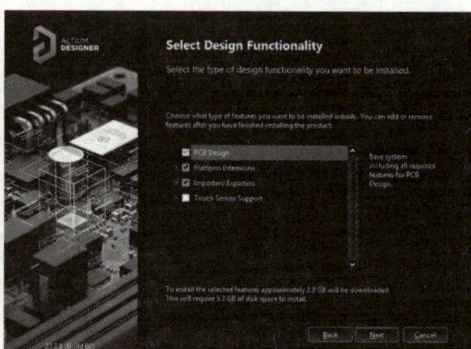

(4) 在出现的 "Destination Folders" 目的文件夹界面，如图 1-23 所示，可以修改 "Program Files" 软件的安装路径，以及 "Shared Documents" 共享文件 (库文件、模板文件等) 的路径，单击 "Next" 按钮。

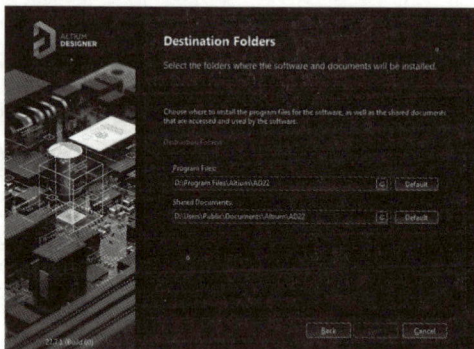

图 1-23　安装路径界面

记一记

请记录你的 AD22 软件安装路径：_____

_____

共享文件路径：_____

_____

☆技巧提示

　　AD22 的安装路径和共享文件路径默认在 C 盘，尽量不要修改文件夹路径，否则会影响元器件库、模板文件等共享文件路径的查找和搜索。但是可以修改安装盘符，如改为 D 盘，如图 1-23 所示。

　　(5) 进入"Customer Experience Improvement Program"客户体验改善计划界面，选择是否参加体验。单击"Next"按钮。

　　(6) 进入"Ready To Install"准备安装软件的提示界面，单击"Next"按钮开始安装软件，然后等待 AD22 完成安装。

　　如果计算机安装过 AD 软件，首次打开 AD22 时会询问是否导入以前的设置到 AD 软件中，选择"Skip"跳过。

三、汉化 AD22 软件

　　AD22 的汉化功能为软件自带的功能，启动软件，点击右上角的齿轮图标 ⚙，弹出图 1-24 所示的参数选择对话框。

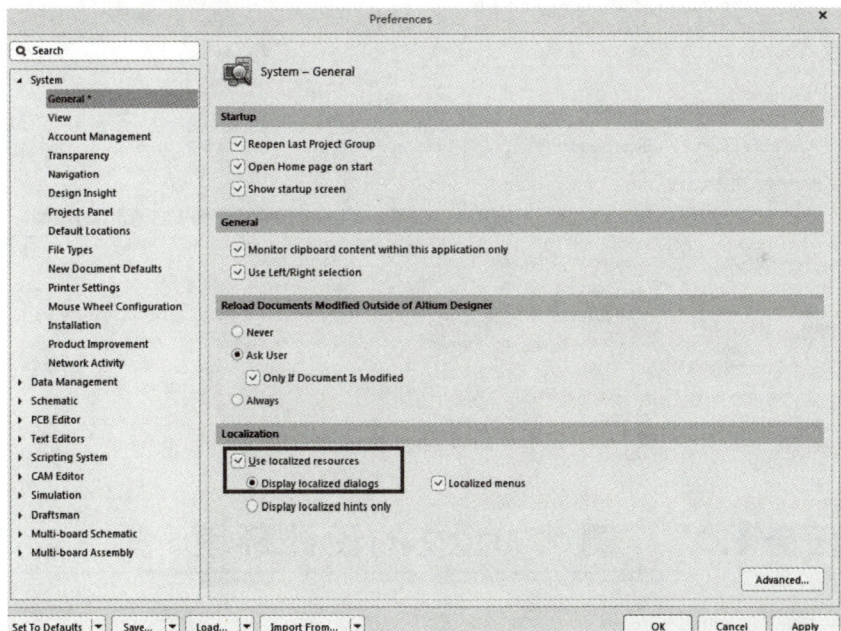

图 1-24　参数选择对话框

　　在对话框下方"Localization"（本地化）的选项中勾选"Use localized resources"（使用本地资源），然后点击"OK"按钮。最后关闭软件再重启，即可实现对话框、提示信息和菜单命令的本地化语言显示（即汉化功能）。

　　通过使用本地化的操作系统资源来进行汉化，但汉化后也有部分菜单会汉化得不完全，使用者可以根据自己的需要来决定是否汉化软件。

四、注册 AD22 软件

(1) 通过 Altium 公司的注册页面 https://www.altium.com.cn/free-trials，可申请免费的学生许可证。在经核实的学习期间内，该许可证每 6 个月可更新一次。

注意： 要申请学生许可证，必须提供与您所就读的大学域名关联的有效电子邮箱地址，如 .edu。

(2) 邮箱查收信息，点击链接，选择激活 AltiumLive 选项，跳转到账户注册页面，设置你的密码，出现 "Success" 表示注册成功。

(3) 启动软件，点击右上角的 "Not Signed In"，选择 "License" 进入 License Management 界面。点击 "Sign in"，在弹出的对话框内输入 AltiumLive 注册账号的邮箱和密码，并勾选 "自动登录" 选项，点击 "Sign in"。

(4) 登录后会看到软件许可证，如图 1-25 所示，在 Available Licenses 后面会显示能使用的有效日期。

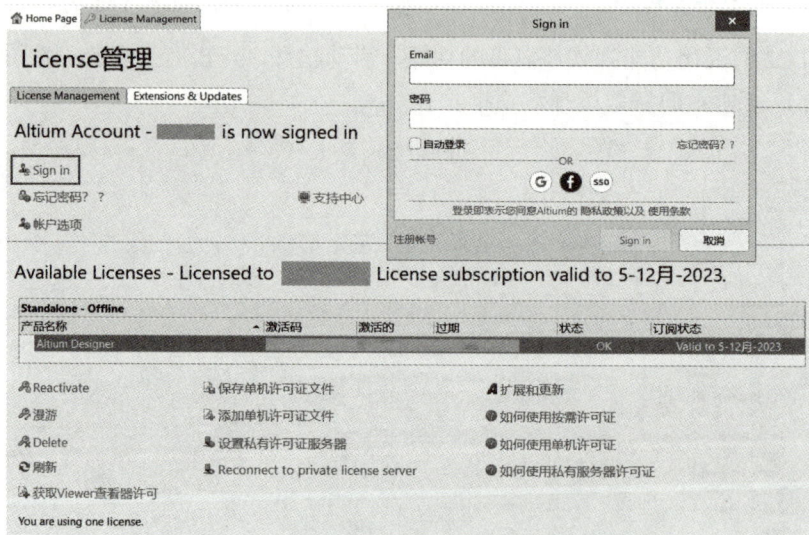

图 1-25　注册成功的 License Management 界面

任务 1.2　测试 AD22 的设计环境

任 务 单

任务要求

(1) 创建一个 PCB 工程项目。

(2) 在项目中添加原理图文件和 PCB 文件。

(3) 操作和管理工作面板，练习使用常用工具栏。

（4）正确关闭、打开工程项目及所有文档。

学习目标

（1）认识 Altium Designer 22 软件的主界面、参数设置界面、工作面板。
（2）了解 AD22 软件的工程应用及文档管理方法。
（3）会创建并管理 PCB 工程项目及其设计文件。

任 务 准 备

一、认识 AD22 软件的主界面

启动 AD22 软件进入主界面，如图 1-26 所示。该主界面包括标题工具栏、菜单栏、工作区面板、工作区窗口和面板标签等。

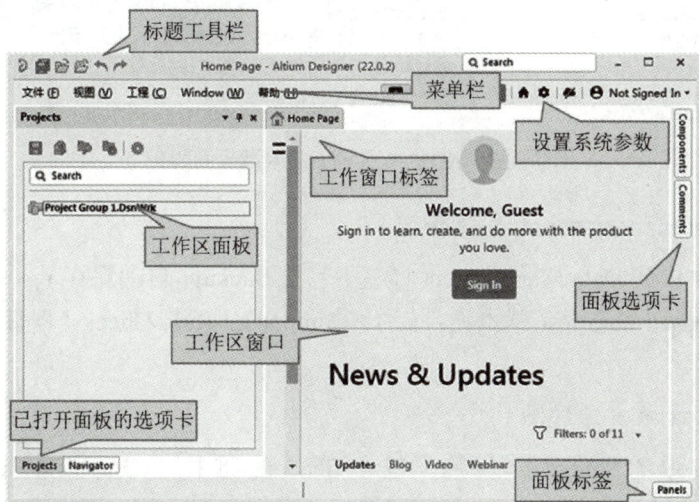

图 1-26　AD22 软件的主界面

二、认识 AD22 软件的参数设置界面

点击 AD22 软件右上角的齿轮图标，可以打开设置系统参数"优选项"对话框，如图 1-27 所示。可以在"System"→"View"的界面下方设置软件的 UI 界面。

对话框的左侧显示了系统各个参数设置的标签，以下介绍一些常用的参数设置标签。

1. System（系统）

图 1-27 中的 System 标签下包含 General（通用）、View（视图）、Transparency（透明）、Navigation（导航）、Design Insight（设计洞察）、Projects Panel（项目面板）、Default Locations（默认位置）、File Types（文件类型）、New Document Defaults（新

文档默认值)、Printer Settings(打印设置)、Mouse Wheel Configuration(鼠标滚轮设置) 等参数设置。

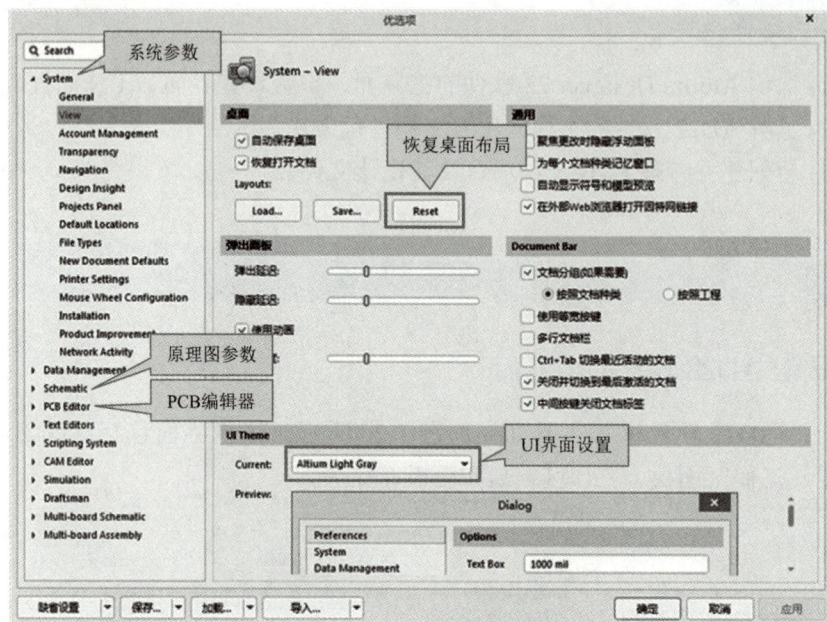

图 1-27　AD22 软件的系统参数设置界面

2. Data Management(数据管理)

图 1-27 中的 Data Management 标签下包含 Backup(自动保存)、Templates(模板)、File-based libraries(基本元件库)、Component Rule Checks(器件规则检查) 等参数设置。

3. Schematic(原理图)

图 1-27 中的 Schematic 标签下包含 General(通用)、Graphical Editing(图形编辑)、Compiler(编译器)、Grids(网格)、Defaults(默认值) 等参数设置。

4. PCB Editor(PCB 编辑器)

图 1-27 中的 PCB Editor 标签下包含 General(通用)、Display(显示)、Board Insight Display(板层洞察显示)、DRC Violations(DRC 违规)、Interactive Routing(交互式布线)、Gloss And Retrace(光标)、True Type Fonts(字体)、Reports(报告)、Layer Colors(图层颜色) 等参数设置。

三、认识 AD22 软件的面板

启动 AD22 软件后，软件主界面左侧默认打开 "Projects"（项目）面板和 "Navigator"（导航）面板。打开的面板可以通过单击面板底部的选项卡进行切换，也可以通过点击面板右上方的 "▼" 符号进行切换。

软件主界面右侧有 2 个隐藏的面板选项卡，是"Components"（元件）面板、"Comments"（评论区）面板，单击选项卡可以展开对应的面板。当光标离开面板后，在其他位置单击可以重新隐藏面板。

☆技巧提示

　　工作面板可以通过拖曳标题到一个新的位置，使其浮动或拉伸。要恢复默认的面板桌面布局，可以点击右上角的齿轮图标，在打开的窗口的左侧选择 System → View，点击"桌面"下的"Reset"按钮，如图 1-27 所示，最后点击"确定"即可恢复默认布局。

　　点击面板右上方的"▣"符号，可以锁定或隐藏工作区面板。点击"╳"符号可以关闭当前面板，当面板被关闭后对应的选项卡也会消失。

　　打开面板的方法有两种：一是通过执行菜单命令"视图"→"面板"打开面板，如图 1-28(a) 所示；二是点击软件主界面右下角的面板标签"Panels"按钮，选择需要打开的工作面板，如图 1-28(b) 所示。

(a) 通过菜单命令打开面板　　　　　(b) 通过 Panels 标签打开面板

图 1-28　打开工作面板的方法

四、Projects 面板中的工程文件

　　AD 软件的一个工程项目包含多个文件，如原理图、PCB 设计图、元器件库和封装库等，与之对应的目标输出相关联的文件，如打印设置、CAM 设置等都会被加入工程中。这些工程项目及其设计文档都显示在图 1-29 所示的 Projects 面板中，可以进行操作和管理。

　　当工程被编译的时候，所有设计文档的设计校验、仿真同步和比对都将一起进行，同时原理图和 PCB 设计图也将一起被更新。而图 1-29 中下方的"Free Documents"（自由文档）是与工程无关的文件，这些自由文档也不能进行编译、输出、PCB 设计导入等操作。

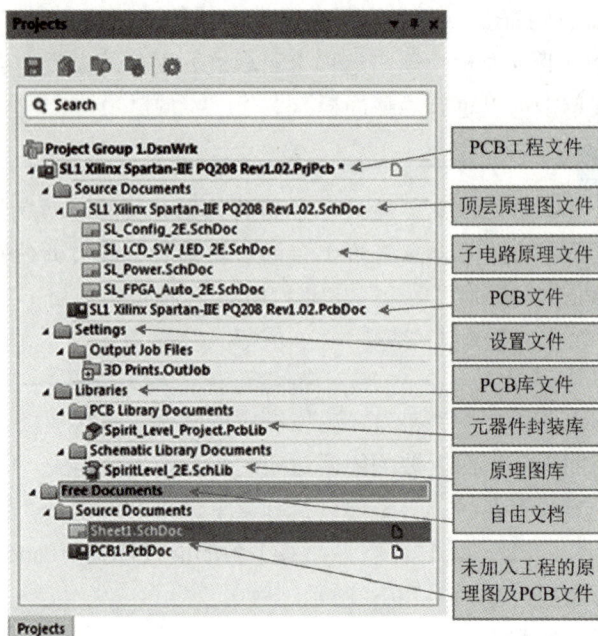

图 1-29　Projects 面板中的工程设计文件和自由文档

想一想

PCB 工程及其设计文件的后缀符号分别是什么？请你填一填。

PCB 工程名后缀为＿＿＿＿＿＿＿＿，元器件封装库后缀为＿＿＿＿＿＿＿＿。

原理图文件后缀为＿＿＿＿＿＿＿＿，PCB 文件后缀为＿＿＿＿＿＿＿＿。

原理图库文件后缀为＿＿＿＿＿＿＿＿，PCB 库文件后缀为＿＿＿＿＿＿＿＿。

任 务 实 施

一、创建 PCB 工程

1. 创建 PCB 工程

执行菜单命令"文件"→"新的"→"项目"，弹出图 1-30 所示的"Create Project"创建项目对话框。在左侧"LOCATIONS"下可选择云端或本地保存，默认为最后一项"Local Projects"（本地项目）。在"Project Type"中选择"PCB"项目类型。

在右侧"Project Name"栏中输入项目名称，在"Folder"栏中修改文件保存的路径，点击"Create"（创建）即可完成 PCB 工程创建，同时 AD 软件会自动创建一个与项目同名的文件夹在该路径中。然后在"Projects"面板上就会显示这个工程文件"PCB_项目.PrjPcb"。

1-1　创建 PCB
工程及设计文件

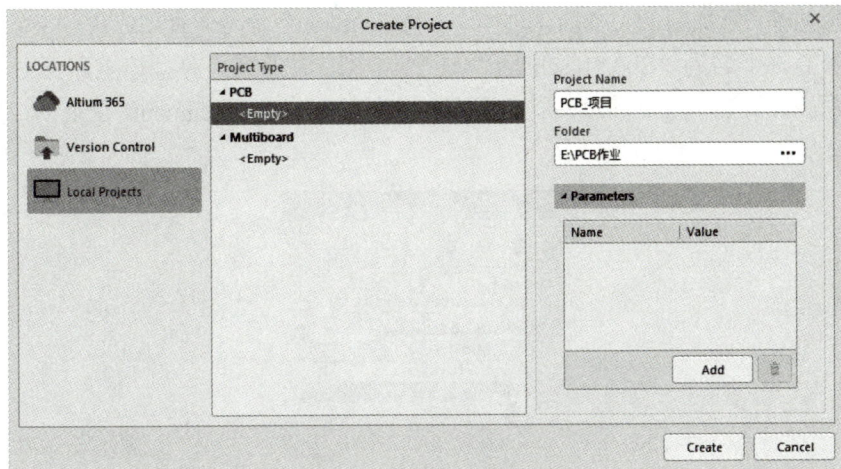

图 1-30　创建工程对话框

2. 重新命名工程文件

在 Projects 面板上选择工程，点击右键选择"重命名为"命令，即可重新命名工程文件。

3. 关闭工程及其设计文件

在 Projects 面板上选择工程，点击右键选择"Close Project"（关闭工程）命令，即可关闭整个工程及其设计文件。

> ☆技巧提示
>
> 使用公共电脑时，一定要先关闭正在编辑的 PCB 工程，清空 Projects 面板的所有文件，最后再关闭软件。否则下次打开 AD 软件时，软件将会直接打开前面使用者编辑过的工程。

4. 打开工程及其设计文件

在计算机中找到后缀为".PrjPcb"的工程文件，双击即可直接打开工程。或者点击菜单命令"文件"→"打开工程"，选择对应的工程文件，打开该工程。

> ☆技巧提示
>
> 打开 AD22 设计文件时不要只打开一个设计文档，因为这样打开的是"Free Documents"自由文档形式，不能编译也不能导入操作。正确的操作应该是打开设计文件所在的工程，这样 AD 会同时将工程内的所有文件都一起打开。

二、新建原理图及 PCB 文件

1. 新建原理图文件

选择菜单命令"文件"→"新的"→"原理图"，或者在 Projects 面板中点

击右键选择"添加新的 ... 到工程中"→"Schematic"命令。此时在 Projects 面板中出现了一个名为"Sheet1.SchDoc"的空白电路原理图，并且该电路原理图将自动被添加到工程当中，即该原理图会在工程的 Source Documents 目录下，如图1-31 所示。

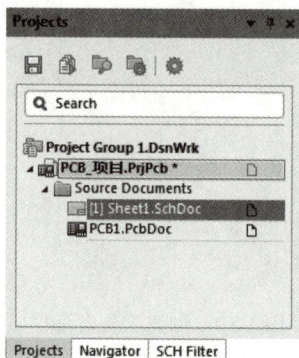

图1-31　Projects面板中的工程与原理图、PCB文件

2. 新建 PCB 文件

选择菜单命令"文件"→"新的"→"PCB"，或者在 Projects 面板中点击右键选择"添加新的 ... 到工程中"→"PCB"命令。这样在 Projects 面板中将出现"PCB1.PcbDoc"文件，如图 1-31 所示。

3. 保存及重命名设计文件

选择菜单命令"文件"→"保存"或"另存为"，或者在 Projects 面板上选择设计文件，点击右键选择"保存""另存为"或"重命名"命令，输入文件名字，并将其保存到工程文件夹中。

4. 设计文件的关闭

关闭文件有三种方法：一是通过选择菜单命令"文件"→"关闭"；二是在 Projects 面板上选择文件，再点击右键选择"关闭"命令；三是在工作窗口左上方的原理图或 PCB 标签上右键单击"Close ***"命令。但是这三种方法关闭的只是原理图或 PCB 的编辑窗口，在 Projects 面板的工程文件目录下，依然还会有该原理图和 PCB 文件。

三、将现有文件添加到工程中

(1) 将自由文件添加到工程中。如果文件以"Free Documents"自由文档的形式打开了如图 1-29 所示的"Sheet1.SchDoc"和"PCB1.PcbDoc"文件，则可以在 Projects 面板中用鼠标直接拖曳文档到工程中，然后将文件另存在工程的文件夹中，即可将该文件添加到工程中。

(2) 将现有的文件添加到工程中。在 Projects 面板中点击右键选择"添加已有文档到工程"命令，可以选择将计算机中的其他设计文档添加到工程中。

展示项目、考核评价

按照分组，由项目验收员检查本组成员的 PCB 设计环境搭建及测试情况。然后将情况汇总，由项目经理介绍本组任务的完成情况，说说任务中遇到的问题及处理方法。进行小组自评、组间互评、教师评价，完成考核评价表 1-3。

表 1-3 考 核 评 价 表

姓名		组别		小组成员				
考核项目	考核内容	评 分 标 准			配分	自评 20%	互评 20%	师评 60%
任务 1.1 安装 AD 软件 50 分	软件下载	能自行按正确方式下载软件			10			
	软件安装	按要求完成软件安装，每拖后一次课扣 5 分，扣完 15 分为止			15			
	软件汉化	软件汉化成功得 5 分			5			
	软件注册	获得学生许可证，正确激活 AD22 软件			20			
任务 1.2 测试 AD 20 分	创建工程	正确命名工程及文件夹，各 5 分			10			
	创建原理图及 PCB 文件	新建设计文件并正确命名，得 5 分；正确添加到工程中，得 5 分			10			
职业素养 30 分	信息获取	能采取多样化手段收集信息，解决实际问题			10			
	积极主动	主动性强，保质保量完成相关任务			10			
	团队协作	互相协作、交流沟通、分享能力			10			
合　计					100			
评价人		时间			总分			

【拓展训练1】 AD22软件的工程和文件的创建及保存

训练内容：AD22 软件的工程和文件的创建及保存。

(1) 新建一个 PCB 作业文件夹。

(2) 创建一个 PCB 工程，命名为"工程 1.PrjPcb"，并在 PCB 作业文件夹中建立一个同名的文件夹，将此工程文件保存其中。

(3) 新建一个电路原理图文件，命名为"原理图 1.SchDoc"，并将其保存在"工程 1"文件夹中。

(4) 新建一个 PCB 文件，命名为"印制电路板 1.PcbDoc"，并将其保存在"工程 1"文件夹中。

(5) 关闭"原理图 1.SchDoc"和"印制电路板 1.PcbDoc"文件。

(6) 关闭"工程 1.PrjPcb"工程文件，清空 Projects 面板上的文件。

(7) 打开"工程 1.PrjPcb"工程文件 (同时打开所有工程文件)。

项目二
简易闪烁灯单面 PCB 设计

LED 灯的应用

2022 年北京冬奥会开幕式精彩呈现，为世界奉献了一场精彩绝伦的视觉盛宴。从入场仪式到点燃主火炬，开幕式中的雪花元素无处不在。来自世界各地的"雪花"，最终在本次冬奥会的舞台上汇聚成一朵雪花，既寓意着世界大联合，也蕴含着共建的心愿和理念。

如图 2-1 所示，开幕式上橄榄枝环绕的巨型"雪花"很是惊艳，那么，这么大的雪花是什么做的呢？

其实，这片雪花由 96 块小雪花形态和 6 块橄榄枝形态的 LED 双面屏创意组成，采用双面镂空设计，嵌有 55 万余颗 LED 灯珠。当它缓缓升起，熠熠生辉，点亮了整个鸟巢的那一刻，全世界人民就像舞台中央的一朵朵小雪花，紧密地连接在一起。

图 2-1 冬奥会开幕式上的"雪花"

项 目 描 述

　　某 PCB 设计公司接到客户订单，要求按样品抄板设计一款简易闪烁 LED 灯产品，如图 2-2 所示。

　　该简易闪烁灯是由两个 NPN 三极管、两个 LED 灯、两个电容和四个电阻构成的对称振荡电路，可外接 3.3～6 V 的直流电源。当电源接通时，电路中的两个三极管会轮流导通和截止，导致两个发光二极管不停地循环闪烁发光。如果改变电容的容量，则可以改变 LED 灯闪烁的速度。

图 2-2　简易闪烁灯电路板

项目分组

　　采用随机或扑克牌分组法，4 人一组，分别担任项目经理 (组长)、PCB 设计工程师、PCB 测试工程师和项目验收员，模拟真实 PCB 设计项目的实施过程。分组完成后，小组讨论拟定组名和小组 LOGO，营造小组凝聚力和文化氛围，并确定任务分工。项目经理需完成表 2-1 的填写。

表 2-1　项目分组表

组别			小组 LOGO	
组名				
团队成员	学　号	岗　位	工　作　职　责	
		项目经理	与甲方对接，编写项目设计方案，填写报价单，统筹计划进度，安排任务，解决疑难问题	
		PCB 设计工程师	进行原理图绘制、PCB 版图设计、技术指导	
		PCB 测试工程师	负责原理图及 PCB 版图的验证、测试，输出图纸，团队协调工作	
		项目验收员	汇总整理项目成套资料，编制项目报告。根据任务单、考核评价表，对团队成员进行打分评价	

　　项目实施过程中，每个学生轮流担任组长、PCB 工程师等，让每个人都有锻炼组织协调项目管理、PCB 设计、PCB 测试和项目验收能力的机会。通过小组协作，培养学生团队合作、互帮互助的精神和协同攻关能力。

项目分析及评估报价

根据客户需求及提供的资料，对项目进行分析，设计流程如图 2-3 所示。

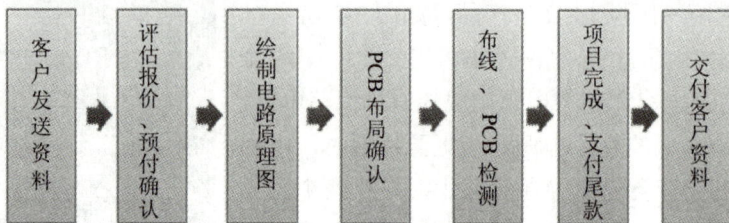

客户发送资料 → 评估报价、预付确认 → 绘制电路原理图 → PCB 布局确认 → 布线、PCB 检测 → 项目完成、支付尾款 → 交付客户资料

图 2-3　PCB 项目设计流程图

(1) 根据客户需求提供资料，如原理图、PCB 样品等，确认电路元件类型、PCB 设计要求等。

(2) 根据设计要求、PCB 加工工艺等进行评估报价，填写表 2-2 的元件明细表及报价单和表 2-3 的 PCB 项目报价单，并与客户确认，签订合同，预付款项。

(3) 开始设计、绘制简易闪烁灯的电路原理图，确定元件封装。

(4) 设计简易闪烁灯单面直插 PCB 的板框、元件布局。与客户确认元件选型、PCB 布局无误。

(5) 设置布线规则，完成布线，进行布线检测，评审通过。

(6) 项目完成，客户确认，支付尾款。

(7) 打印原理图、材料清单和 PCB 图纸，输出印制电路板的制造文件，将全套设计资料交付客户。

元 件 报 价 单

表 2-2　元件明细表及报价单

PCB 名称				报价日期					
序号	名称	具体参数	封装	位号	数量	供应商	单价	合计	备注
1	色环电阻								
2									
3	电解电容								
4	发光二极管								
5	三极管								
6	排针								
7	杜邦线		—	—					
合计金额									

PCB报价单

尊敬的客户：准确清楚的加工工艺要求和指示是产品成功的保证，请一定认真填写该报价单。

表 2-3　PCB 项目报价单

甲方 (需方)：_____有限公司　　乙方 (供方)：_____

PCB 名称		文件名	
报价日期		资料附件	_____张

□新投 (新文件)
□加做 (文件与上一版完全相同，以下内容只需写数量和交货日期)
□改版 (文件有少许变动)

1. 数量	□单板____块 □拼板连片数____块 　横片数____，纵片数____	11. 过孔是否 覆盖阻焊	□过孔盖油□过孔开窗 □过孔塞孔 (塞油墨) □过孔塞孔 (塞树脂)
2. 板型尺寸	单板：长____mm × 宽____mm	12. 工艺边框	□____mm
3. 材料	□ FR-4 □其他材料：____	13.HDI(盲埋孔)	□有　□无 (4 层板及以上)
4. 板层	□ 1 □ 2 □ 4 □其他：____		
5. 板厚	□ 1.2 □ 1.6 □其他：____mm	14. 测试	□是　□否
6. 铜箔厚度	外部：□ 1oz □ 2oz □ 3oz □ 4oz 内部：□ 0.5oz □ 1oz □其他____oz	15. 表面处理	□有铅喷锡　□沉金 □无铅喷锡　□ OSP
7. 最小线宽	□ 10 □ 8 □ 6 □ 5 □ 4 □ 3.5 mil	16. 特殊工艺	□阻抗　□金手指斜边 □半孔/包边　□盘中孔
8. 最小孔径	□ 0.3 mm □ 0.25 mm □ 0.2 mm		
9. 阻焊颜色	□绿色　□其他：____	17. 交货日期	
10. 字符颜色	□白色　□黑色	18. 是否加急	□否　□是
其他 特殊 说明	(如交付资料要求、交货方式等)		

PCB 设计 费用	PCB 制作 费用	元件及耗材 费用	贴片加工 费用	插件加工 费用	后续人工 费用	邮寄费用

总计金额	¥_____元，(大写)_____元整

任务2.1 // 绘制简易闪烁灯电路原理图

任 务 单

任务要求

(1) 创建简易闪烁灯 PCB 的工程与原理图文件。

(2) 设置原理图模板，按图 2-4 所示绘制简易闪烁灯电路原理图。

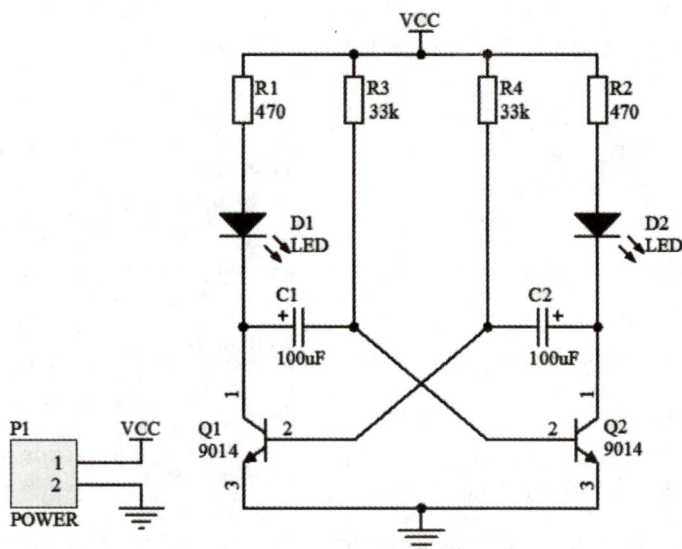

图 2-4　简易闪烁灯电路原理图

(3) 进行电气规则检查，对原理图进行查错与修改。

学习目标

(1) 了解使用 AD22 软件进行原理图设计的流程。

(2) 能使用 AD22 软件创建 PCB 工程、原理图纸；会设置模板及其标题栏参数。

(3) 认识原理图编辑器、常用工具栏及菜单命令，会设置界面环境参数。

(4) 了解电路原理图的制图规范，能正确绘制简易闪烁灯电路原理图。

(5) 会进行电气规则检查，能修改原理图错误。

简单原理图设计流程

原理图设计流程如图 2-5 所示。

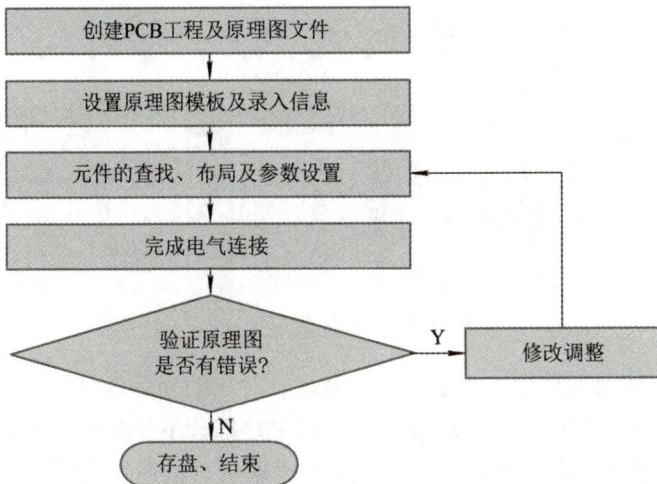

图 2-5　原理图设计流程

任 务 准 备

一、认识原理图编辑器界面

点击菜单命令"文件"→"新的"→"原理图"，新建原理图文件。打开原理图编辑器，其主要由菜单栏、项目面板、原理图常用工具栏、绘图工作区以及状态栏等组成。原理图编辑器界面如图 2-6 所示。

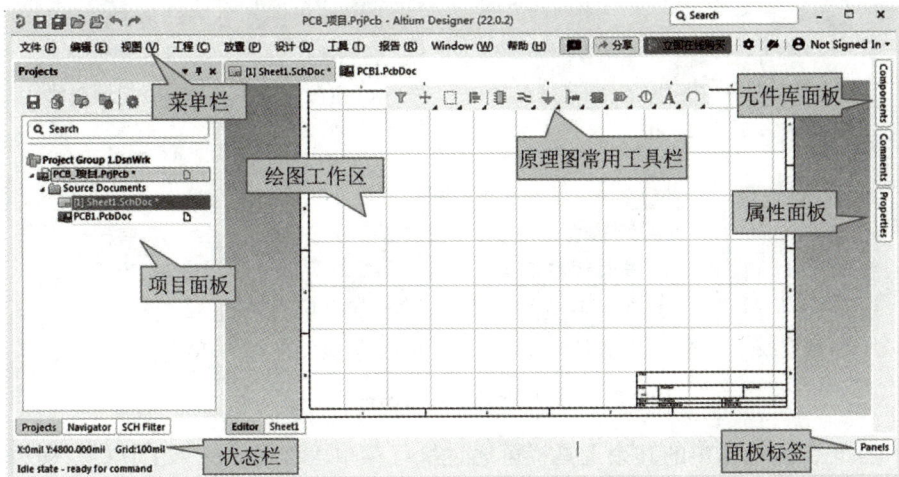

图 2-6　原理图编辑器界面

二、认识原理图编辑器的工具栏

原理图的常用工具栏位于绘图工作区的上方，是固定的，不能关闭。它包括了多种常用工具按钮，如图 2-7 所示。

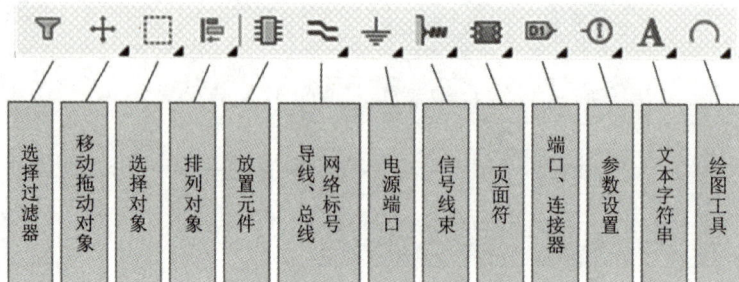

图 2-7　原理图常用工具栏

当光标移动到工具栏的按钮上时，会显示对应的提示信息。右下角有三角符号的按钮可以通过左键点击来展开其下拉菜单，部分下拉菜单如图 2-8 所示。

图 2-8(a) 和 (b) 所示的拖动对象、排列对象也可以通过菜单命令"编辑"中对应的下一级命令来实现。其余多数按钮的功能也可以通过菜单命令"放置"来实现。

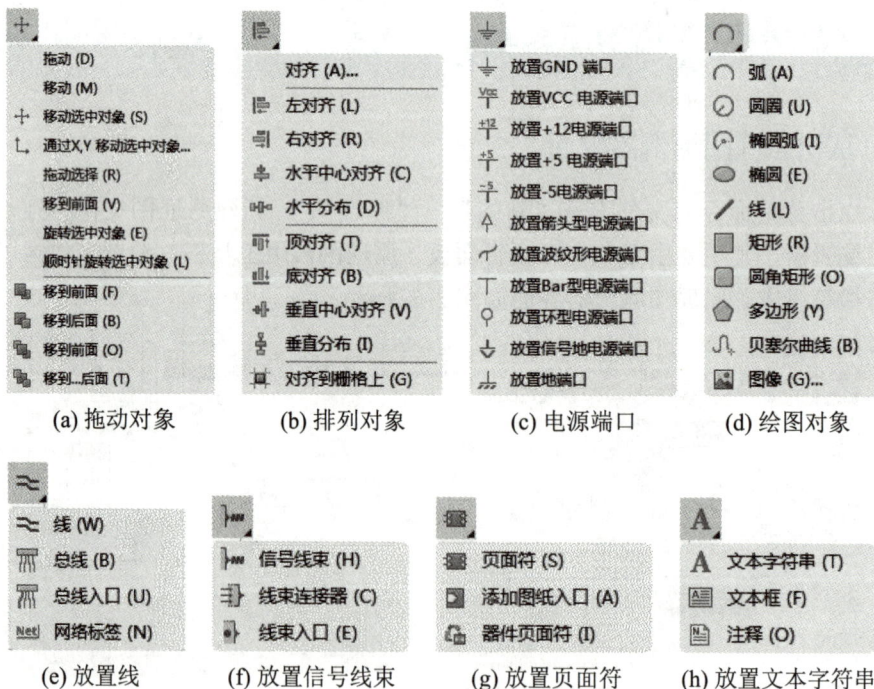

(a) 拖动对象　　(b) 排列对象　　(c) 电源端口　　(d) 绘图对象

(e) 放置线　　(f) 放置信号线束　　(g) 放置页面符　　(h) 放置文本字符串

图 2-8　工具栏的几个常用图标的下拉菜单

原理图编辑器中的其余工具栏可通过执行菜单"视图"→"工具栏"命令来打开和关闭。

学习笔记

三、原理图模板的样式及参数设置

AD22 软件提供了四种原理图标题栏样式，其一是标准样式，有两种，分别是“Standard”样式和“ANSI”样式，如图 2-9 和图 2-10 所示。

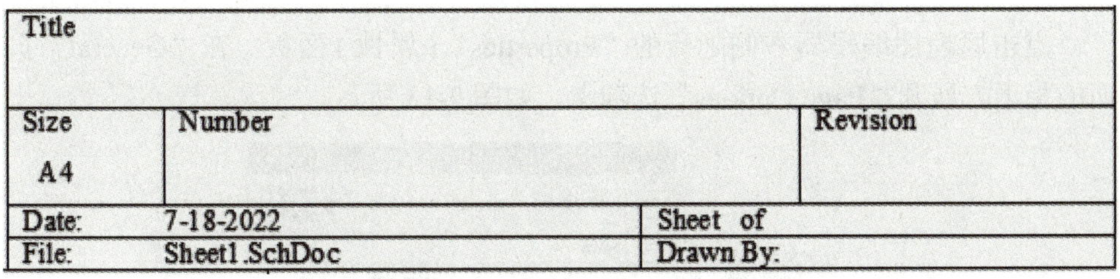
Title
Size
A4
Number
Revision
Date: 7-18-2022
Sheet of
File: Sheet1.SchDoc
Drawn By:

图 2-9 “Standard”样式的标题栏

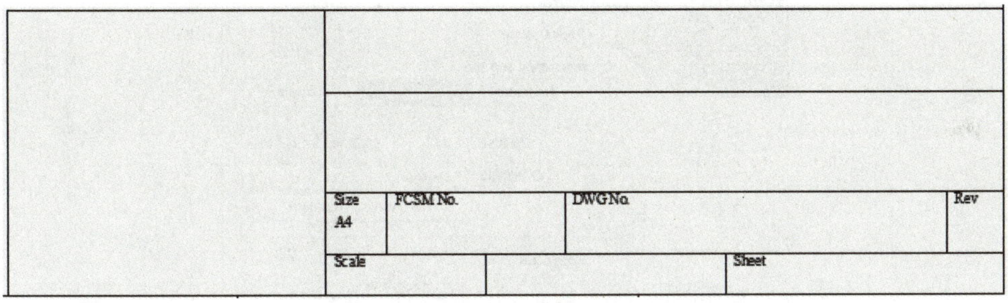
Size
A4
FCSM No.
DWG No.
Rev
Scale
Sheet

图 2-10 “ANSI”样式的标题栏

其二是 Altium 公司模板样式，分别是“Template”选项中的模板样式，如图 2-11 所示；“Legacy Local Templates”传统本地模板样式，如图 2-12 所示。标题栏中的“*”为可修改的用户图纸信息，如标题、文档编号等。

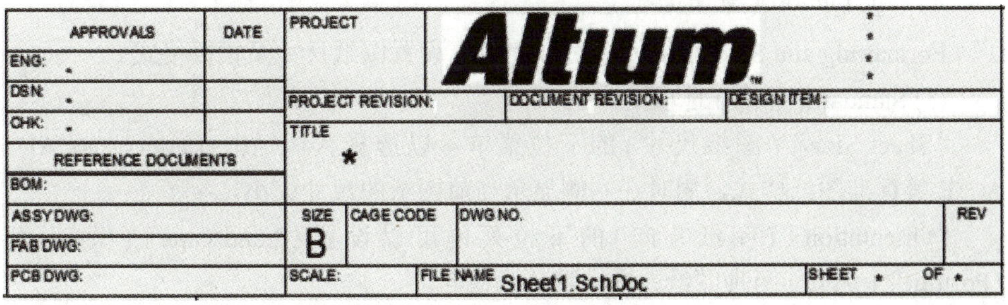
APPROVALS
DATE
PROJECT
ENG:
DSN:
CHK:
PROJECT REVISION:
DOCUMENT REVISION:
DESIGN ITEM:
TITLE
REFERENCE DOCUMENTS
BOM:
ASSY DWG:
FAB DWG:
PCB DWG:
SIZE
B
CAGE CODE
DWG NO.
REV
SCALE:
FILE NAME Sheet1.SchDoc
SHEET * OF *

图 2-11 “Template”样式的标题栏

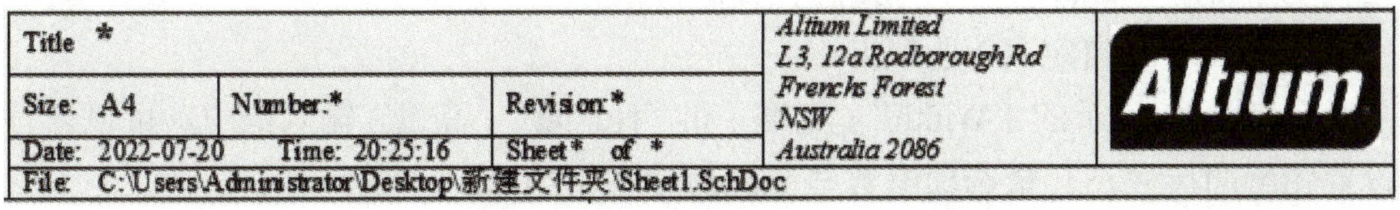
Title *
Altium Limited
L3, 12a Rodborough Rd
Frenchs Forest
NSW
Australia 2086
Size: A4
Number:*
Revision:*
Date: 2022-07-20
Time: 20:25:16
Sheet* of *
File: C:\Users\Administrator\Desktop\新建文件夹\Sheet1.SchDoc

图 2-12 “Legacy Local Templates”样式的标题栏

☆技巧提示

　　Standard 和 ANSI 两种标题栏样式，都是不能自动显示图纸参数的，只有 Template 和传统本地模板才能自动显示图纸参数。

1. 原理图模板的样式设置

　　点击原理图编辑器右侧隐藏的"Properties"（属性）面板，在"General"页面的最下方展开"Page Options"选项卡，如图 2-13 所示。

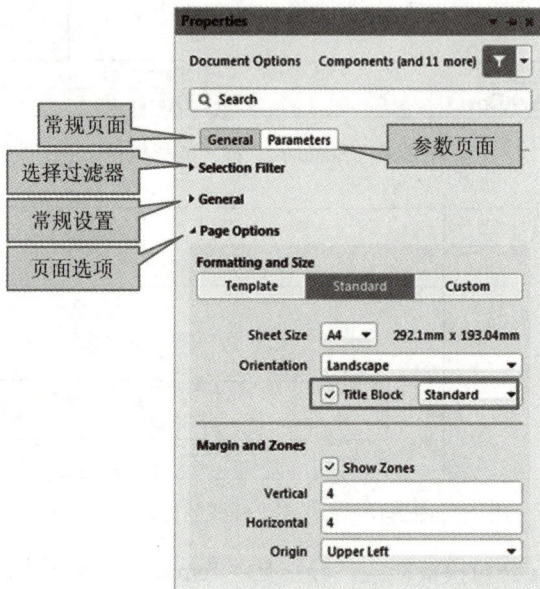

图 2-13　"Properties"中的"Page Options"选项卡

　　1) Page Options（页面选项）

　　Formatting and Size（格式和尺寸）栏可以设置图纸尺寸及模板格式。

　　(1) Standard（标准）选项卡。

　　"Sheet Size"（图纸尺寸）的下拉菜单可以选择 A4～A0、Letter、OrCAD、A～E 等标准图纸样式，同时在右侧显示当前图纸的尺寸大小。

　　"Orientation"（图纸方向）的下拉菜单可以设置"Landscape"（横向）和"Portrait"（纵向）两种图纸方向，默认为横向。

　　勾选"Title Block"（标题块）会在图纸右下角显示图纸的标题栏，在右侧下拉菜单中可选 Standard 和 ANSI 两种标准样式。

　　(2) Custom（自定义）选项卡。

　　在图 2-14 所示的"Width"（宽度）和"Height"（高度）输入框中，可以自行设置图纸的尺寸，其余选项参数与 Standard（标准）选项卡的一样。

　　(3) Template（模板）选项卡。

　　在图 2-15 所示的"Template"（模板）选项下拉菜单中，可以选择 5 种 Altium

公司的模板：B、C、D、A2 和 A3。图 2-12 所示就是"ANSI B Landscape"模板的标题栏样式。

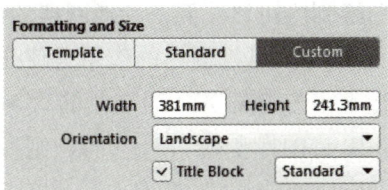

图 2-14　Custom(自定义) 选项卡　　　图 2-15　Template(模板) 选项卡

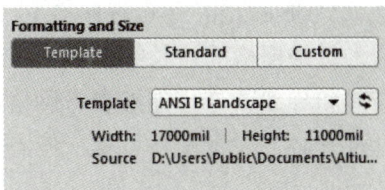

"Margin and Zones"(边缘和区域) 栏可以设置图纸参考区域。在图 2-13 所示面板的下方勾选"Show Zones"复选框，会显示图纸边缘的参考区域。

(1)"Vertical"和"Horizontal"分别设置垂直方向和水平方向的参考区域数量。

(2)"Origin"下拉菜单设置参考区域的起始位置为"Upper Left"(左上角) 或"Bottom Right"(右下角)。

2) Selection Filter(选择过滤器)

展开"Properties"面板 →"General"页面 →"Selection Filter"选项卡，如图 2-16 所示。

默认选择"All-On"为所有对象都可选择，如果需要某些对象不能被选择、不可以被编辑，可以点击选中该对象，如元件、导线、总线、页面符、网络标签、参数、电源端口、文本、绘图对象、其他等。

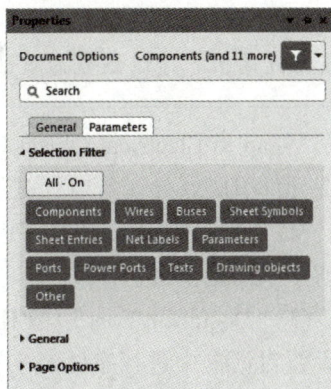

图 2-16　"Selection Filter"选项卡

3) General(常规设置)

展开"Properties"面板 →"General"页面 →"General"选项卡，如图 2-17 所示。

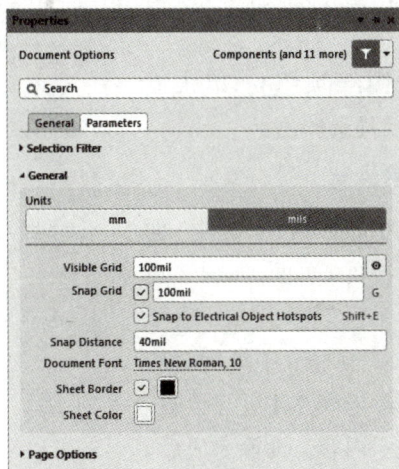

图2-17　"General"选项卡

(1)"Units"(单位) 可选择为"mm"(毫米) 公制单位或者"mils"(毫英寸)

英制标准。公英制标准之间的换算关系为：1 mil = 1/1000 inch = 0.025 4 mm，或者 1 mm≈40 mil。

(2)"Visible Grid"（可视栅格）：原理图绘制区可以看到的参考网格的尺寸，默认值为每个栅格的边长等于 100 mil 或 2.54 mm。可视栅格的作用是使元件的排列布局和导线的连接能够参考网格，进行上下左右对齐。当右侧的"⊙"眼睛图标打开时，表示栅格可见；当点击关闭眼睛图标变成"⊠"时，则参考栅格不显示。

(3)"Snap Grid"（捕捉栅格）：光标单步移动的最小间隔。当可视栅格和捕捉栅格都设为 100 mil 时，则光标单步最小移动间距为一个栅格。选中该项表示光标移动时以设定值为单位移动，若不选此项，光标可以任意移动。

> ☆技巧提示
>
> 在绘图区按下快捷键 G，可以设置捕捉栅格在 100 mil、50 mil、10 mil 这三个单位长度中自动切换，在系统左下方的状态栏中可以显示当前的捕捉栅格设定值。建议设置为默认值 100 mil。

"Snap to Electrical Object Hotspots"（捕捉到电气对象热点）：默认打开自动捕捉元件引脚或导线等电气对象连接点的功能。

(4)"Snap Distance"（捕捉距离）：自动捕捉到电气对象热点的距离，一般设置值小于捕捉栅格。

(5)"Document Font"（文档字体）：单击右侧字体参数，在"Font Settings"字体设置对话框中进行字体及字号等参数设置，可以改变原理图中标准标题栏的文字。

(6)"Sheet Border"（图纸边界）：勾选复选框可以设置显示边框，点击右侧颜色块可以设置边框的颜色。

(7)"Sheet Color"（图纸颜色）：单击右侧颜色块，可以选择图纸背景颜色。

2. 原理图模板的参数设置

展开右侧隐藏的"Properties"（属性）面板，点击"Parameters"（参数）页面，如图 2-18 所示。

在参数页面的"Value"（值）中填写对应的图纸信息，具体参数可参考表 2-4 进行设置，也可以自行添加、修改显示内容。设置完成后，部分信息会自动显示在 Template 和传统本地模板的标题栏中。

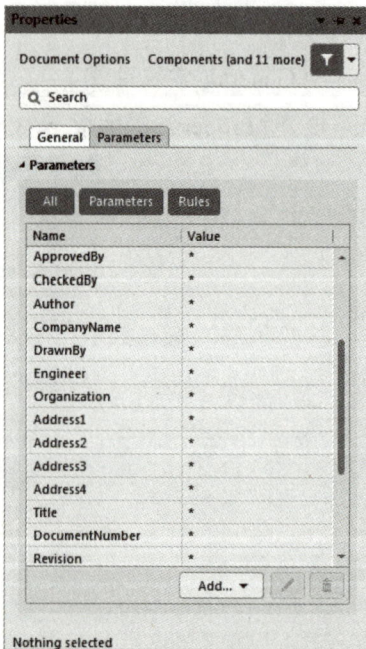

图 2-18　"Properties"图纸参数设置页面

表 2-4 图纸常用参数信息表

参数名称	参数值	显示	参数名称	参数值	显示
ApprovedBy	审核人		Address1/2/3/4	地址 1/2/3/4	Both
CheckedBy	检查人	AD22	Title	图纸标题	Both
Author	作者		DocumentNumber	文档编号	Local
DrawnBy	绘图者	AD22	Revision	版本号	Local
Engineer	工程师	AD22	SheetNumber	图纸编号	Both
Organization	组织 / 机构	Local	SheetTotal	图纸总数量	Both

表 2-4 的"显示"栏中:"AD22"是指 Template 模板;"Local"是指传统本地模板;"Both"是指两种模板的标题栏都会显示这些信息。

任务实施

一、新建闪烁灯工程及原理图文件

(1) 启动 AD 软件。在主界面的菜单栏中选择"文件"→"新的"→"项目"命令,在弹出的对话框内设置工程名为"简易闪烁灯工程",保存在自己的 PCB 作业文件夹中。

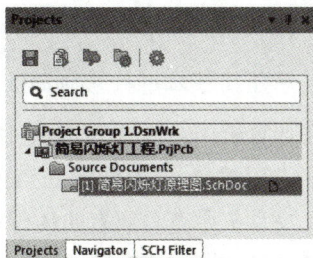

图 2-19 简易闪烁灯工程的"Projects"面板

(2) 点击菜单命令"文件"→"新的"→"原理图",新建原理图文件,并命名为"简易闪烁灯原理图.SchDoc",将该原理图保存在刚创建的"简易闪烁灯工程"文件夹中。在"Projects"面板中显示的工程结构如图 2-19 所示。

二、设置原理图模板与标题栏参数

设置原理图模板为"Legacy Local Templates"传统本地模板,尺寸选择为 A,录入参数如图 2-20 所示。

图 2-20 简易闪烁灯电路原理图的标题栏

1. 查找"Legacy Local Templates"的路径地址

选择菜单命令"视图"→"面板"→"Properties"面板,或者点击原理图编辑器右侧隐藏的"Properties"(属性)面板。在"General"页面→"Page Options"

学习笔记

2-1 设置传统本地模板

选项卡→"Template"下拉菜单中选择任意一个模板。选择完成后，在下方的"Source"栏中就会显示出原理图模板的存放路径，如图 2-21 所示。该路径是AD22 软件安装时选择存放的路径，如果修改了路径，则这里就会显示修改后的存放路径。

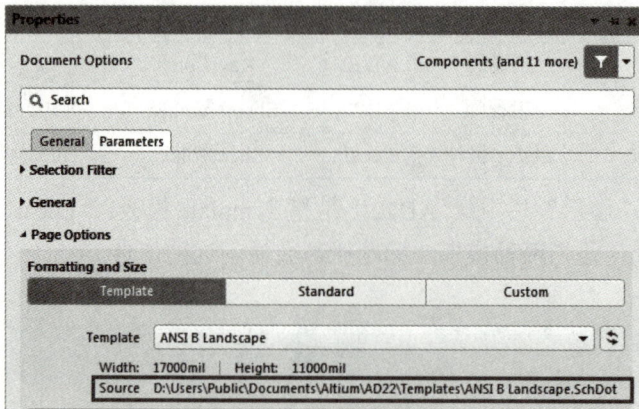

图 2-21　简易闪烁灯电路原理图模板的存放路径

2. 解压传统本地模板到 AD22 的 "Templates" 文件夹

在计算机中按图 2-21 的路径找到 Templates 文件夹，查找 "LegacyLocalTemplates.zip" 压缩包，双击解压在当前路径。然后在 "Templates"→"LegacyLocalTemplates" 文件夹中查看所有的传统本地模板，如图 2-22 所示。其中绿色图标后缀名为 ".PCBDOC" 的是 PCB 模板，黄色图标后缀名为 ".SchDot" 的是原理图模板，默认图纸方向是横向，如果名称中有 "_portrait" 字符串的则是纵向图纸。

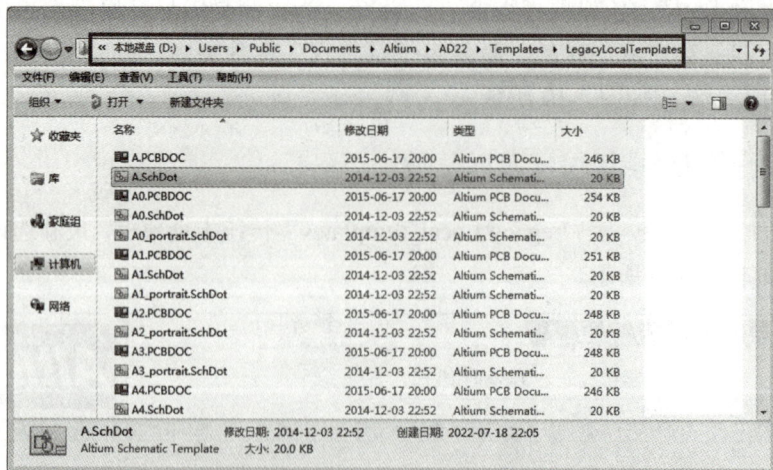

图 2-22　"LegacyLocalTemplates" 传统本地模板的路径文件夹

3. 设置原理图模板为传统本地模板

在原理图中，选择菜单命令 "设计"→"模板"→"Local"→"Load From

File…",在弹出的对话框中选择"A.SchDot"原理图模板。

在弹出的"更新模板"对话框中,设置更新模板的文档范围和参数,如图 2-23 所示。

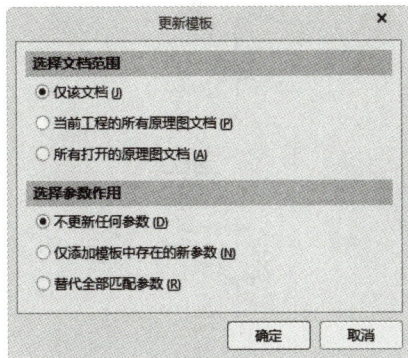

图 2-23 "更新模板"对话框

4. 在图纸的属性面板录入图纸参数

选择菜单命令"视图"→"面板"→"Properties"面板,或者点击原理图编辑器右侧隐藏的"Properties"(属性)面板。在"Parameter"参数页面对应的参数"Value"(值)中填入如表 2-5 所示的信息。完成后即可看到如图 2-20 所示的标题栏。

表 2-5　简易闪烁灯录入的图纸参数表

参数名称	参数值	参数名称	参数值
Title	图纸标题	Address1	班级
Document Number	学号	Address2	二级学院
Revision	姓名	Address3	学校名称
Organization	组别	Address4	(可录入地址)

☆技巧提示

　　图纸放大缩小:按"Ctrl"键+鼠标滑轮,或"PgDn"/"PgUp"键。上下移动图纸:鼠标滑轮。左右移动图纸:"Shift"+鼠标滑轮。缩放至整张图纸:快捷键"V"→"D"。缩放至所有实体:快捷键"V"→"F"。区域放大:快捷键"V"→"A"。

三、元件的查找、布局与参数设置

按照图 2-24 所示的简易闪烁灯电路元件布局图,从元件库中查找、放置元件和连接器,并按元件明细表 2-6 所示设置元件参数。

2-2　闪烁灯原理图元件布局

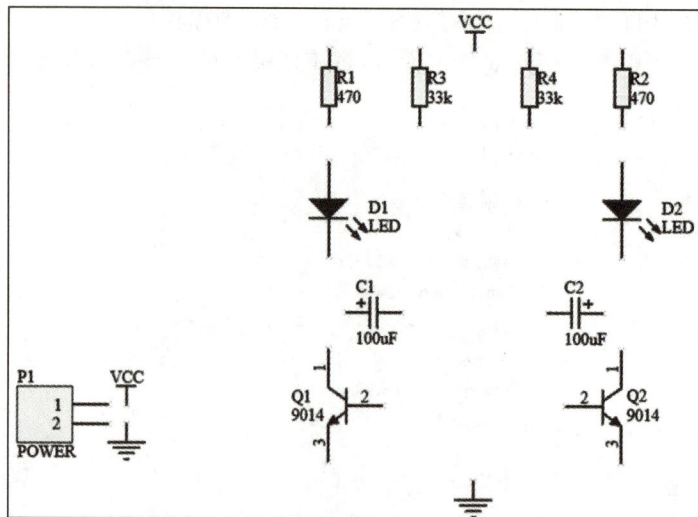

图 2-24　简易闪烁灯电路布局图

表 2-6　简易闪烁灯电路元件明细表

位号	注释	封装	数量	库引用名称	元件库名
C1, C2	100u	CAPR5-4x5	2	Cap Pol2	
D1, D2	LED	CAPR5-4x5	2	LED1	
Q1, Q2	9014	TO-92	2	NPN	Miscellaneous Devices.IntLib
R1, R2	470	AXIAL-0.3	2	Res2	
R3, R4	33k	AXIAL-0.3	2	Res2	
P1	POWER	BAT-2	1	Header 2	Miscellaneous Connectors.IntLib

1. 查找元件

点击菜单命令"放置"→"器件"，或者在原理图编辑器右侧点击打开隐藏的"Components"（元件库）面板，如图 2-25 所示。

在元件库面板最上方已安装的元件库中，可以看见当前打开的元件库名称，点击下拉框按钮可以看到 AD22 软件默认添加了杂项元件库"Miscellaneous Device.IntLib"和连接器库"Miscellaneous Connectors.IntLib"。

以查找电阻元件为例，在元件库面板中选择杂项元件库"Miscellaneous Devices.IntLib"，查看表 2-6 所示的元件明细表，电阻元件的库引用名称为"Res2"，然后在图 2-25 的搜索框中输入部分名称如"Res"，在元件列表中将显示所有包含"Res"字符的元件，选中元件名称查看其元件符号，双击"Res2"，即可将元件放置在图纸中。

其他元件的查找方法同电阻一致，只是连接器 P1 在连接器库"Miscellaneous Connectors.IntLib"中，需要在"已安装的元件库"下拉菜单中切换一下，连接器的名称为"Header 2"。

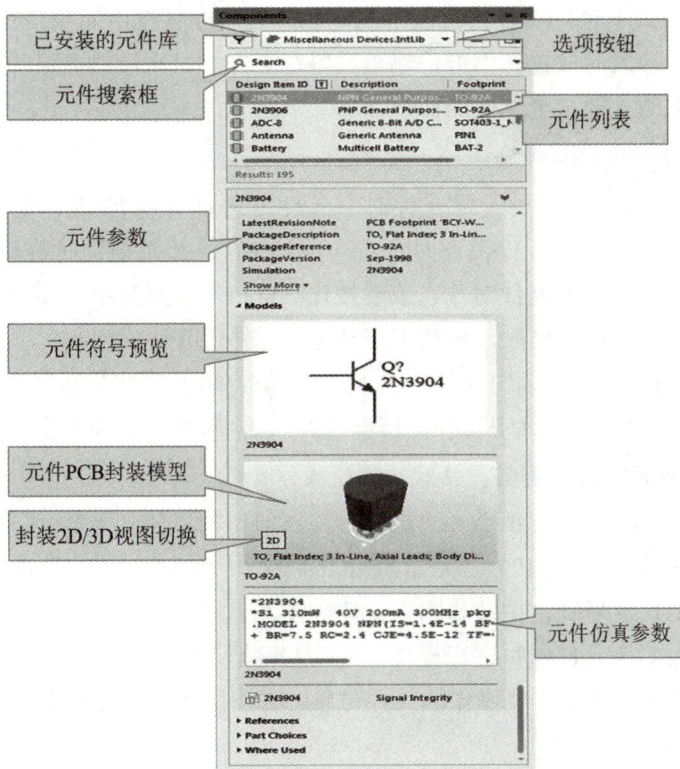

图 2-25 "Components"元件库面板

☆技巧提示

在元件库双击元件名时，元件会附着在光标上呈现悬浮状态，多次点击左键，可以放置多个元件。当点击右键或者按下"Esc"键时，可取消放置。按"Tab"键可以打开"Properties"元件属性对话框。

2. 元器件布局

在原理图的绘制过程中，为了图纸的标准化和可视性、易读性，在整图的布局上需遵循一定的规范，做到信号流畅、布局匀称，功能单元电路布置清晰。

1) 元器件布局的一般规则

(1) 按照信号的流向，整体布局时，可分成水平布局和垂直布局。在水平布局时，类似的项目应纵向对齐，并且在同一或类似的信号流上的项目应尽可能放置在同一水平线上；垂直布局时，类似的项目应横向对齐。

(2) 优先考虑功能布局法，功能相关的项目类，或功能单元电路应靠近绘制，以使电路关系表达清晰明了。并且各个功能组之间应留有一定的分割区间，以便识别并在组间的连线上定义网络名，以及放置功能注释文字。

(3) 对于信号的输入、输出连接端口，应按照信号的流向布局，输入放置在页面的左端，输出放置在页面的右端，并且应上下对齐、均匀排布，集中放置在一侧，这些端口不允许放置在页面中间，如果必须放置在中间也应该集中排列。垂直布局时，输入应放置在上方，输出放置在下方。对于模拟电路，电位高的电路放置在图纸的上部，电位低的在下部。

2）元器件的旋转与翻转

（1）90°旋转元件。在放置元件时，元件附着在光标的悬浮状态下，按下"Space"空格键可以使元件按逆时针方向旋转 90°。如果要同时旋转多个元件，可以左键框选要操作的元件对象，或者按住"Shift"键同时单击要操作的元件对象，当元件出现绿色边框后，再按下空格键使元件逆时针旋转 90°。

（2）水平翻转元件。选中元件，按下"X"键，可使元件在水平方向翻转。

（3）垂直翻转元件。选中元件，按下"Y"键，可使元件在垂直方向翻转。

3）元器件的剪切、复制、粘贴、删除操作

（1）选中元件，执行菜单命令"编辑"→"剪切""复制""粘贴"或"删除"。

（2）使用快捷键"Ctrl"+"X"、"Ctrl"+"C"、"Ctrl"+"V"以及"Delete"按键来进行剪切、复制、粘贴和删除元件操作。

如果要对多个元件同时进行操作，可以左键框选要操作的元件对象，或者按住"Shift"键的同时单击要操作的元件对象，再按快捷键进行操作。

4）元件的对齐排列

选中要对齐排列的元件，如四个电阻，点击菜单命令"编辑"→"对齐"，或者直接点击常用工具栏的第 4 个"▣"排列对象图标，打开如图 2-26 所示的对话框，根据排列情况选择操作。如四个电阻要排成一行，垂直排列以位置最高的元件为基准"顶部"对齐。为了使布局布线更规范，后续连接导线能参照栅格，就要勾选"将基元移至栅格"，这样才能将元件引脚与栅格对齐。

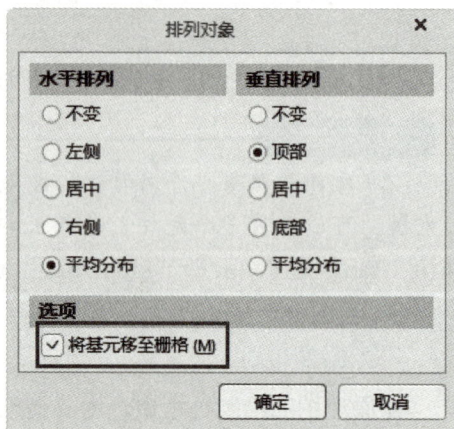

图 2-26　"排列对象"对话框

3. 元器件参数设置

1）元器件参数设置方法

元器件参数的设置方法有以下两种。

（1）在放置元器件的过程中修改。

在元件库中双击元件，当光标上附着元件符号时，每点击一下左键就可以放置一个元件。此时如果按下键盘上的"Tab"键，绘图区会出现"▣"暂停图标，右键打开元件参数设置的"Properties"面板，如图 2-27 所示。当元件参数设置完成，按下回车键，暂停图标消失，可以继续放置元件，且后面放置的元件会保留当前设置的参数值,"Designator" 元件位号会自动往后编号,如 R1,R2,…。

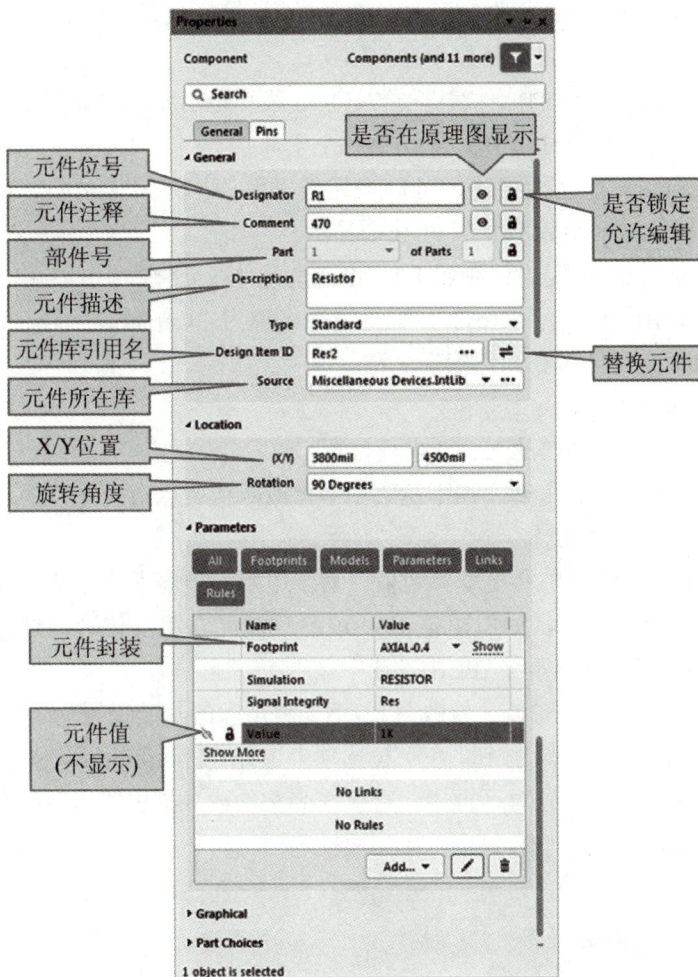

图 2-27　元件参数设置的 "Properties" 面板

(2) 在元器件布局完成后修改参数。

需要双击元件打开 "Properties" 面板,每次只能修改一个元件的参数。这种方法不如在放置过程中按 "Tab" 键修改来得快捷方便。

2) 元件参数

图 2-27 所示的元件参数属性面板的 General 页面中,常见的一些参数如下:

(1) General(常规)。

① Designator 是元件位号,如 R1、C1 等,这是元件在原理图中的唯一标识符,不能重复,否则 AD22 软件会报错。右侧的 "⊙" 眼睛图标,表示可以在原理图中显示该元件位号,如果点击该图标后变成 "⊘",则不会显示该元件位号。最右侧的 "🔓" 图标是解锁状态,可以编辑参数,如果点击该图标后变成锁定状态,则该元件参数不允许编辑。

② Comment 是元件注释，一般填写元件参数值、元件型号或注释等，如电阻元件的参数 470k、33k，电容元件的参数 100u 等。该参数在 PCB 上没有默认显示，但是可以通过设置让其显示在丝印层。

③ Part 是集成元件的部件号，如 74LS00 芯片是由 4 个与非门子件构成的集成数字电路元件，可以通过 Part 来切换各个子件。

④ Description 是元件描述，可以填元件属性的描述，如电阻、电容、三极管或是运放等，这个参数不会在 PCB 中显示。

⑤ Design Item ID 是设计项目 ID，也就是元件在元件库中的名称。如电阻的国标符号在库中的名称为"Res2"，极性电容名称为"Cap Pol2"等。

⑥ Source 是元件所在元件库的名称。

(2) Location(位置)。

① (X/Y) 是元件当前的 X、Y 坐标位置。

② Rotation 是旋转角度，在下拉菜单中修改数值可以改变元件的旋转角度。

(3) Parameters(参数)。

① Value 是元件的仿真模型参数值。对于电阻、电容和电感类的元件，会默认自动显示一个参数值，如电阻值 1k，该参数值可以用于仿真调试，但是不能导出到 BOM 表中，也不能在 PCB 设计中显示。

② Footprint 是元件封装。修改封装，例如将电阻的封装设置为"AXIAL-0.3"，可以单击下方的"Add…"按钮，在下拉选项中选择"Footprint"，在弹出的图 2-28 所示的"PCB 模型"设置对话框中，直接在名称的输入框中输入封装名称，在对话框下方就可以预览元件的 2D 和 3D 模型。

图 2-28 "PCB 模型"设置对话框

或者点击"浏览"按钮，弹出"浏览库"对话框，如图 2-29 所示，在"库"下拉框中选择元件库，在"Mask"输入框中输入元件封装名称，在对话框右侧就可以预览元件的 2D 和 3D 模型；选中需要的封装,点击"确定",自动返回"PCB 模型"对话框，再点击"确定"即可添加元件封装模型。

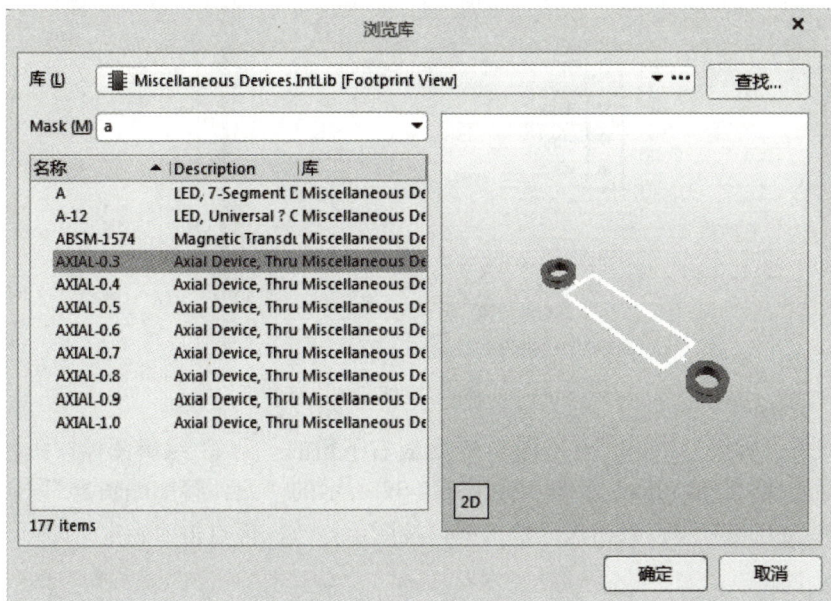

图 2-29 "浏览库"设置对话框

4. 根据封装修改元件引脚编号

原理图绘制时要注意将元件符号的引脚编号设置成与实物封装的一致，否则在 PCB 设计时飞线指示会出错，但是这种错误 AD22 软件无法排查出来。

在简易闪烁灯电路中，三极管 Q1、Q2 是 TO-92 封装，如图 2-30(a) 所示，其 1、2、3 号引脚分别是集电极、基极、发射极。三极管符号中的引脚编号要与实物设置一致，如图 2-30(b) 所示。

(a) TO-92 封装的引脚排列   (b) 三极管元件符号的引脚排列

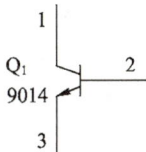

图 2-30 三极管的实物与元件符号的引脚编号

将元件引脚编号显示出来的方法：双击三极管符号，在"Properties"元件属性面板中选择"Pins"引脚页面，如图 2-31 所示。点击引脚列表框中引脚编号 Pin1、Pin2、Pin3 前面的眼睛符号，在原理图中观察引脚编号是否正确。

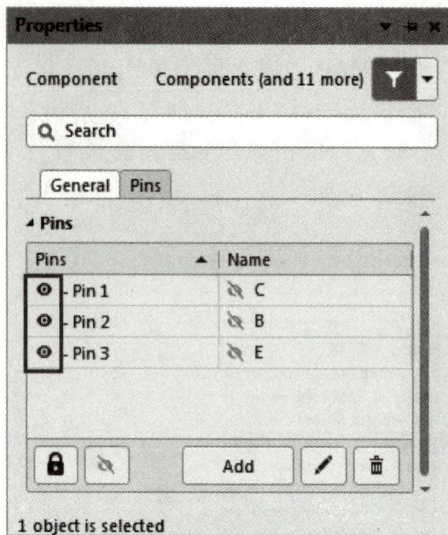

图 2-31　三极管 Properties/Pins 面板

如果引脚编号错误，点击图 2-31 面板右下角的"⟨✏⟩"编辑图标按钮，或点击右键选择"Edit Pins"命令，弹出图 2-32 所示的"元件管脚编辑器"对话框。在"Designator"中，双击进入输入框，按图示修改，再点击"确定"即可。

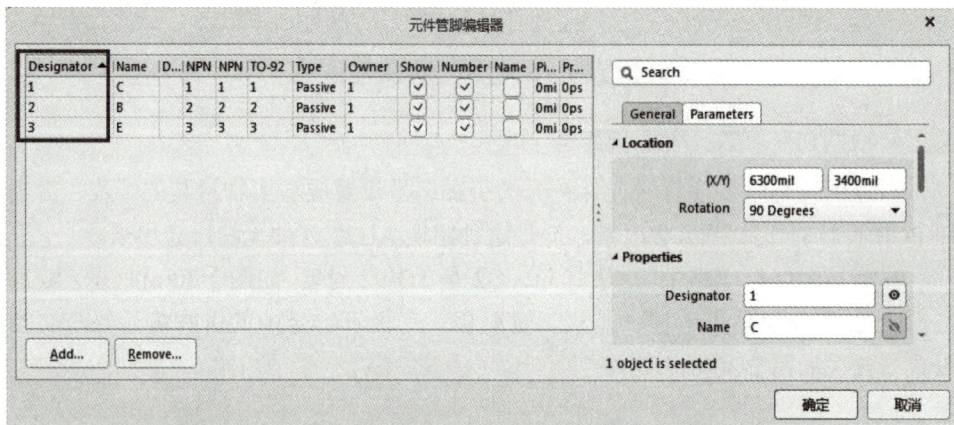

图 2-32　三极管的"元件管脚编辑器"对话框

四、放置电源端口

放置电源端口的方法有多种：一是执行菜单命令"放置"→"电源端口"；二是单击常用工具栏上的⬇电源端口按钮，选择相应的电源端口符号，按闪烁灯的电路布局图（图 2-24 所示）放置接地和 VCC 端口。

其中，GND 的电源端口要求隐藏其名称。双击接地符号，在图 2-33 所示的属性对话框中，点击名称"GND"后面的眼睛图标，使其不显示即可。

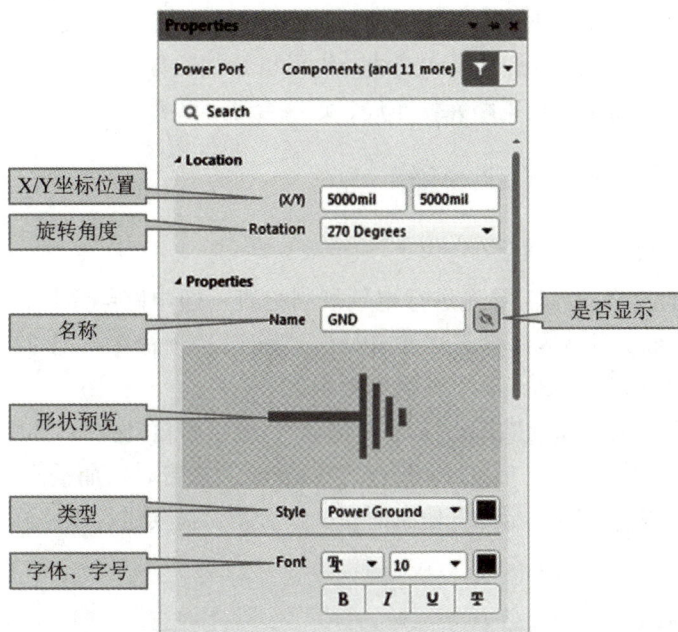

图 2-33 电源端口属性设置对话框

学习笔记

五、电气连接

电气连接就是在原理图中放置导线，将各个元件引脚或各种端口进行电气相连，建立网络实际连接，为后面的 PCB 设计装载网络表做铺垫。

放置导线的方法有三种：一是单击常用工具栏或者布线工具栏里的放置导线按钮；二是执行菜单命令"放置"→"线"；三是按下快捷键"Ctrl"+"W"，进入连接导线模式。此时，光标变成"十"字形，移到元件的引脚或电源端口的连接点，当光标捕获到引脚位置后，光标的"十"字中间会显示一个红色的"×"号提示，单击左键确定起点，再移动光标到下一节点，点击左键确定终点，即可绘制出第一条导线。绘制完成后，单击右键或键盘上的"Esc"键，可退出连接导线模式。

☆技巧提示

放置导线时，按空格键可以切换放置导线方式；在美式键盘输入法状态下，按下"Shift"+空格键，可以依次切换绘制导线的模式：90°模式（默认）、45°模式、"Any"任意模式等。

想一想

工具栏里的≈双线图标和绘图工具箱中的╱单线图标，哪个是放置有电气特性的导线，哪个是放置没有电气特性的直线？如何判别呢？

2-3 闪烁灯电气连接及改错

按照项目任务单中的图 2-4 简易闪烁灯电路原理图连接导线。其中交叉连接导线可以采用 45°或 "Any" 模式连线，也可以绘制完导线后，通过拖曳拐角绿色顶点改变导线拐角，使电路元件布局、连线合理、美观。

六、电气规则检查及原理图改错

1. 原理图电气规则检查

原理图的检查改错需要先进行电气规则检查，即电路编译操作。执行"工程"→"Validate 简易闪烁灯工程 .PrjPcb"（验证）菜单命令，AD22 软件的自动检测结果将出现在 "Messages" 信息面板中。

当对话框中的 "Class" 出现 "Error" 错误时，面板将自动弹出，如图 2-34 所示。而当原理图绘制无误时，或 Class 只有 "Warning" 警告时，面板不会自动弹出，需要用户自己打开 "Messages" 信息面板，查看是否需要进行电路修改。

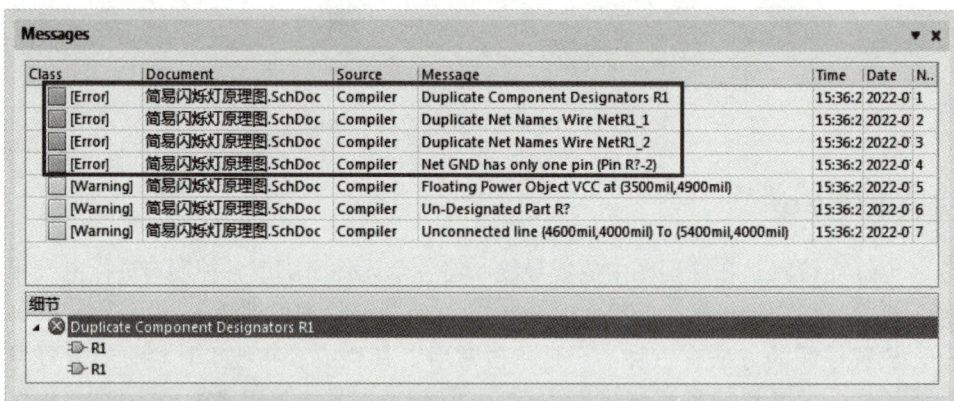

Class	Document	Source	Message	Time	Date	N..
[Error]	简易闪烁灯原理图.SchDoc	Compiler	Duplicate Component Designators R1	15:36:2	2022-0	1
[Error]	简易闪烁灯原理图.SchDoc	Compiler	Duplicate Net Names Wire NetR1_1	15:36:2	2022-0	2
[Error]	简易闪烁灯原理图.SchDoc	Compiler	Duplicate Net Names Wire NetR1_2	15:36:2	2022-0	3
[Error]	简易闪烁灯原理图.SchDoc	Compiler	Net GND has only one pin (Pin R?-2)	15:36:2	2022-0	4
[Warning]	简易闪烁灯原理图.SchDoc	Compiler	Floating Power Object VCC at (3500mil,4900mil)	15:36:2	2022-0	5
[Warning]	简易闪烁灯原理图.SchDoc	Compiler	Un-Designated Part R?	15:36:2	2022-0	6
[Warning]	简易闪烁灯原理图.SchDoc	Compiler	Unconnected line (4600mil,4000mil) To (5400mil,4000mil)	15:36:2	2022-0	7

细节
Duplicate Component Designators R1
R1
R1

图 2-34　Messages 面板

打开信息面板的方法有两种：执行菜单命令"视图"→"面板"→"Messages"；或者单击右下方的面板标签 "Panels" 按钮打开 "Messages" 面板。

2. 原理图改错

图 2-34 面板中列出了几种常见的错误和警告信息，修改方法如下：

(1) Duplicate Component Designators ***：说明有重复的元件位号。可通过双击下方"细节"栏中的错误电气对象或网络，直接跳转到错误的元件位置，然后进行手动修改。

(2) Duplicate Net Names Wire NetR1_2：说明有重复的网络名称 NetR1_2。这是因为存在重复的元件位号，修改上一个错误即可解决。

(3) Net GND has only one pin (Pin R?-2)：说明电阻 R? 连接的 GND 网络只连接了 1 个引脚，另外的引脚未连接，需要检查电路连接。

(4) Floating Power Object VCC at (3500 mil, 4900 mil)：说明有未连接的电源端口 VCC 在坐标 (3500 mil, 4900 mil) 位置，需要检查该电源端口的电路。

(5) Un-Designated Part R?：说明有未编位号的元件"R ？"。原理图的每个元件都有唯一指定的位号，如 R1、R2、C1、U1 等，手动修改该位号或者执行菜单命令"工具"→"标注"→"原理图标注"，重注所有元件编号即可。

(6) Unconnected line (4600 mil, 4000 mil) To (5400 mil, 4000 mil)：说明有一段导线坐标是 (4600 mil, 4000 mil) 到 (5400 mil, 4000 mil) 没有连接任何电气对象。

电路修改完成后需要再次执行"工程"→"Validate 简易闪烁灯工程 .PrjPcb"菜单命令，直至"Messages"面板中不再出现错误信息。

3. 批量修改封装参数

执行菜单命令"工具"→"封装管理器"，弹出图 2-35 所示的对话框。

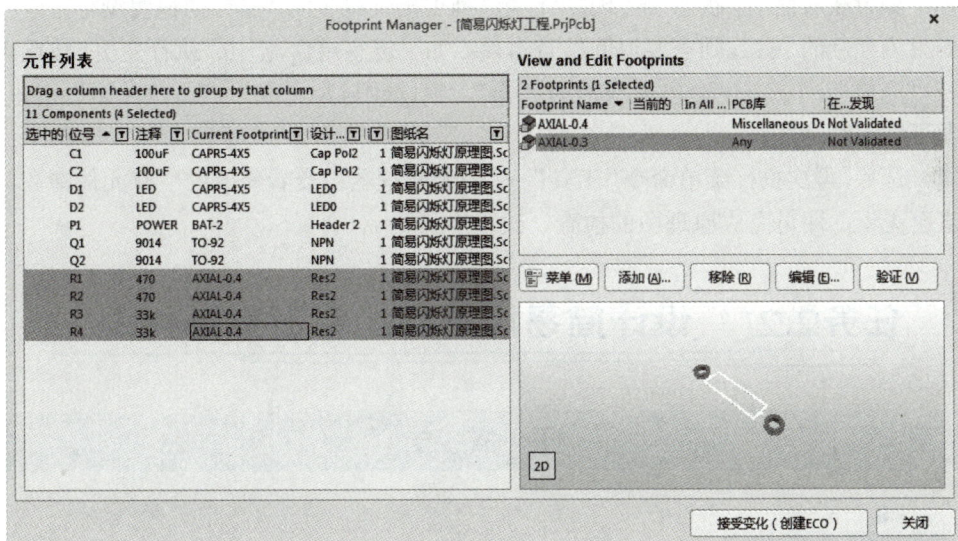

图 2-35　封装管理器对话框

可以在左侧的元件列表框中对比表 2-6 的元件清单，核对所有元件的位号、注释、Current Footprint(当前封装) 是否正确。如果位号、注释有错误，需要返回原理图中进行修改；如果封装错误，可以在封装管理器中修改。

下面以批量修改电阻元件的"AXIAL-0.3"封装为例，介绍操作步骤。

(1) 按住"Ctrl"键选中图 2-35 左侧列表里的 4 个电阻元件，选中右侧的封装列表中默认的封装"AXIAL-0.4"，点击"移除"按钮。

(2) 点击右侧中间的"添加"按钮，弹出图 2-28 所示的"PCB 模型"对话框，在名称框中输入"AXIAL-0.3"封装名，点击"确定"，返回封装管理器对话框。在右上侧的封装列表中就能看见"AXIAL-0.3"，如图 2-35 所示。

(3) 在列表中选中"AXIAL-0.3"封装名称，单击右键，选择"设为当前"。

(4) 点击"接受变化 (创建 ECO)"按钮，在弹出的"工程变更指令"对话框中单击"验证变更"按钮，如图 2-36 所示。

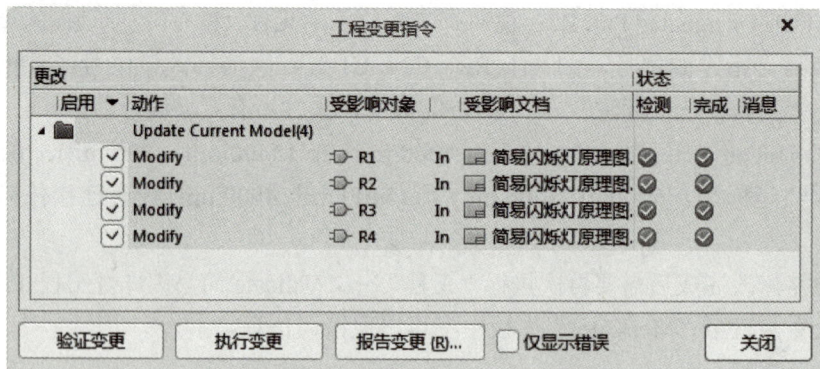

图 2-36 "工程变更指令"对话框

如果在右侧的"状态"栏下的"检测"列中出现绿色的"✅"，则说明没有错误；如果为红色的"❌"，则需要返回检查错误。如果没有错误，点击"执行变更"按钮，在"完成"列下方也会出现绿色的"✅"，则修改封装完成，点击"关闭"按钮即可关闭对话框。

最后，再次执行菜单命令"工具"→"封装管理器"，查看修改的所有元件参数，直至无误，即可完成原理图的检查、改错步骤。

任务2.2 设计简易闪烁灯的单面直插PCB

任 务 单

任务要求

简易闪烁灯的 PCB 设计要求如下：

(1) 板框：正方形 30 mm × 30 mm，边框线默认线宽为 0.3 mm。

(2) 元件布局：参考图 2-37，在左上角显示姓名、元件的注释，为 LED 和电容添加正极的丝印标注。

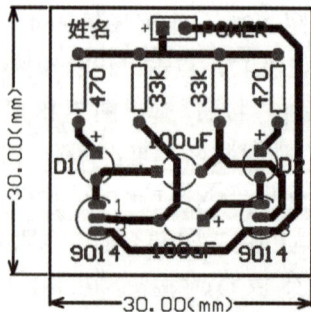

图 2-37　简易闪烁灯电路 PCB

(3) 布线规则：单面板，底层布线，安全间距为 0.2 mm，所有线宽都为 0.8 mm。PCB 布线参考图 2-37。

学习目标

(1) 了解使用 AD22 软件进行 PCB 设计的流程。

(2) 能使用 AD22 软件创建 PCB 设计文件，设置 PCB 编辑器的界面环境参数。

(3) 能绘制矩形板框，正确导入原理图。

(4) 能进行单面直插 PCB 的元件布局，设置布线规则，按规范进行布线。

(5) 会进行 DRC 检查，并修改错误。

PCB 设计流程

用 AD 软件设计 PCB 版图的流程如图 2-38 所示。

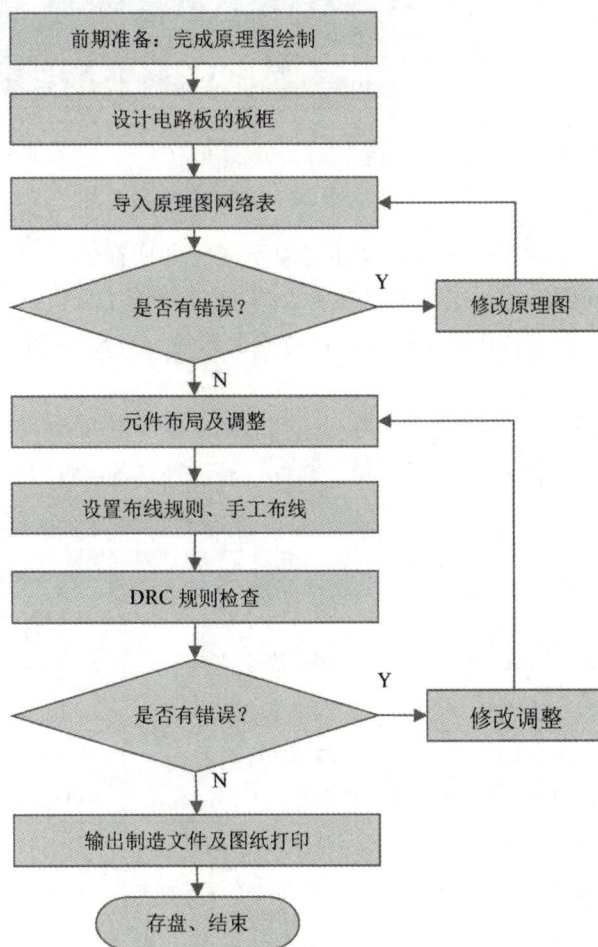

图 2-38　PCB 设计流程图

任务准备

一、认识 PCB 编辑器

新建 PCB 文件，点击菜单命令"文件"→"新的"→"PCB"。打开 PCB 编辑器，其主要由菜单栏、工作面板、PCB 常用工具栏、绘图工作区、层标签以及状态栏等组成。PCB 编辑器界面如图 2-39 所示。

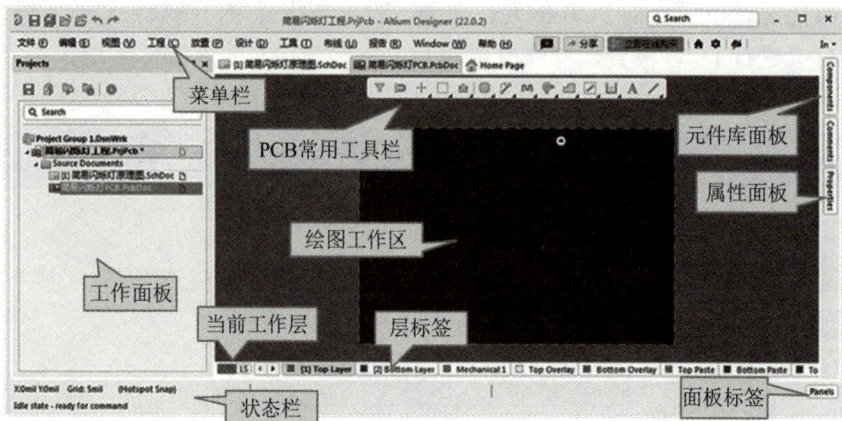

图 2-39　PCB 编辑器界面

PCB 设计时要注意，设计对象不同它们所在的层也不同，操作时就要先选择对应的层标签。层标签栏在 PCB 编辑器绘图工作区的下方，每个层标签名称前面的颜色方块代表了该层设计对象的颜色，"LS"前的颜色方块代表当前被选中的层的颜色。

在层标签栏点击右键，在弹出的右键菜单中可以对层标签栏进行设置，例如要显示或隐藏哪些层，层的长短、名称、显示等。各层对应的中英文名称见表 2-7。

表 2-7　PCB 设计层名称中英文对照表

英文层名称	中文层名称	英文层名称	中文层名称
Top Layer	顶层信号层	Top Paste	顶层助焊层
Bottom Layer	底层信号层	Bottom Paste	底层助焊层
Top Over Layer	顶层丝印层	Top Solder	顶层阻焊层
Bottom Over Layer	底层丝印层	Bottom Solder	底层阻焊层
Mechanical Layer(1-16)	机械层 (1-16)	Drill Guide	钻孔定位层
Keep-Out Layer	禁止布线层	Drill Drawing	钻孔图层
Multi-Layer	多层（直插元件的焊盘层）	Internal Plane	内部电源层

表 2-7 中右侧的图层在 PCB 设计中基本是不需要进行操作的，因此可以隐藏。层标签是否显示，可通过按下快捷键"L"，在弹出的图 2-40 所示的"View

Configuration"（视图配置）对话框中设置。

图 2-40(a) 所示为图层选项卡，每个图层名称前面的颜色方块代表了该层设计对象的颜色，最前面的眼睛图标可以设置为显示或隐藏。图 2-40(b) 所示为系统颜色选项卡，可以设置印制电路板的飞线、焊盘孔、过孔、工作区背景、绘图区背景等颜色，一般默认设置即可。

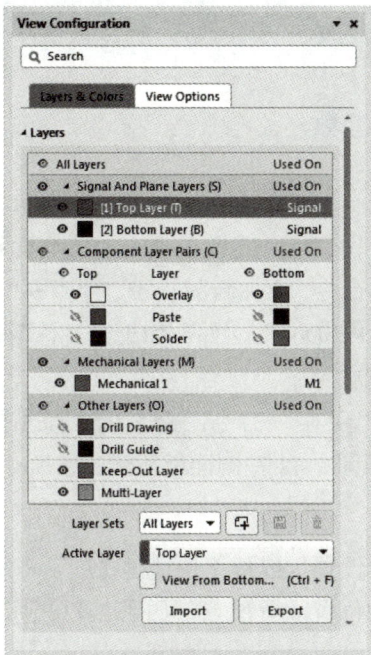

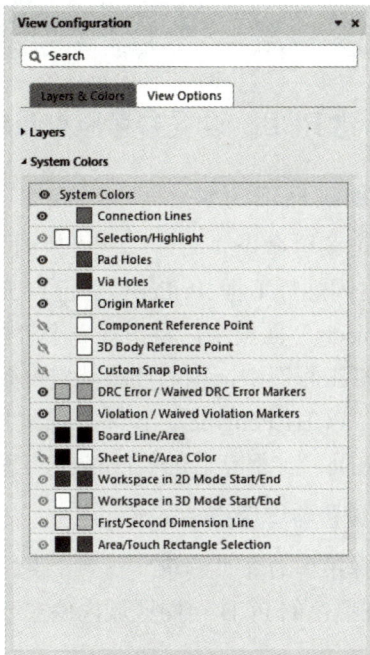

(a) 图层选项卡　　　　　　　　　(b) 系统颜色选项卡

图 2-40　"View Configuration"（视图配置）对话框

二、认识 PCB 编辑器的常用工具栏及菜单命令

PCB 编辑器中的多数工具栏可通过执行菜单命令"视图"→"工具栏"来打开及关闭。

下面介绍位于绘图工作区的正上方的 PCB 常用工具栏。这个工具栏是固定的，不能关闭。它包括多种常用工具按钮，如图 2-41 所示。

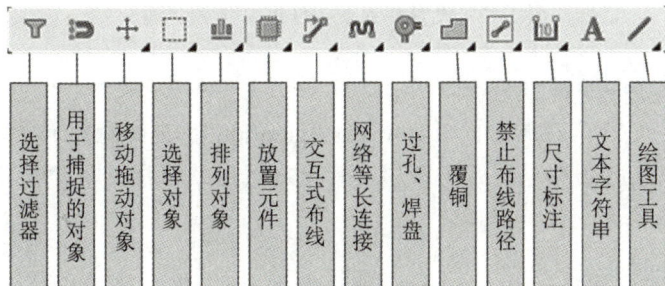

图 2-41　PCB 常用工具栏

当鼠标移动到工具按钮上时，会显示对应的提示信息。右下角有三角符号的按钮可以通过左键点击来展开其下拉菜单。其中移动拖动对象、排列对象也可以通过菜单命令"编辑"中对应的下一级命令来实现。其余多数按钮的功能也可以通过菜单命令"放置"来实现。

任 务 实 施

一、新建 PCB、设置参考原点及环境参数

1. 新建 PCB 文件

点击菜单命令"文件"→"新的"→"PCB"，或者在"Projects"面板中选择"简易闪烁灯工程 .PrjPcb"，右键点击菜单命令"添加新的 ... 到工程"→"PCB"。在"Projects"面板中，将出现一个"PCB1.PcbDoc"文件。如果该文件不在"简易闪烁灯工程"中，则需要将其拖曳到工程文件下。

在"PCB1.PcbDoc"上单击右键执行"保存"命令，命名为"简易闪烁灯PCB.PcbDoc"。保存后的"Projects"面板如图 2-42 左侧面板所示。

2. 设置参考原点

选择菜单命令"编辑"→"原点"→"设置"，或按下快捷键"E"→"O"→"S"，在黑色的 PCB 绘图区域内偏左下角的位置放置原点，如图 2-42 所示。

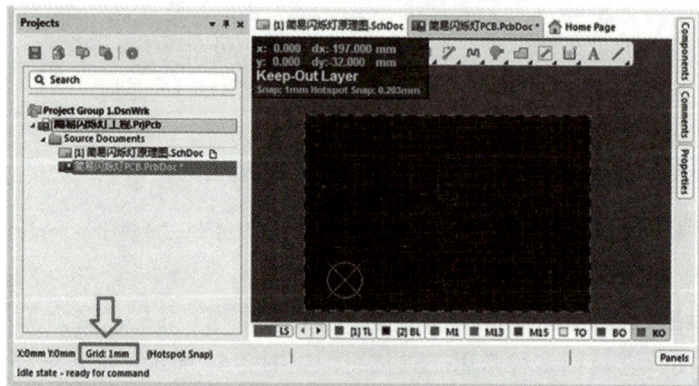

图 2-42　设置参考原点的 PCB 编辑界面

3. 设置显示图层标签

按下快捷键"L"，在弹出的"View Configuration"（视图配置）对话框中设置，只显示顶层和底层的信号层、丝印层、禁止布线层、多层（焊盘层），其他的隐藏如图 2-40(a) 所示。

4. 设置公制单位

PCB 默认单位是"mil"，按下快捷键"Q"，可修改单位为"mm"，通过图

2-42 所示的 PCB 设计界面左下角的状态栏可以查看当前设置的单位。

5. 设置栅格大小

为了使边框绘制更准确，按下快捷键"G"，设置栅格大小为 1 mm，通过图 2-42 左下角的状态栏可以查看当前栅格设置参数及单位。

线型栅格显示设置方法：按下快捷键"G"，选择"栅格属性"命令，打开图 2-43 所示的"Cartesian Grid Editor"栅格属性编辑器对话框。在右侧的"显示"栏下方将栅格的"精细"和"粗糙"显示都设置为"Lines"（直线型），这样在绘图区就可以看见线型栅格了。

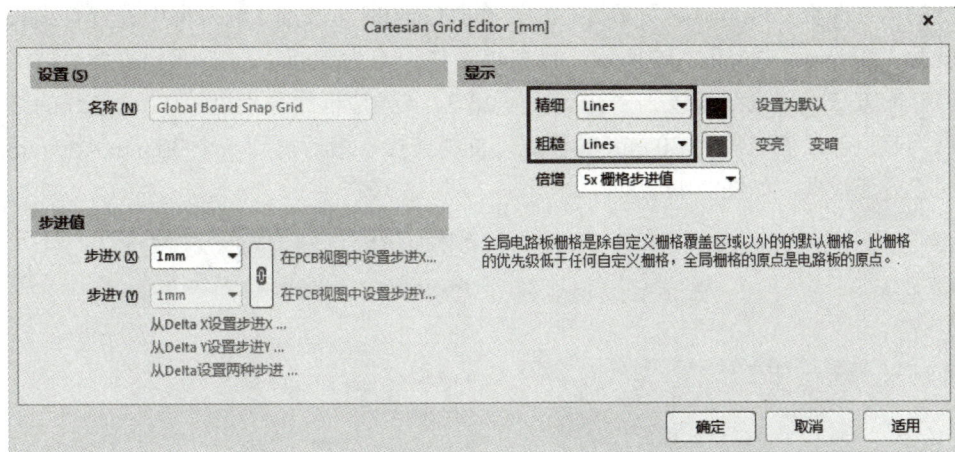

图 2-43　栅格属性编辑器对话框

二、设计矩形电路板框

PCB 板框设计就是在禁止布线层 (Keep-Out Layer) 绘制其电气边界。禁止布线层是 PCB 工作空间中的一个用来确定有效位置和布线区域的特殊工作层面，所有信号层的目标对象和走线都被限制在电气边界之内。

通常电路板的电气边界应该略小于物理边界，这是因为在日常使用中电路板难免会有磨损，为了保证电路板能够继续正常使用，在制板时要留出一定的余地，这样即使物理边界有损坏，由于电气边界小于物理边界，元器件的电气关系依然保持有效，电路板仍然能够继续工作。如果设计的电路板尺寸较为宽裕，也可以将物理边界和电气边界重合。

板框设计要求

(1) 板框形状：矩形，绘制在禁止布线层。

(2) 板框尺寸：30 mm × 30 mm，标注在机械层 1。

(3) 边框线宽：0.3 mm。

简易闪烁灯矩形电路板框设计如图 2-44 所示。

1. 绘制边框线

(1) 在绘图区下方的层标签中选择禁止布线层"Keep-Out Layer"。

(2) 点击常用工具栏里面的"⬚"放置禁止布线线径图标，也可以点击菜单栏的"放置"→"Keepout"→"线径"命令。此时层标签栏只有"Keep-Out Layer"禁止布线层是彩色的，说明处于可操作状态；其余层都是灰色的，说明不能进行操作。

(3) 以参考原点为起点，向右画一条直线，然后选中并双击直线，在右侧弹出的属性面板"Properties"参数栏中，在"Length"(长度)输入框中设置直线长度为"30 mm"，如图 2-45 所示。接着以参考原点为起点，向上画一条直线，用同样的方法设置直线长度为"30 mm"。第 3、4 条边框线分别以第 1、2 条线的终点为起点，绘制长度为 30 mm 的直线，首尾连接，最后得到一个 30 mm × 30 mm 的正方形板框，如图 2-44 所示。

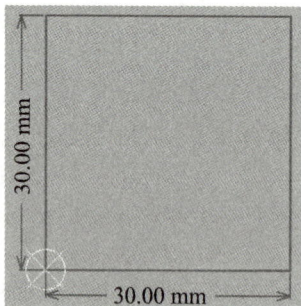

图 2-44 闪烁灯矩形电路板框

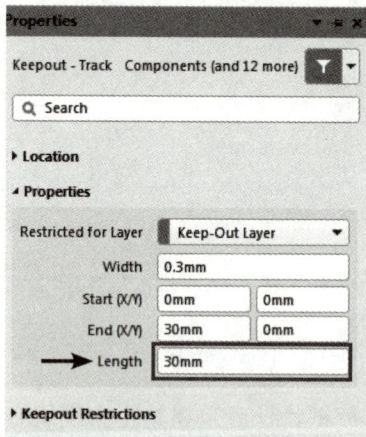

图 2-45 PCB 板框线设置属性面板

2. 按边框线裁剪电路板

选中所有板框线，点击菜单命令"设计"→"板子形状"→"按照选择对象定义"，或者先后按下快捷键"D"→"S"→"D"，完成板框裁剪。

3. 放置边框的尺寸标注

(1) 选择层标签的机械层 1"Mechanical 1"。

(2) 点击常用工具栏的放置线性尺寸图标"⬚"，或者点击菜单命令"放置"→"尺寸"→"线性尺寸"。

(3) 放置边框下方的尺寸标注：在参考原点点击左键，确定边框线的起点，向右移动到板框线的终点，点击左键确定，然后向下移动到合适的位置，点击右键完成下方尺寸标注的放置。

(4) 放置左侧的尺寸标注：在参考原点点击左键，确定边框线的起点，向上移动到板框线的终点，点击左键确定。如果发现尺寸线显示的方向不对，可以按下"Space"空格键将尺寸标注旋转 90°，然后再向左侧移动到合适的位置，点击右键完成左侧尺寸标注的放置。

(5) 修改尺寸标注单位及格式。双击尺寸标注弹出属性面板，如图 2-46 所示。在"Properties"参数栏的"Layer"层下拉框中选择"Mechanical 1"（机械层 1），然后在"Units"单位栏的"Primary Units"主单位下拉框中选择"Millimeters"（毫米），最后在"Value"数值栏的"Format"格式下拉框中选择"30.00 mm"，即可完成尺寸标注格式的修改。

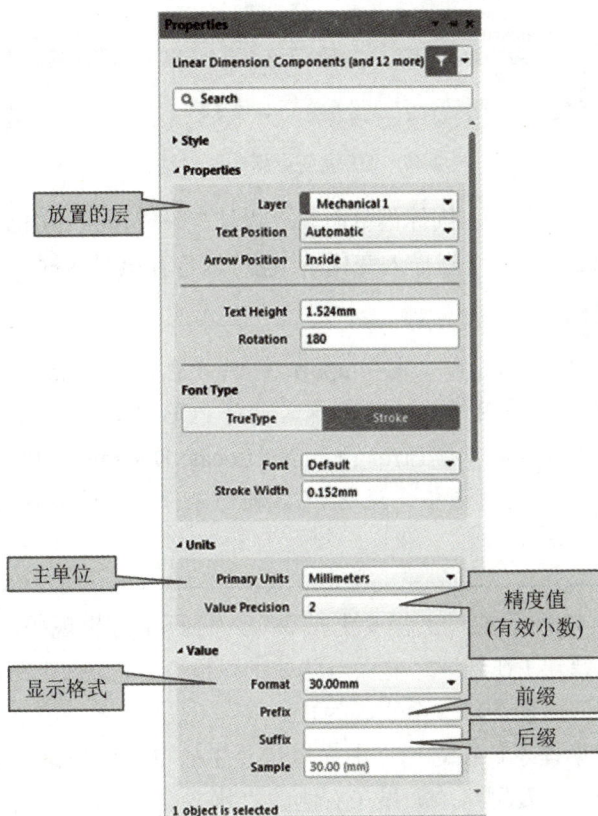

图 2-46　尺寸标注属性面板

4. 保存"简易闪烁灯 PCB.PcbDoc"

将 PCB 设计文件保存在"简易闪烁灯工程"文件夹中。

三、加载网络表导入元件及网络

将原理图的网络表导入 PCB 中，有两种方法：

(1) 在原理图编辑器中，执行菜单命令"设计"→"Update PCB Document 简易闪烁灯 PCB.PcbDoc"（更新 PCB 文件），打开"工程变更指令"对话框，如图 2-47 所示。

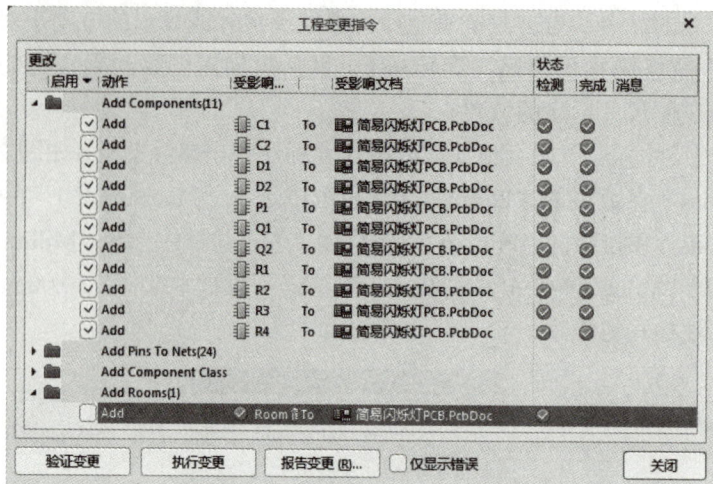

图 2-47 "工程变更指令"对话框

2-5 导入闪烁灯原理图元件布局

(2) 在 PCB 编辑器中，执行菜单命令"设计"→"Import Changes From 简易闪烁灯工程 .PrjPcb"（从工程导入变化），也可以打开该对话框。

☆技巧提示

如果菜单命令"设计"→"Import..."为灰色，即不能点击，说明新建的 PCB 文件不在简易闪烁灯工程中，需要将 PCB 文档添加到工程中。如果点击菜单命令之后弹出"✖ Error：Cannot Locate Document [PCB1.PcbDoc]"，无法定位 PCB 文档的对话框，说明 PCB 文件未保存，需要保存在工程中才能导入原理图设计。

如果在图 2-47 所示的"工程变更指令"对话框下方出现提示信息"警告：编译工程时发生错误！在继续之前点击此处进行检查。"，说明电路原理图有错误，需要点击错误返回原理图修改至正确为止。

如果没有错误提示，在对话框中先点击"生效更改"按钮，AD22 软件会检测导入的原理图封装及网络。如果在右侧的"状态"栏下的"检测"列中出现绿色的"✓"，说明没有问题；如果出现红色的"✖"，则需要返回原理图检查并修改错误。然后点击"执行更改"按钮，若在"完成"列下方也出现绿色的"✓"，则导入原理图封装和网络完成。点击"关闭"按钮即可关闭该对话框。

在导入原理图网络表的同时，会出现一个红色的布线框 (Room)，所有元器件都放置在布线框中，当移动布线框时，所有元器件会一起移动，可以选中该布线框，按"Delete"键删除，也可以取消图 2-47 中的最后一项"Add Room..."前面的复选框勾选，再点击"执行更改"按钮，就不会导入该布线框。

四、元件布局及放置中文标注

印制电路板的元件布局，应该尽可能按照信号流向进行，同时要从机械结构散热、电磁干扰、将来布线的方便性等方面综合考虑。先布置与机械尺寸有关的元件，并锁定这些元件，然后是大的占位置的元件和电路的核心元件，最后是外围的小元件。

常见特殊位置的元件有：

(1) 接口类：如电源接口、扬声器、视频接口、音频接口、USB 接口等。

(2) 显示类：如发光二极管、数码显示管、液晶显示屏等。

(3) 旋钮类：如音量控制旋钮、调谐/波段旋钮、电位器旋钮等。

(4) 其他类：必须放置在特定位置的零件，如散热片、安装孔/槽等。

简易闪烁灯 PCB 元件布局按图 2-48 所示进行。

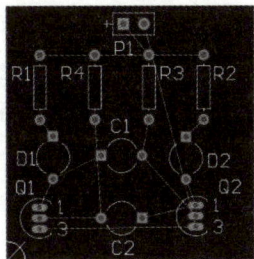
图 2-48　闪烁灯 PCB 元件布局图

1. 元件布局

PCB 元件的布局操作方法基本同原理图元件的布局方法一致。在布局时需要注意焊盘之间的白色连接线，这是用来指引布线的一种连线，称作"飞线"，它是由原理图的网络导入 PCB 设计中的。

(1) 元件的旋转：按下"Space"空格键可以使元件按逆时针旋转 90°。

☆技巧提示

　　PCB 元件布局中禁止按"X"或"Y"键，因为这将会使元件在电路板的同一侧进行翻转。如果执行了此操作，会弹出一个"Confirm"确认对话框，要点击"No"按钮，不要继续此操作。

(2) 元件的对齐排列：选中要对齐排列的元件，如四个电阻，点击菜单命令"编辑"→"对齐"，或者直接点击常用工具栏的第 4 个"▦"排列对象图标，水平排列选择"平均分布"，垂直排列选择"顶部"对齐。

2. 放置丝印文字

电路板的字符及注释是放置在丝印层的，包括元件位号、参数、字符串文字等，放置时要注意丝印字符不能挡住同一面的元件、轮廓或焊盘。

1) 显示或隐藏元件位号、注释信息

布局闪烁灯 PCB 时，除了 LED 外，其余元件都是只显示注释，隐藏了元件位号，如图 2-49 所示。可以按住"Shift"键点选多个元件，打开"Properties"元件属性对话框，通过点击

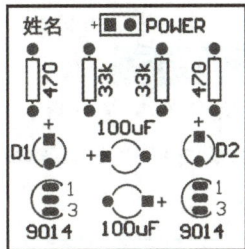
图 2-49　闪烁灯 PCB 的元件注释

"Designator"元件位号或"Comment"元件注释右侧的眼睛图标按钮，设置该参数是否显示。

2) 放置字符串

在 LED 和电解电容的 1 号方形焊盘旁，放置"+"号字符串，表示为正极。方法：在编辑区下方的层标签中选择"Top Over Layer"顶层丝印层，点击常用工具栏的"**A**"放置字符串图标，或者点击菜单命令"放置"→"字符串"，放置过程中按下"Tab"键，打开字符串属性对话框，如图 2-50 所示，在"Text"中输入"+"，将其放置在 LED 和电解电容的 1 号方形焊盘旁。

3) 放置中文字符串

在电路板的左上角放置设计者的姓名，放置在正面丝印层。如果放置字符串时直接输入汉字，则在 PCB 中将会显示乱码。要正确显示中文字体，需按图 2-51 所示将"Font Type"字体类型设置为"TrueType"，并在"Font"下拉框中选择"黑体"字体，这样在制作 PCB 时汉字能清晰可见。通常同样高度的中文字体会比英文字体偏小，为使电路板布局美观，应将中文字体的高度"Height"设置大一些，如 2.5 mm。

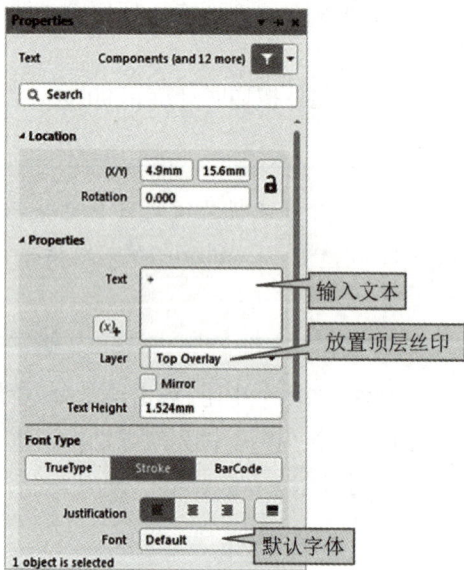

图 2-50 字符串属性对话框

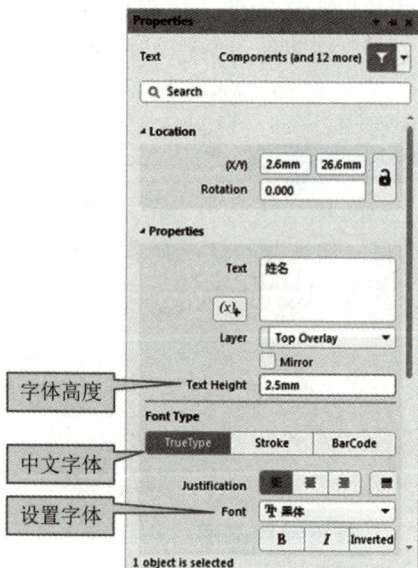

图 2-51 中文字符串属性对话框

☆技巧提示

元件布局完成后，可按下数字键 3，切换到 PCB 的 3D 视图，再按数字键 2 可返回 PCB 二维视图。3D 模式的查看方式可参考后面 3D 效果查看内容。

学习笔记

2-6 放置
中文字符串

五、布线规则设置

PCB 布线之前需要先设置布线规则，包括电气安全间距、线宽规则、布线层、过孔规则、覆铜规则等，方便 AD22 软件对 PCB 后期布线做准备。布线规则设置是否合理将直接影响布线的质量和成功率。设置布线规则有以下原则：

(1) 一定要确保导线的宽度达到导线的载流要求，并尽可能宽些，留出余量，具体参数可查看项目一的表 1-2 铜膜导线宽度、厚度与电流值的关系对照表。电源和地的导线一般要设置得更宽，线宽规则是：地线＞电源线＞导线。

(2) 导线间最小电气安全间距是由铜膜导线的绝缘电阻和击穿电阻决定的，在可能的情况下尽量定得大一些，一般不能小于 12 mil，约 0.3 mm。

(3) 布线拐弯要避免用直角和锐角，而要采用钝角或圆弧过渡。

(4) 集成电路芯片的数据线、地址线应尽量平行布置。

布线规则要求

(1) 安全间距：0.2 mm。

(2) 线宽：0.8 mm。

(3) 单面板，底层布线。

执行菜单命令"设计"→"规则"，打开"PCB 规则及约束编辑器"对话框，如图 2-52 所示。在对话框的左侧列出了 10 种规则设置，各种规则的说明详见附录 D。

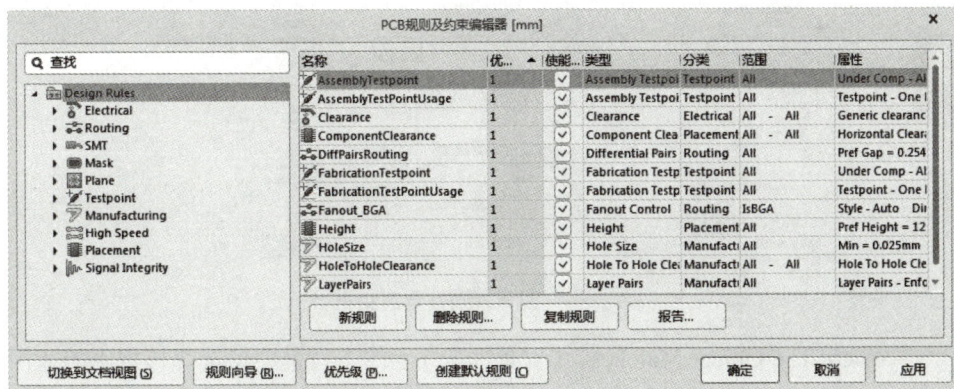

图 2-52　"PCB 规则及约束编辑器"对话框

1. Clearance(安全间距) 规则

设计电路板时，应该避免导线、过孔、焊盘、元器件、覆铜等对象之间的距离过近而相互产生干扰，通常需要在它们之间留出一定的间距，这个间距称作安全间距。单击"Electrical"（ 电气) 规则前面的"▶"符号，再打开"Clearance"（ 安全间距) 子规则，如图 2-53 所示。在对话框右侧设置安全间距为 0.2 mm。

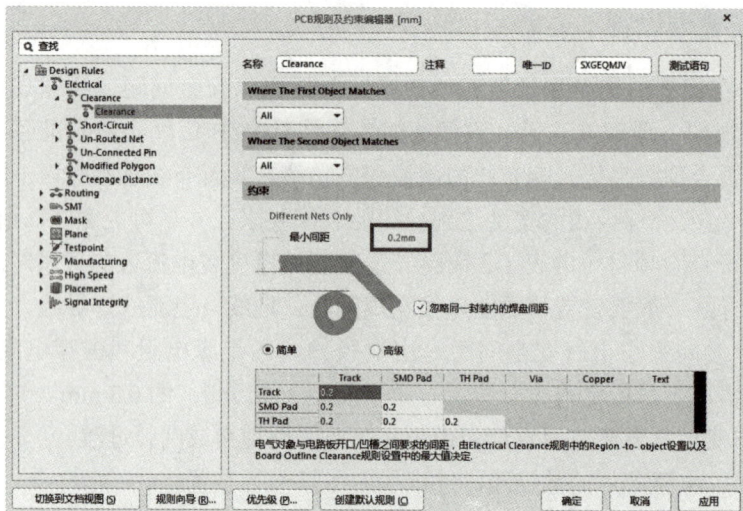

图 2-53　安全间距规则设置对话框

2. Width(线宽) 规则

展开 "Routing"（布线）规则下面的 "Width"（线宽）子规则，选中后在对话框的右侧设置参数，如图 2-54 所示。

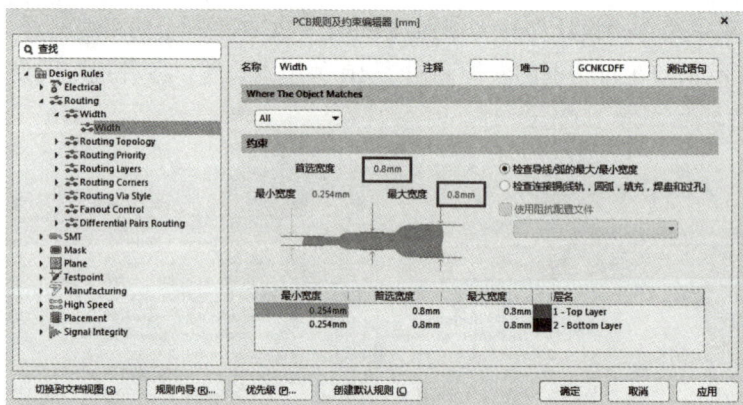

图 2-54　线宽规则设置对话框

"Where The Object Matches"（对象匹配）栏的下拉框中可选择该规则的适用范围，"All" 为对整个电路板都有效。

在 "约束" 栏中可设置最小线宽、最大宽度和首选宽度的参数，这里设置最大宽度和首选宽度为 0.8 mm。

☆ 技巧提示

在 "PCB 规则及约束编辑器" 对话框的标题栏中可以看到当前单位为 mm，如要切换单位，可以按快捷键 "Ctrl" ＋ "Q"，或者退出对话框，按快捷键 "Q" 切换单位后，再打开对话框。

3. Routing Layers(布线层) 规则

展开"Routing"（布线）规则下面的"Routing Layers"（布线层）子规则，在右侧"约束"栏下"使能的层"中，默认勾选"Top Layer"（顶层）和"Bottom Layer"（底层），即为双面布线的 PCB 板。

简易闪烁灯设计为单面板，底层布线，所以要去掉"Top Layer"前面的对钩，只勾选"Bottom Layer"底层信号层进行布线，如图 2-55 所示。

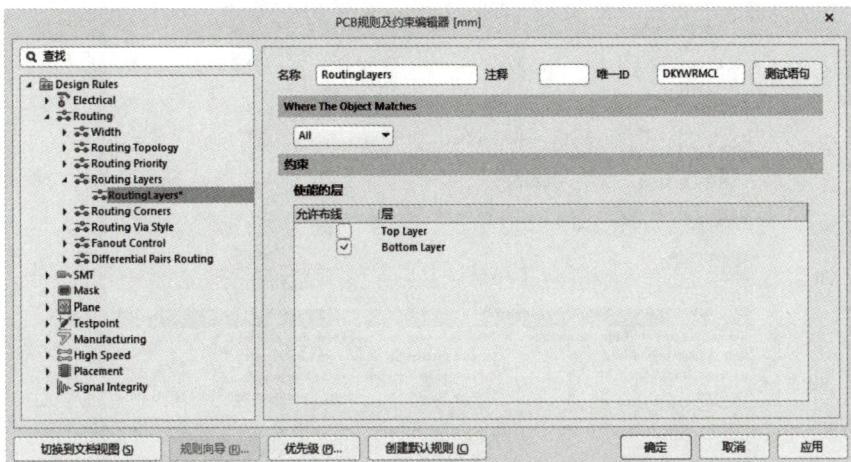

图 2-55　布线层规则设置对话框

设置完成后，点击"应用"和"确定"按钮。

六、自动布线与手工布线

在 AD22 软件中可以采用自动布线和手工布线两种方式，但是实际应用中自动布线的电路板大多走线随机、凌乱且不能通过静电等测试，因此一般 PCB 工程师都是使用手工布线，且在布线过程中要遵循 PCB 的布线规则。

在 PCB 中绘制铜膜导线时，要注意布线的拐角最好采用圆弧过渡或 135° 的钝角过渡，避免采用 90° 或者更加尖锐的拐角过渡，如图 2-56 所示。因为在制板过程中，布线拐角如果为尖角，则其内角难以腐蚀，而尖角的外角处，铜箔容易翘起或剥离。此外在高频电路中，直角和锐角也容易发生信号反射现象，从而引起电磁干扰。

(a) 避免采用　　　　　　　　(b) 优先采用

图 2-56　布线拐角方式

1. 自动布线

执行菜单命令"布线"→"自动布线"→"全部"，系统弹出"Situs 布线策略"

对话框，如图 2-57 所示，进行自动布线设置。当布线规则设置好后，这里可以采用默认设置，然后点击"Route All"按钮进行 PCB 自动布线。

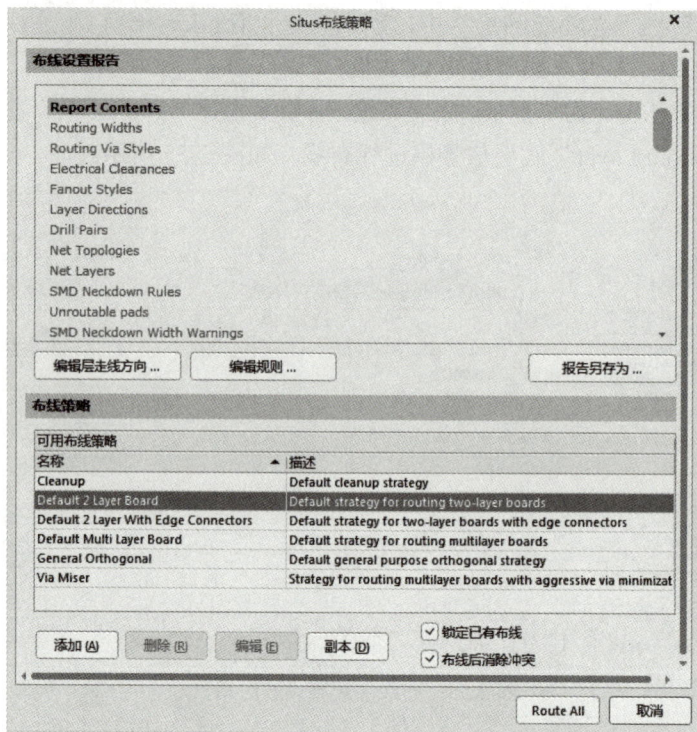

图 2-57 "Situs 布线策略"对话框

如果用户已经对部分网络完成了预布线，然后再执行自动布线，可以分别勾选"锁定已有布线"和"布线后消除冲突"两个复选框。此外，还可以通过菜单命令来选择自动布线的对象：对选定网络进行布线、对两连接点进行布线、对指定元器件布线、对指定区域布线等操作。

2. 手工布线

选择布线层标签"Bottom Layer"，单击常用工具栏中的交互式布线"⚡"按钮，此时光标将变成十字形状。然后根据焊盘之间的"飞线"指引连接铜膜导线，先移动光标到元件的一个焊盘上，单击左键设置布线起点，拖动鼠标，再移到飞线连接另一个焊盘，单击左键确定终点，完成布线。点击右键或按下 Esc 键，退出布线状态。

布线时如果发现飞线有连接不正确的地方，可以查看元件是否被旋转了180°，或者同类元件是否被互换了位置等。如果有焊盘的飞线没有显示可先查看原理网络是否正确连接。接下来按飞线指引，完成简易闪烁灯 PCB 的手工布线，布线可参考任务单的设计样图 2-37。

布线过程中按下"Tab"键打开属性对话框，查看线宽是否符合规则，如图 2-58所示，可以手动修改"Width"为 0.8 mm。

2-7 闪烁灯手工布线与规则检查改错

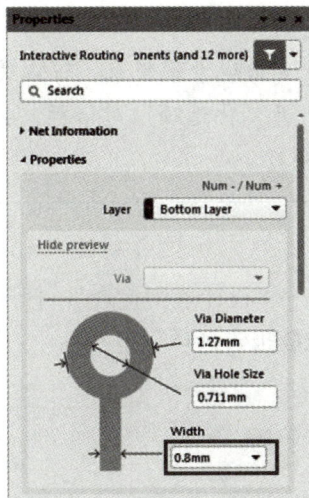

图 2-58　布线属性对话框

☆技巧提示

　　交互式布线的快捷键是"Ctrl"+"W"。在交互式布线过程中,按住"Ctrl"键,再点击焊盘可以快速连线。按"Shift"+"Space"键可切换五种布线模式:任意角度、90°拐角、90°弧形拐角、45°拐角和45°弧形拐角。按"Space"键可切换开始和结束的布线模式。

3. 取消布线与调整布线

　　布线过程中可以删除不合理的线,再进行手工调整。

　　(1) 删除布线:选中要删除的导线,按下"Delete"键删除,或执行菜单命令"布线"→"取消布线",或按快捷键"U"→"U",可以选择撤销全部布线,或者撤销对某一个网络、某一条连线、某一个元器件及某个布线空间的布线等方式。当鼠标变成十字光标后,点击一下要删除布线的对象即可。

　　(2) 对于部分不理想的布线,可以手动调整。将光标移动到需要修改的导线上,点击左键,此时光标中心会出现带有四个箭头的光标,拖曳移动导线到合适的位置,松开鼠标,可完成导线的移动。

七、设计规则检查与 PCB 修改

　　Design Rule Check(DRC) 为设计规则检查,目的是确保电路板的元件布局、电气连接及制作工艺都在设定规则的范围内,以防电路板在设计或制作的过程中出现错误。DRC 检查分为在线检查 (On-Line DRC) 和批检查。开启在线 DRC 检查后,检查程序会一直在后台运行,PCB 画图中如果出现违反规则的情况,则在线检查会及时发现并高亮绿色显示,阻止违规的布线。批检查是在人工启动 PCB 检查程序后,才对所有检查项进行一次性检查。

> ☆技巧提示
>
> 　　如果在编辑 PCB 时经常出现卡顿现象，可以关闭在线 DRC。方法：按下快捷键"T"→"P"，打开"优选项"对话框，去掉"在线 DRC"复选框中的对钩，点击"确定"即可。

1. DRC 设计规则检查

执行菜单命令"工具"→"设计规则检查"，打开图 2-59 所示的"设计规则检查器"对话框，其中"DRC 报告选项"中的各项采用默认设置。

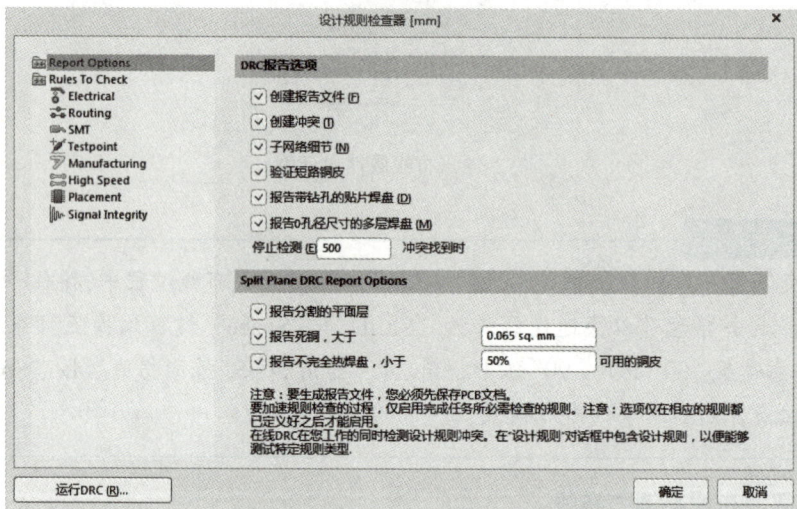

图 2-59　"设计规则检查器"对话框

单击图 2-59 左下方的"运行 DRC"按钮，运行结束后，系统自动生成网页形式的设计规则检查报告，并显示在工作窗口中，如图 2-60 所示。

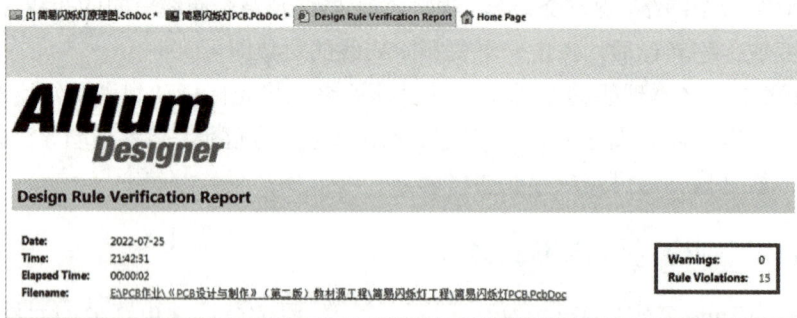

图 2-60　设计规则检查报告

报告中显示"Warnings"（警告）和"Rule Violations"（违规）的数量，并列出详细的违规情况，然后根据这些提示返回 PCB 编辑界面修改错误。

本项目中有两种错误是需要修改封装的，分别是"Minimum Solder Mask Sliver"和"Silk To Solder Mask"，需要修改三极管和电阻的封装。但是目前我们还没有学习封装设计，只有在学习下一个项目了封装设计后才能修改这个错误，因此我们可以忽略这两个规则的检查。或者点击菜单命令"设计"→"规则"，选择左侧"Manufacturing"制板规则，将右侧的"Minimum Solder Mask Sliver"选项和"Silk To Solder Mask Clearance"选项复选框中的钩去掉，如图 2-61 所示。

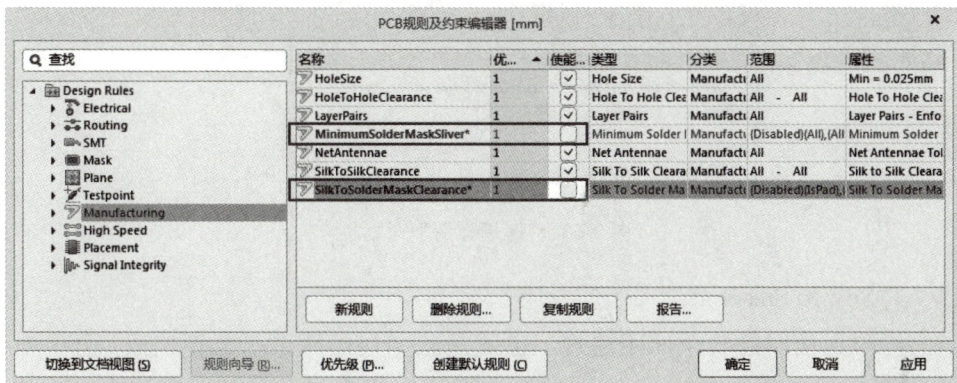

图 2-61 "PCB 规则及约束编辑器"对话框

再次执行菜单命令"工具"→"设计规则检查"，单击"运行 DRC"按钮，查看设计规则检查报告，就只有几个违规了。

2. PCB 违规改错

在 PCB 编辑界面，点击菜单命令"视图"→"面板"→"PCB Rules And Violations"，打开图 2-62 所示的 PCB 规则和违规面板。在该面板最下方会显示"Violations"违规的数量与详情。

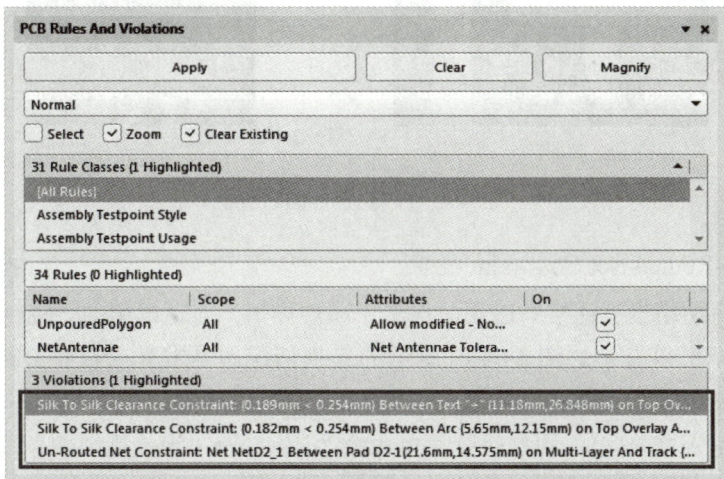

图 2-62 "PCB Rules And Violations"面板

双击其中一个违规，打开"违规详情"对话框，如图 2-63 所示，显示有违反的规则及违规对象、坐标位置等详情提示，点击"跳转"按钮可以跳转至错误位置，点击"高亮"按钮可以使错误地方高亮突出显示，方便查看错误。

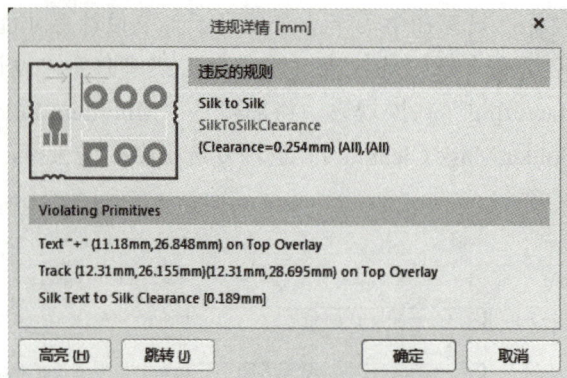

图 2-63 "违规详情"对话框

1) Silk To Silk 违规

丝印到丝印的安全间距违规，也就是丝印层的两个对象距离太近了，如图 2-63 所示。对话框的"Violating Primitives"栏中显示了违规的对象：文本 Text "+" 坐标在 (11.18 mm, 26.848 mm) 与直线 Track 这两个对象丝印安全间距是 [0.189 mm]，小于设定值。

修改方法：点击对话框中的"跳转"按钮，显示违规位置，再点击"高亮"按钮显示违规对象。可以看到 P1 连接器的正极与矩形丝印框太近了，如图 2-64(a) 所示。将"+"文本对象拖动离开直线 0.2 mm 以上，即可改正违规。

(a) P1 连接器的丝印违规　　　　(b) 网络没有连接的违规

图 2-64　PCB 设计违规情况

2) Un-Routed Net Constraint 违规

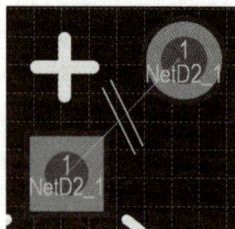

这是有网络没有连接的违规，点击"违规详情"对话框中的"跳转"和"高亮"按钮，可以看到如图 2-64(b) 所示的违规情况，是发光二极管 D2 和电阻之间的焊盘飞线没有连接，用交互式布线连接该网络即可。

全部错误修改完成，再次执行菜单命令"工具"→"设计规则检查"，单击"运行 DRC"按钮，直至无误。

八、3D 效果查看

电路板布局、布线完后，可以执行菜单命令"视图"→"切换到 3 维显示"，查看 PCB 的 3D 效果，如图 2-65 所示。

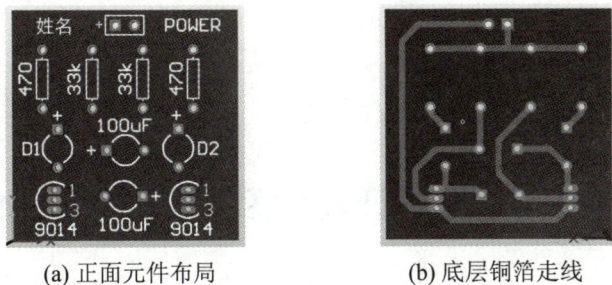

(a) 正面元件布局　　　　　　(b) 底层铜箔走线

图 2-65　简易闪烁灯 PCB 的 3D 视图

在 3D 模式下，可按表 2-8 所示的快捷键进行 3D 视图快速操作。

表 2-8　PCB 的 3D 可视化快捷键

快捷键	功　能	快捷键	功　能
3	切换三维视图	0	使板在水平方向沿窗口底部运动
2	切换二维视图	9	旋转 90° 或使板沿串口右侧旋转
Shift + 右键拖曳	任意角度 3D 旋转视图	V → B 或 Ctrl + F	沿着光标位置横向翻转电路板
Shift + 鼠标滚轮	3D 图左右移动	Ctrl + 鼠标滚轮	3D 图缩放

此外，还可以通过数字小键盘查看不同角度的视图，具体可参考菜单命令"视图"→"3D View Control"下的子菜单。

设置 3D 视图的电路板颜色可按下快捷键"L"，打开"View Configuration"（视图配置）对话框，选择"View Options"（视图选项）页面，如图 2-66 所示。在"Configuration"配置下拉框中可以设置电路板的颜色，如黑色、蓝色、棕色、绿色、红色、白色等。

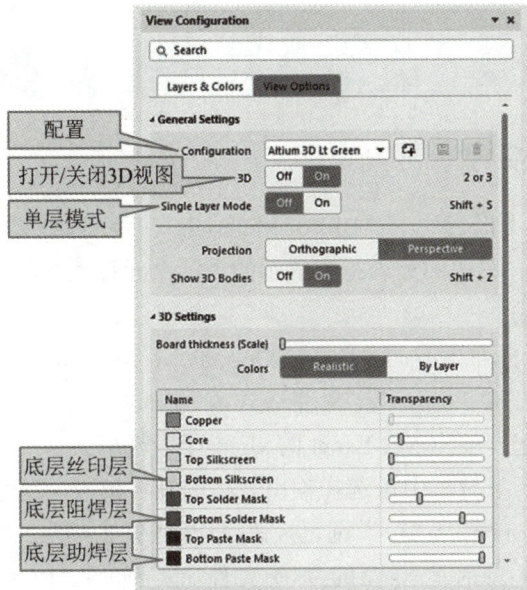

图 2-66　"View Configuration"的"View Options"页面

学习笔记

翻转电路板至底层，如图 2-65(b) 所示。电路板被底层阻焊层覆盖之后通常看不清走线，可以修改阻焊层的透明度，方法是向右拖曳"Bottom Solder Mask"右侧的滑动块，即增加透明度，如图 2-66 所示，就可以看见底层铜膜走线了。

任务2.3　打印设计图纸及输出制造文件

任 务 单

任务要求

(1) 输出简易闪烁灯的整套设计图纸资料，包括电路原理图、材料清单和 PCB 设计图。

(2) 通过 AD22 软件直接打印电路原理图、PCB 设计图。

(3) 输出 CAM 制造文件，包括光绘文件和钻孔文件。

学习目标

(1) 会输出电子表格形式的材料清单。

(2) 会输出原理图的 PDF 文件，能通过 AD22 软件直接打印电路原理图。

(3) 会输出 PCB 的 PDF 文件，能通过 AD22 软件直接打印 PCB 设计图。

(4) 会输出制造文件，如光绘文件和钻孔文件。

任 务 实 施

一、输出材料清单

点击菜单命令"报告"→"Bill of Materials"，弹出如图 2-67 所示的材料清单输出设置对话框，左边的列表框中显示的是各个元件的注释、描述、标识、封装、数量等信息。

在图 2-67 对话框右下方的"Export Options"（导出选项）栏中，可以选择要输出的材料清单"File Format"（文件格式），下拉框可选 CSV、txt、xls、pdf、htm 等格式，这里选择输出 MS-Excel 的 xls 电子表格形式。

在"Template"下拉框中可选择输出表格的几种模板。这里选择传统本地模板，操作方法：点击右侧的"…"浏览按钮，打开任务 2.1 图 2-22 所示的"Legacy LocalTemplates"传统本地模板的路径文件夹，选择"BOM Default Template 95.xlt"模板，这个模板输出的元件参数是比较全的，包含了工程名、元件封装、

注释、库引用名、描述数量等。

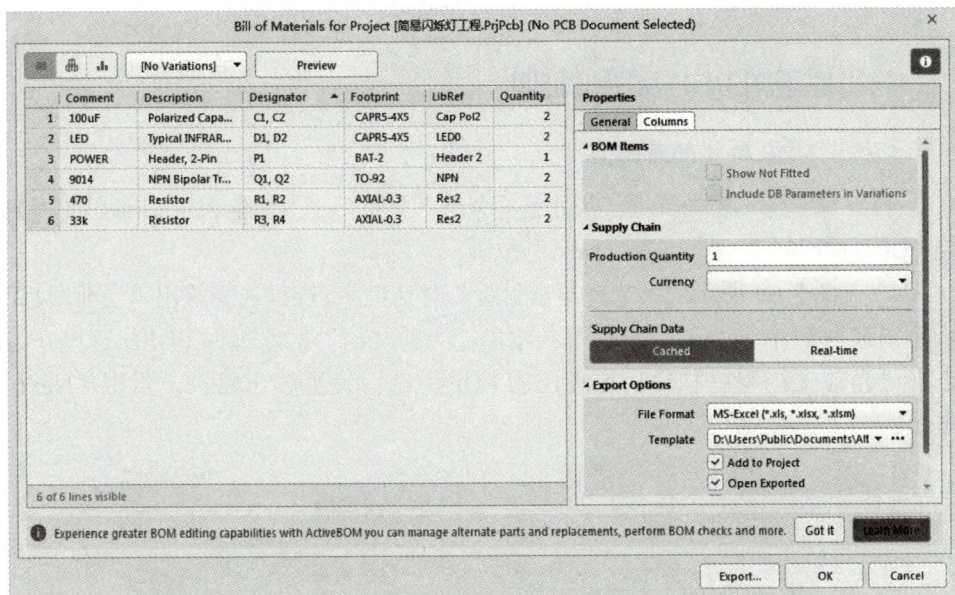

图 2-67 "Bill of Materials for Project" 对话框

模板选择完成，点击右上方的"Preview"按钮，可以预览输出的材料清单，如图 2-68 所示。

图 2-68 "BOM Default Template 95.xlt"模板的材料清单

在图 2-67 所示的对话框中勾选"Add to Project"(添加到工程)选项，输出的材料清单会出现在"Projects"项目面板中，并添加到当前工程中。勾选"Open Exported"(打开导出的)选项，输出后会直接打开材料清单，但是要求计算机正确安装 Excel 软件，否则此处为灰色按钮不能点击。

最后点击右下方的"Export"(输出)按钮，然后选择输出路径，材料清单默认输出在工程文件的"Project Outputs for ***"文件夹中。注意：点击"确定"按钮只能保存设置参数，而不能输出材料清单。

二、输出原理图 PDF 及图纸打印

1. 输出 PDF 格式的原理图

(1) 在原理图编辑器界面，执行菜单命令"文件"→"智能 PDF"，弹出的"智能 PDF"向导对话框，点击"Next"按钮。

(2) 在图 2-69 所示的"选择导出目标"对话框中，可以选择输出"当前项目"所有图纸为 PDF 文件，也可以单独输出"当前文档"的原理图 PDF。这里介绍选择"当前文档"单独输出原理图的 PDF 方法。设置输出路径，点击"Next"按钮。

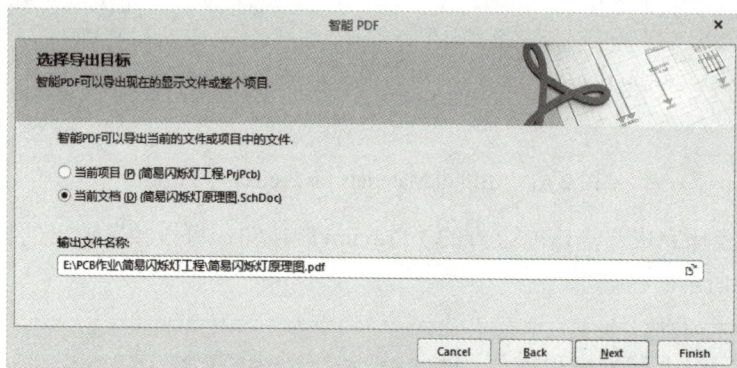

图 2-69　智能 PDF 的"选择导出目标"对话框

(3) 在图 2-70 所示的"导出 BOM 表"对话框中，可以勾选"导出原材料的 BOM 表"。这里勾选输出材料清单，点击"模板"下拉框右侧的"…"浏览按钮，打开任务 2.1 图 2-22 所示的"Legacy Local Templates"传统本地模板的路径文件夹，选择"BOM Default Template 95.xlt"模板，然后点击"Next"按钮。

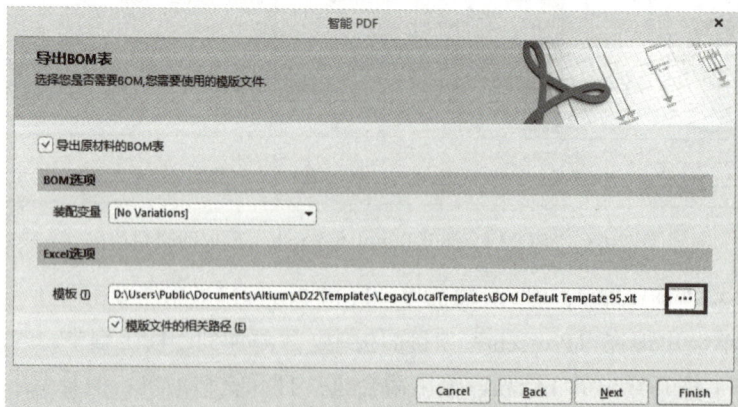

图 2-70　智能 PDF 的"导出 BOM 表"对话框

2-9　输出并打印原理图

学习笔记

（4）打开"添加打印设置"对话框，在右上角"原理图颜色模式"栏中可选设置有颜色、灰度、单色。这里选择"颜色"，即输出彩色 PDF 文件。其余参数默认，点击"Next"按钮。

（5）打开"最后步骤"对话框，勾选"导出后打开 PDF 文件"，不勾选"保存设置到批量输出文件"，最后点击"Finish"完成按钮，即可输出并打开 PDF 格式的原理图。

输出的 PDF 文件有两页：第 1 页是原理图，如图 2-71 所示；第 2 页是材料清单，如图 2-68 所示。

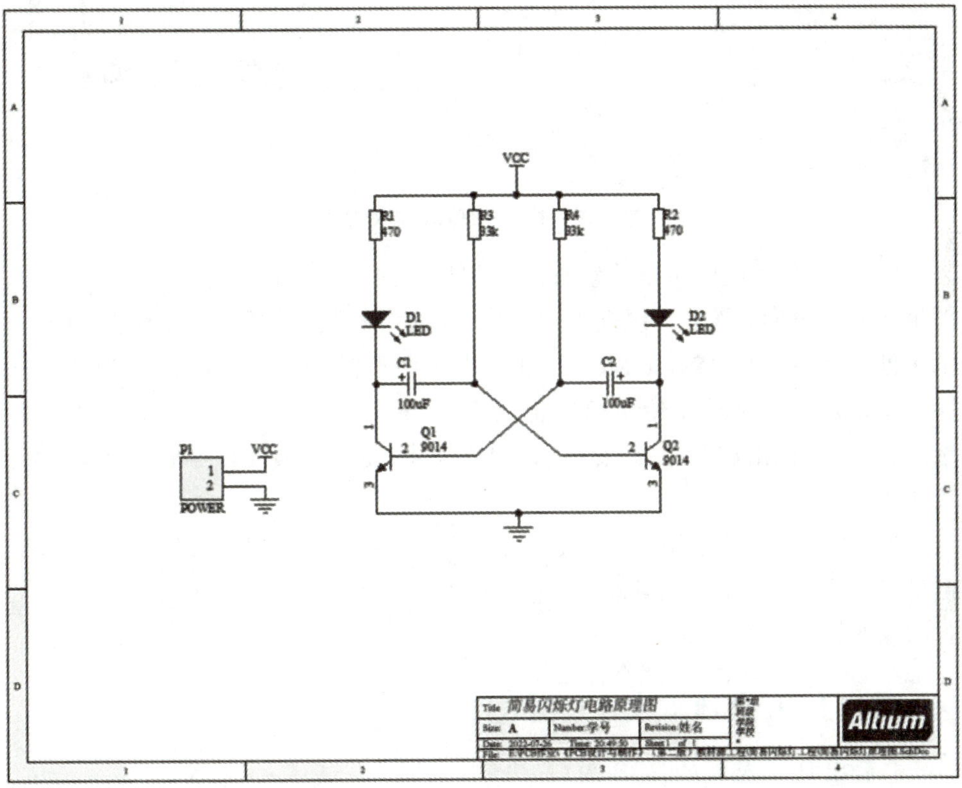

图 2-71 智能 PDF 输出的带模板原理图

☆技巧提示

如果 PDF 输出完成后，弹出一个错误的提示对话框，说明计算机中没有安装 PDF 阅读器，不能打开 PDF 文件。可以直接到工程文件夹中找到后缀为".pdf"的文件用浏览器打开。

2. 直接打印原理图

在原理图编辑器界面，执行菜单命令"文件"→"打印"，打开打印设置对话框，如图 2-72 所示。

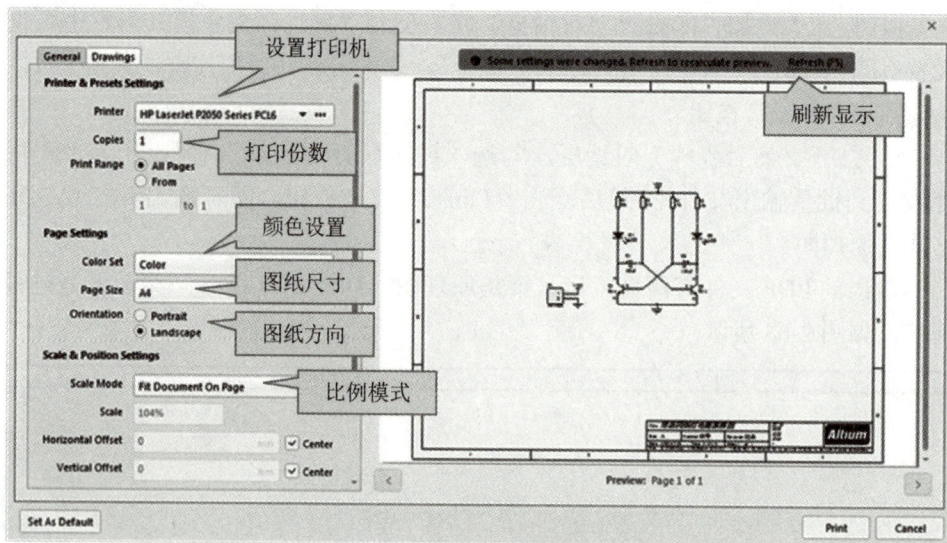

图 2-72　打印原理图设置对话框

图 2-72 对话框中可以设置打印机型号、图纸颜色（单色、灰度、彩色）、图纸尺寸、方向（横向、纵向）、缩放、位置等参数。如果打印纸张尺寸和图纸不匹配还可以在"Scale Mode"下拉菜单中设置打印的比例模式，选择"Fit Document On Page"（使文档适合页面），可让整张图纸都显示在纸张中；选择"Actual Size"（实际大小），可在"Scale"的输入框中设置图纸的缩放比例。

设置完成后点击右上角的"Refresh"（预览按钮），或按快捷键"F5"，在右侧可以查看打印效果。如果连接好打印机，可以直接点击"Print"（打印）按钮，打印图纸。

三、输出 PCB 的 PDF 文件及图纸打印

1. 输出 PDF 格式的 PCB 图

（1）在 PCB 编辑器界面，执行菜单命令"文件"→"智能 PDF"，弹出"智能 PDF"向导对话框，点击"Next"。打开"选择导出目标"对话框，这里选择"当前文档"单独输出 PCB 图的 PDF 文件，设置输出路径，点击"Next"按钮。

（2）打开"导出 BOM 表"对话框，可以勾选"导出材料清单"，点击"Next"按钮。

（3）打开"PCB 打印设置"对话框，如图 2-73 所示，默认的"Multilayer Composite Print"（多层复合打印）会把 PCB 所有图层一起输出，这里默认设置即可。

2-10　输出并打印 PCB 图

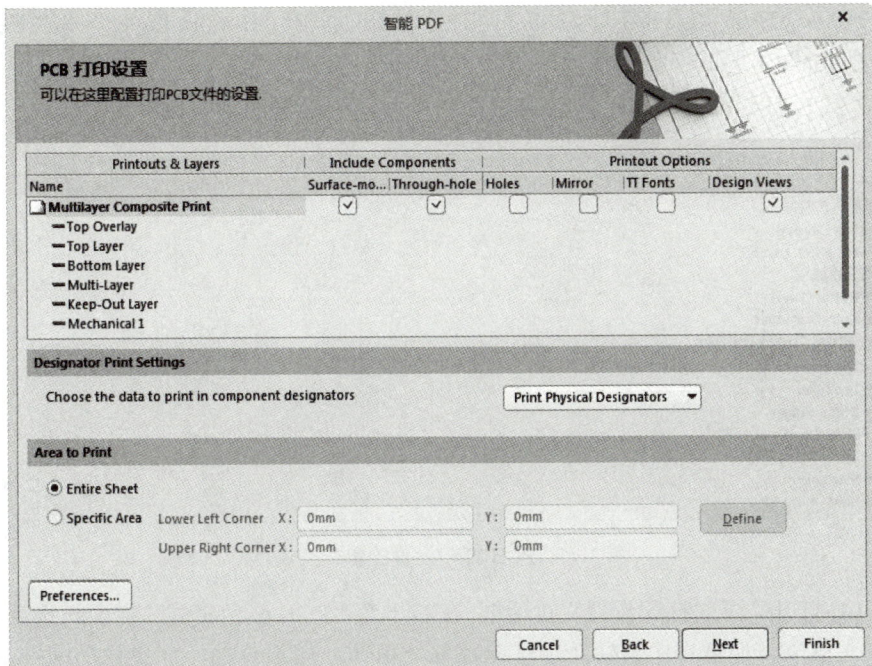

图 2-73　智能 PDF 的"PCB 打印设置"对话框

如果要观察各图层的设计是否正确，或者打印热转印图纸，可以添加单独的图层输出，设置方法如下。

① 设置正面丝印层的打印输出。

在列表框中点击右键，选择"Insert Printout"（插入打印输出）命令。在列表框中的"Printouts & Layers"下方"Name"列表中，双击新建的"New PrintOut 1"名称，打开图 2-74 所示的"打印输出特性"对话框。

将打印输出名称改为"正面丝印层"，点击右下角的"添加"按钮，在弹出的"板层属性"对话框"打印板层类型"中，选择"Top Overlay"正面丝印层，点击"确定"。返回"打印输出特性"对话框，再次点击"添加"按钮，添加"Keep-Out Layer"禁止布线层。打印丝印层的热转印图纸时需要镜像操作，因此勾选左侧的"层镜像"，点击"Close"，完成设置。

图 2-74　PCB"打印输出特性"对话框

② 设置底层线路层的打印输出。

同样的方法，在列表框中点击右键，选择"Insert Printout"命令。双击新建的"New PrintOut 2"名称，打开"打印输出特性"对话框。将打印输出名称改为"底层线路层"，点击右下角的"添加"按钮，添加"Bottom Layer"和"Keep-Out Layer"图层，不需要镜像，点击"Close"，完成设置。

"PCB 打印设置"对话框参数设置完成后，列表框如图 2-75 所示。

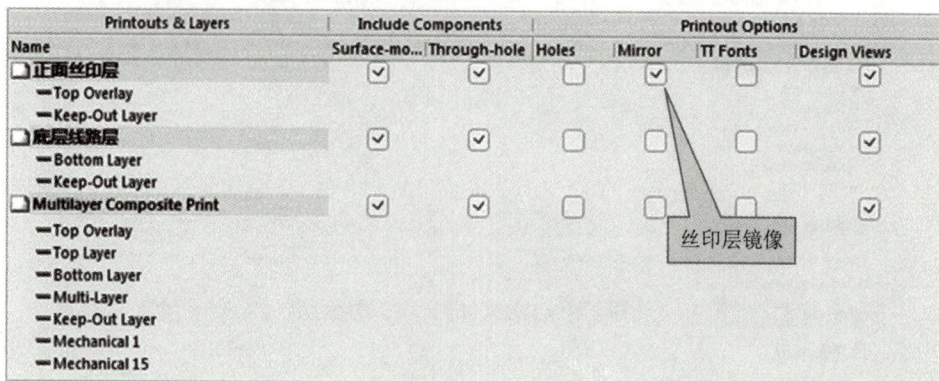

图 2-75　PCB 打印设置的参数列表框

（4）打开"添加打印设置"对话框，在右下角"PCB 颜色模式"栏中可选颜色、灰度、单色。如果打印热转印图纸要选择"单色"黑白打印；如果打印图纸可选择"颜色"即输出彩色 PDF 文件。其余参数默认，点击"Next"按钮。

（5）打开"最后步骤"对话框，勾选"导出后打开 PDF 文件"。最后点击"Finish"完成按钮，即可输出并打开 PDF 格式的 PCB 图。

输出的 PDF 文件有三页：第 1 页是丝印层，如图 2-76(a) 所示；第 2 页是线路层，如图 2-76(b) 所示；第 3 页是默认的"Multilayer Composite Print"多层复合打印，如图 2-76(c) 所示。

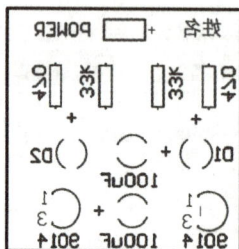　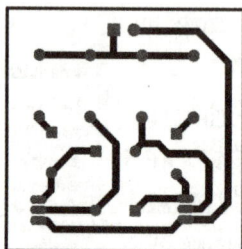　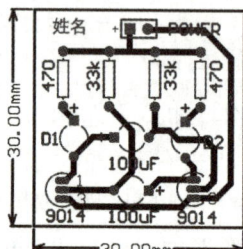

(a) 丝印层图　　　　　　(b) 线路层图　　　　(c) 默认的多层复合打印

图 2-76　智能 PDF 输出的 PCB 图纸

2. 直接打印 PCB 图

在 PCB 编辑器界面，执行菜单命令"文件"→"打印"，打开打印设置对话框。

（1）在"General"页面可以设置打印机型号、图纸颜色（单色、灰度、彩色）、尺寸、方向、缩放、位置等参数。如果打印热转印纸张，应设置颜色为"Mono"（单色），即黑白打印；"Scale Mode"（缩放模式）设置为"Actual Size"（实际尺寸），"Scale"缩放比例设置 100%，如图 2-77(a) 所示。

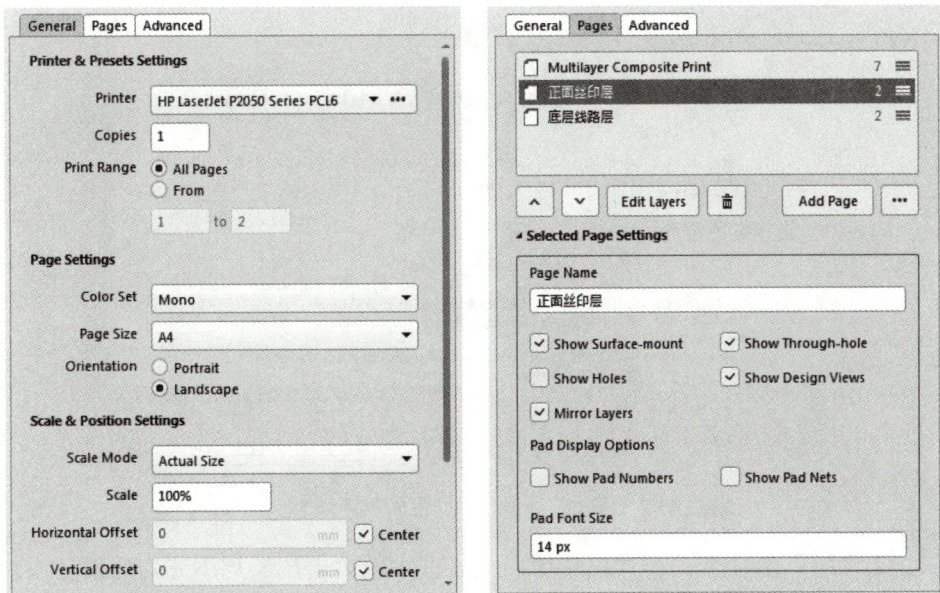

(a) General 设置页面　　　　　　　　(b) Pages 设置页面

图 2-77　打印 PCB 对话框

（2）在"Pages"页面可以设置打印的页面，与智能 PDF 的"PCB 打印设置"一样，默认的"Multilayer Composite Print"（多层复合打印）会打印 PCB 所有图层。也可以添加其他打印图层页面，点击"Add Page"按钮，添加"底层线路层"页面，再点击"Edit Layers"按钮，添加 Bottom Layer 和 Keep-Out Layer。正面丝印层添加 Top Overlay 和 Keep-Out Layer 的打印输出，打印丝印层的热转印纸张时同样要勾选"Mirror Layers"层镜像，如图 2-77(b) 所示。

设置完成后点击对话框右上角的"Refresh"（预览按钮），或按快捷键"F5"，在右侧可以查看打印效果，右下角的"▶""◀"按钮可以切换打印页面。如果连接好打印机，就可以直接点击"Print"（打印）按钮打印图纸。

四、输出 CAM 制造文件

完成 PCB 设计后，要制作印制电路板，需要先输出 CAM 制造文件，一般输出"Gerber Files"光绘文件和"NC Drill Files"数控钻孔文件即可。

1. 输出 Gerber Files 光绘文件

执行菜单命令"文件"→"制造输出"→"Gerber Files"，进入"Gerber 设置"对话框，如图 2-78 所示，有通用、层、钻孔图层、光圈、高级 5 个选项卡。

（1）"通用"选项卡。单位有英寸和毫米两种可选，英制格式有 2:3、2:4、2:5 三种，即单位可精确至 1 mil、0.1 mil 和 0.01 mil；公制格式有 4:2、4:3、4:4，也就是可以精确至毫米单位的小数后 2、3、4 位。这里单位选择"毫米"，格式为"4:4"，如图 2-78 所示。

学习笔记

2-11　输出制造文件

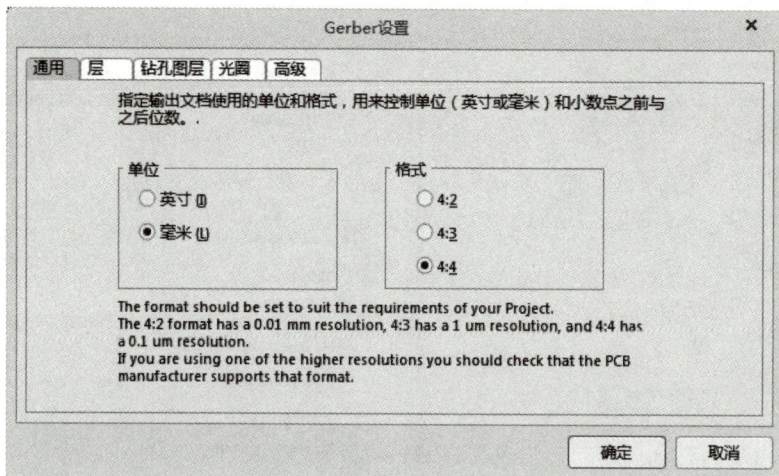

图 2-78　"Gerber 设置"对话框的"通用"选项卡

（2）"层"选项卡。在"出图层"列表框中的"出图"列下方勾选要输出对应层的复选框，一般单面 PCB 需要输出选择的层有正面丝印层 (GTO)、底层线路层 (GBL) 和禁止布线层 (GKO)，如图 2-79 所示。也可以直接点击左下方的"绘制层"下拉菜单，选择"选择使用的"命令，将 PCB 设计中所有使用的图层都选中。

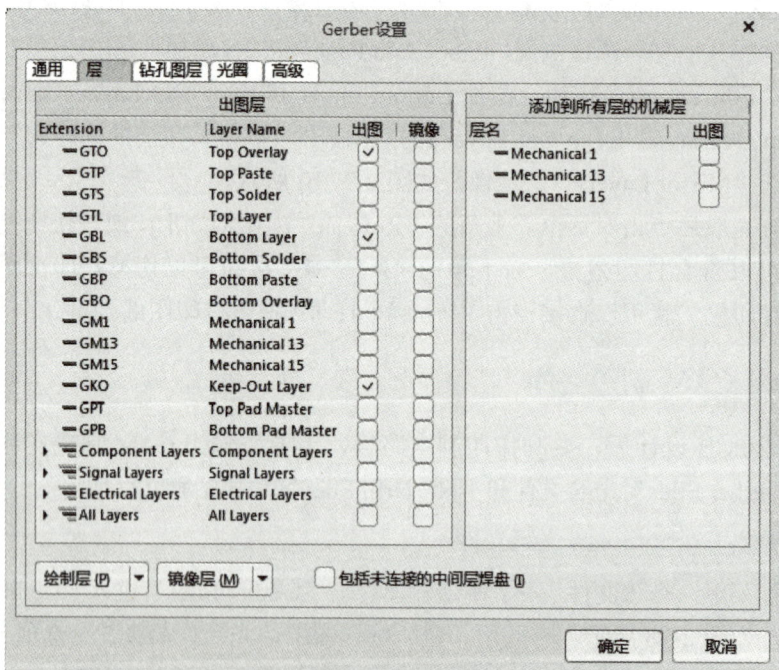

图 2-79　"Gerber 设置"对话框的"层"选项卡

（3）"钻孔图层""光圈"选项卡，一般保持默认设置即可。"高级"选项卡如图 2-80 所示。

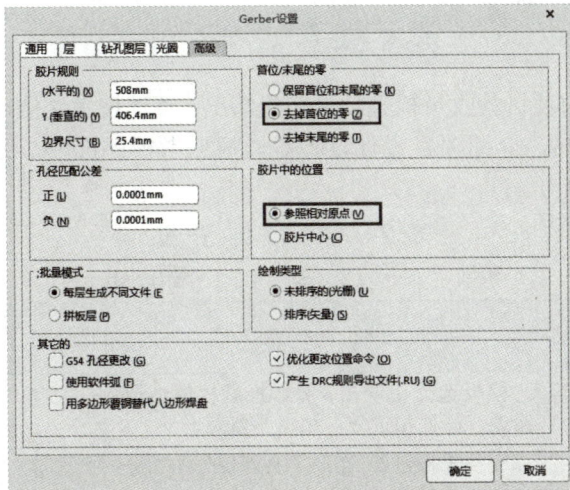

图 2-80　"Gerber 设置"对话框的"高级"选项卡

"首位 / 末尾的零"选项默认选中"去掉首位的零","胶片中的位置"选择"参照相对原点",这些设置应与后面数控钻孔文件输出一致,点击"确定"。

2. 输出 NC Drill 数控钻孔文件

执行菜单命令"文件"→"制造输出"→"NC Drill Files",进入"NC Drill设置"对话框,如图 2-81 所示。与 Gerber 文件输出设置相同,单位选择"毫米",格式为"4:4";选中"摒弃前导零"和"参考相对原点",其他设置默认,点击"确定"。在弹出的"导入钻孔数据"对话框中,点击"确定"即可输出钻孔文件。

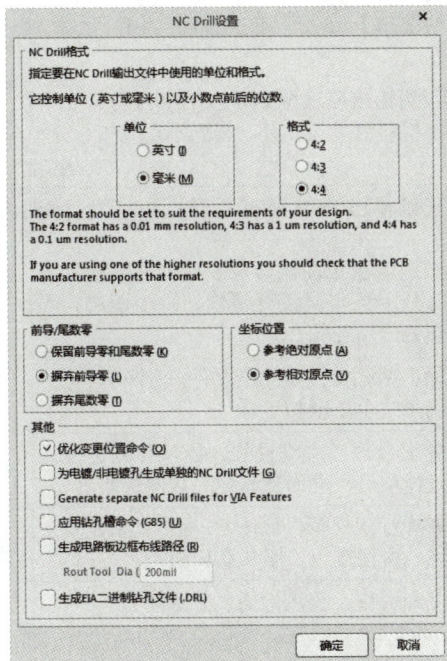

图 2-81　"NC Drill 设置"对话框

学习笔记

展示项目、考核评价

按照分组，由项目验收员检查项目完成情况，整理技术文档，提交汇报材料。各组展示设计作品，介绍项目设计过程等。根据考核评价表 2-9 进行小组自评、组间互评、教师评价。

表 2-9 考核评价表

姓名		组别		小组成员			
考核项目	考核内容	评分标准		配分	自评 20%	互评 20%	师评 60%
任务 2.1 绘制电路原理图 25 分	设置原理图模板	模板选择错误扣 3 分，标题栏信息录入错误，每处扣 1 分，扣完 5 分为止		5			
	绘制电路原理图	元件选择错误，布局不合理每处扣 2 分；电气连接错误或不规范每处扣 2 分，扣完 10 分为止		10			
	设置元器件参数	元件序号、注释、封装等信息设置错误每处扣 2 分，扣完 10 分为止		10			
任务 2.2 设计 PCB 25 分	设计 PCB 板框	边框或尺寸标注放错层，各扣 1 分；尺寸设置错误或没有放置扣 3 分		5			
	PCB 布局	每缺少 1 个封装、网络、标注文字扣 2 分，布局明显欠合理的，视情况扣 1~5 分，累计扣完 10 分为止		10			
	规范布线	线宽设置错误，布线层错误各扣 2 分；违反布线规则的，如拐角为直角、锐角等，每处扣 2 分；布线欠合理，走线不规范，视情况扣 1~5 分，扣完 10 分为止		10			
任务 2.3 打印图纸输出文件 20 分	输出原理图及材料清单 PDF 格式文件	正确输出原理图 PDF 文件得 4 分；正确输出材料清单得 4 分，格式不正确扣 2 分		8			
	输出 PCB 的 PDF 格式文件	正确输出 PCB 所有图层的 PDF 文件得 4 分		8			
		正确输出正面丝印层及底层线路层，各得 2 分，丝印层没有镜像、缺少图层、不是彩色的，各扣 2 分					
	输出制造文件	输出钻孔文件及光绘文件，每个得 2 分；图层每缺少 1 个扣 1 分		4			
职业素养 30 分	岗位职责	分工合理，主动性强，能按计划进度完成设计项目，严谨认真地完成岗位职责		10			
	爱岗敬业	遵守行业规范、现场 6S 标准要求，安全意识、责任意识、服从意识强		10			
	团队协作	互相协作、交流沟通、分享能力		10			
合计				100			
评价人		时间		总分			

【拓展训练2-1】 功率放大电路板的设计

训练内容：绘制如图 2-82 所示的 OTL 功率放大电路，并设计单面 PCB，布局布线参考图 2-83。

1. 原理图绘制要求

(1) 模板选用"Legacy Local Templates"传统本地模板，尺寸选择为 A4 横向，录入参数标题"OTL 功率放大电路原理图"，其余参数如任务 2.1 的图 2-20 所示。

(2) 绘制 OTL 功放电路原理图，如图 2-82 所示。元件参数设置如表 2-10 所示，其中 3 个三极管的引脚要按图设置。

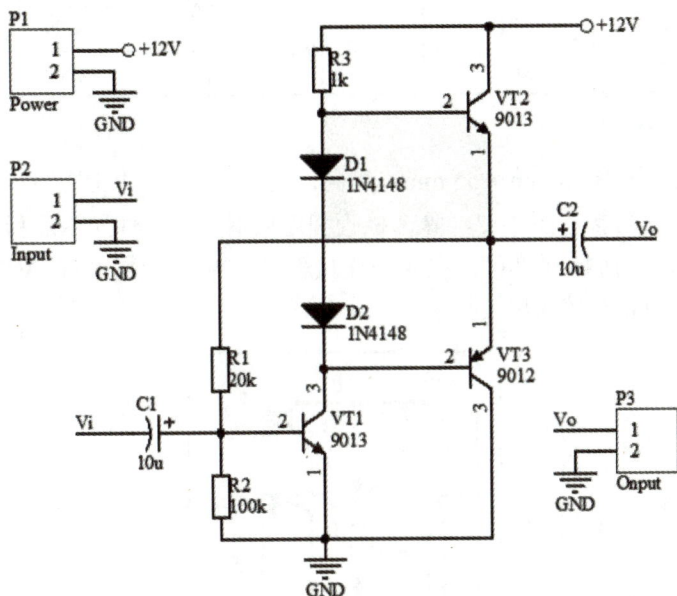

图 2-82　OTL 功率放大电路原理图

(3) 输出原理图的 PDF 文件，包含带模板的原理图，材料清单选择用"BOM Default Template 95.xlt"的传统本地模板。

☆技巧提示

(1) 原理图中 D1 与 D2 中间的导线十字交叉是不连通的，因为中间没有节点。其余导线十字交叉有节点的是连通的，可先连接成 T 形，自动产生节点后，再连接剩余的导线。

(2) C1 与 C2 引脚的"Vi"和"Vo"是网络标签，可通过菜单命令"放置"→"网络标签"放置，或者右键点击常用工具栏放置线"≈"图标，在下拉菜单中选择"网络标签"命令。注意：放置网络标签时必须放在导线上，当光标变成红色"✕"时说明捕捉到导线，连接成功。

表 2-10　OTL 功率放大电路元件明细表

位号	注释	封装	库引用名称
D1,D2	1N4148	DO-35	Diode 1N4148
C1,C2	10u	RB5-10.5	Cap Pol1
P1	Power		
P2	Input	HDR1X2	Header 2（在连接器件库）
P3	Output		
R1	20k		
R2	100k	AXIAL-0.4	Res2
R3	1k		
VT1,VT2	9013	TO-92A	NPN
VT3	9012		PNP

2. PCB 设计要求

(1) 板框：矩形 38 mm × 55 mm，纵向，尺寸线放置在机械层 1。

(2) PCB 布局参考图 2-83，除二极管和连接器其余器件显示注释，并在电容器的正极焊盘旁边标注"+"，在 3 个连接器旁按端口标注"+12 V""Vi""Vo"和"GND"，放置在丝印层。

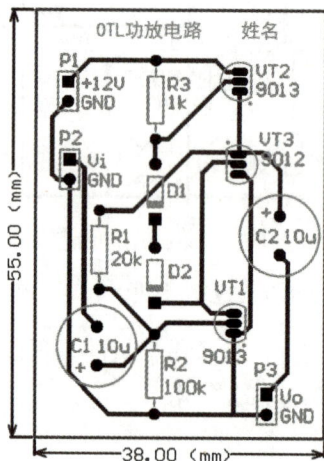

图 2-83　功放电路 PCB 设计参考图

(3) 文字标注：在丝印层放置"OTL 功放电路"和绘图者姓名的字样。

(4) 布线规则：单面板，底层布线，线宽 0.5 mm，安全间距 0.2 mm。

(5) 输出 PDF 文件和制造文件。

【拓展训练2-2】　两管调频无线电传声器电路板的设计

训练内容：绘制图 2-84 所示的两管调频无线电传声器电路图，并设为单面

PCB，布局布线参考图 2-85。

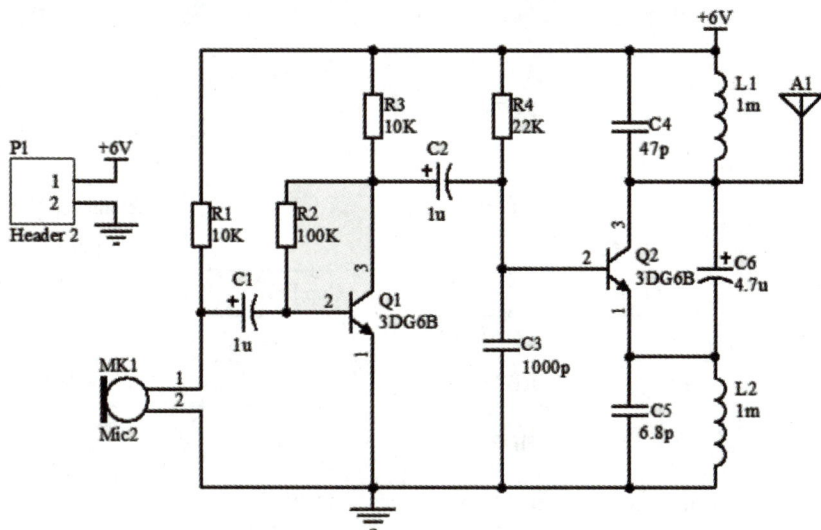

图 2-84　两管调频无线电传声器电路图

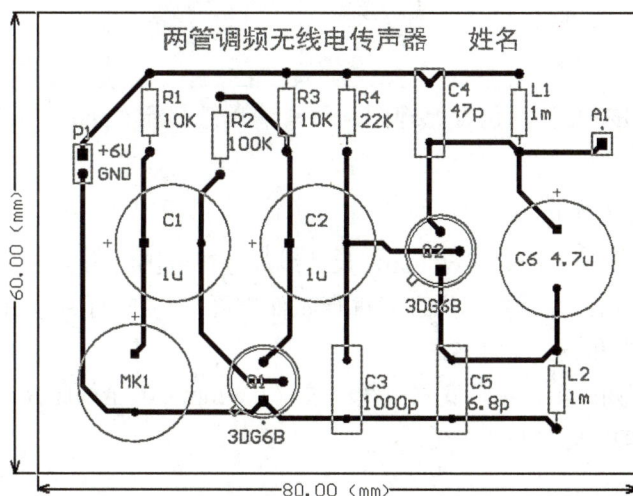

图 2-85　两管调频无线电传声器 PCB 设计参考图

1. 原理图绘制要求

(1) 模板选用"Legacy Local Templates"传统本地模板，尺寸选择为 A4 横向，录入参数标题"两管调频无线电传声器电路原理图"，其余参数如任务 2.1 的图 2-20 所示。

(2) 无线电传声器电路原理图如图 2-84 所示，其中 2 个三极管的引脚要按图设置。

(3) 按表 2-11 所示的无线电传声器电路元件明细表，修改元件位号、注释、封装等参数信息。

表 2-11　两管调频无线电传声器元件明细表

位号	注释	封装	库引用名称	元件库名
A1		PIN1	Antenna	Miscellaneous Devices. IntLib
C1,C2	1u	RB7.6-15	Cap Pol1	
C3	1000p	RAD-0.3	Cap	
C4	47p			
C5	6.8p			
C6	4.7u	RB7.6-15	Cap Pol1	
L1，L2	1m	AXIAL-0.4	Inductor	
MK1	Mic2	RB7.6-15	Mic2	
P1	Header 2	HDR1X2	Header 2	Miscellaneous Connectors. IntLib
Q1,Q2	3DG6B	TO-39	NPN	Miscellaneous Devices. IntLib
R1	10k	AXIAL-0.4	Res2	
R2	100k			
R3	10k			
R4	22k			

（4）输出 PDF 文件，包含原理图，材料清单选择用"BOM Default Template 95.xlt"模板。

2. PCB 设计要求

（1）板框：矩形 80 mm×60 mm，尺寸线放置在机械层 1。

（2）元件布局：尽量按照原理图进行元件布局，并在丝印层放置"两管调频无线电传声器"和设计者姓名的字样。

（3）布线规则：单面板，底层布线，线宽 0.6 mm，安全间距 0.5 mm。

（4）输出 PDF 文件和制造文件。

项目三

呼吸灯单面混装 PCB 设计

呼吸灯的应用

"呼吸灯"是指灯光由亮到暗逐渐变化，或者是色彩缓慢变化，感觉好像是人在呼吸。其广泛应用于数码产品，例如手机上的呼吸灯，已成为各大品牌新款手机的卖点之一，起到通知提醒的作用。还有鼠标、键盘按键的背景灯光，室内装饰用的呼吸灯带，以及音响、汽车等各个领域，呼吸灯的存在能起到很好的视觉装饰效果。呼吸灯的应用如图 3-1 所示。

(a) 手机背后的星环呼吸灯   (b) 鼠标上的呼吸灯

(c) 呼吸灯小音箱

图 3-1　呼吸灯的应用

项目描述

四川××××技术学院给 PCB 设计公司发出一款定制电子产品的订单，要求设计一款呼吸灯立座产品，带有学院 LOGO，如图 3-2 所示。

电路原理简介：呼吸灯电路的核心是 LM358 运算放大器，此放大器和外围电路构成三角波产生电路，电压变化使 LED 由暗逐渐变亮，再由亮逐渐变暗，像是在呼吸一样。制作完成的呼吸灯可以装在亚克力的 LED 灯座中，得到一个完整的电子产品，如图 3-2(c) 所示。

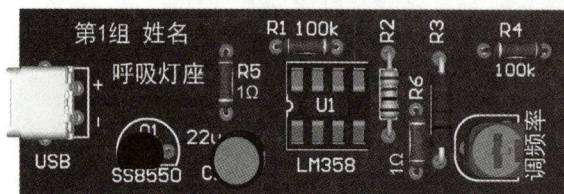

(a) 电路板正面插装元件 3D 视图

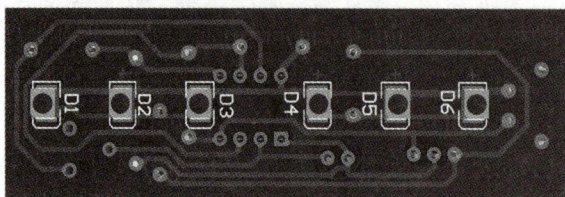

(b) 电路板背面贴片元件 3D 视图

(c) 亚克力的 LED 灯座

图 3-2　呼吸灯 LED 灯座

项目分组

采用随机或扑克牌分组法，4 人一组，确定分工，完成表 3-1 的填写。

表 3-1　项目分组表

组别			小组 LOGO	
组名				
团队成员	学　号	岗　位	工　作　职　责	
		项目经理	与甲方对接，编写设计方案，填写报价单，统筹计划、安排任务、解决问题	
		PCB 设计工程师	进行原理图绘制，PCB 版图设计，技术指导	
		PCB 制板工程师	负责 PCB 制造文件的输出、PCB 制作、元件装配、焊接、调试电路板	
		项目验收员	资料汇总，编制项目报告；根据任务单、考核评价表，对团队成员进行打分评价	

项目分析及评估报价

根据客户需求及提供的资料,对项目进行分析,设计流程如图 3-3 所示。根据设计图纸资料、PCB 设计要求、PCB 加工工艺等进行评估报价,填写表 3-2 的元件明细表及报价单和表 3-3 的 PCB 项目报价单。

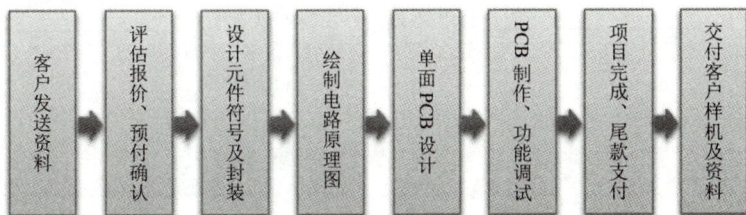

图 3-3 PCB 项目设计流程图

客户发送资料 → 评估报价、预付确认 → 设计元件符号及封装 → 绘制电路原理图 → 单面 PCB 设计 → PCB 制作、功能调试 → 项目完成、尾款支付 → 交付客户样机及资料

图 3-3 PCB 项目设计流程图

备注: 本项目主要介绍呼吸灯 PCB 的设计内容,PCB 的制作、产品样机的装配、焊接、功能调试等内容,将在第 7 个项目中介绍。

元件报价单

表 3-2 元件明细表及报价单

PCB名称			报价日期							
序号	名称	具体参数	封装	位号	数量	供应商	单价	合计	备注
1	色环电阻								
2									
3									
4									
5	贴片LED								
6	三极管								
7	电解电容								
8	USB座								
9	电位器								
10	芯片座								
11	运放放大器								
合计金额									

学习笔记

PCB 报价单

尊敬的客户：准确清楚的加工工艺要求和指示是产品成功的保证，请一定认真填写该说明书。

表 3-3　PCB 项目报价单

甲方 (需方)：_____有限公司　　乙方 (供方)：_____

PCB 名称		文件名	
报价日期		资料附件	_____张

□新投 (新文件)
□加做 (文件与上一版完全相同，以下内容只需写数量和交货日期)
□改版 (文件有少许变动)

1. 数量	□单板____块 □拼板连片数____块 　横片数____，纵片数____	11. 过孔是否覆盖阻焊	□过孔盖油□过孔开窗 □过孔塞孔 (塞油墨) □过孔塞孔 (塞树脂)
2. 板型尺寸	单板：长____mm × 宽____mm	12. 工艺边框	□____mm
3. 材料	□ FR-4　□其他材料：____	13.HDI(盲埋孔)	□有　□无 (4 层板及以上)
4. 板层	□ 1 □ 2 □ 4 □其他：____		
5. 板厚	□ 1.2 □ 1.6 □其他：____mm	14. 测试	□是　□否
6. 铜箔厚度	外部：□ 1oz □ 2oz □ 3oz □ 4oz 内部：□ 0.5oz □ 1oz □其他____oz	15. 表面处理	□有铅喷锡　□沉金 □无铅喷锡　□ OSP
7. 最小线宽	□ 10 □ 8 □ 6 □ 5 □ 4 □ 3.5 mil	16. 特殊工艺	□阻抗　□金手指斜边 □半孔/包边　□盘中孔
8. 最小孔径	□ 0.3 mm □ 0.25 mm □ 0.2 mm		
9. 阻焊颜色	□绿色　□其他：____	17. 交货日期	
10. 字符颜色	□白色　□黑色	18. 是否加急	□否　□是

其他特殊说明	(如交付资料要求、交货方式等)					
PCB 设计费用	PCB 制作费用	元件及耗材费用	贴片加工费用	插件加工费用	后续人工费用	邮寄费用
总计金额	¥_____元，(大写)_____元整					

任务3.1 // 创建元件库与设计元件符号

任 务 单

设计要求

在原理图库中设计图 3-4 所示的三个呼吸灯的元件符号。

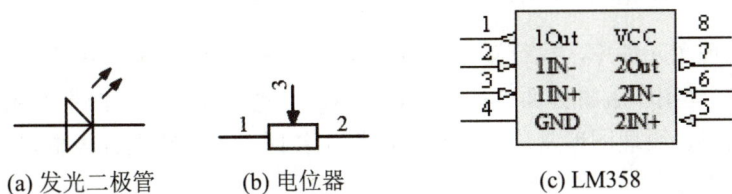

(a) 发光二极管　　　(b) 电位器　　　(c) LM358

图 3-4　呼吸灯电路元件符号设计图

学习目标

(1) 了解原理图中分立元件符号的设计方法。

(2) 会创建原理图库，认识原理图库编辑器的界面及常用工具栏。

(3) 会修改 AD 库中的元件符号，例如 LED 的国标符号。

(4) 能自行设计元件的国标符号，例如电位器和 LM358 集成运放的符号。

原理图符号设计流程

原理图设计流程如图 3-5 所示。

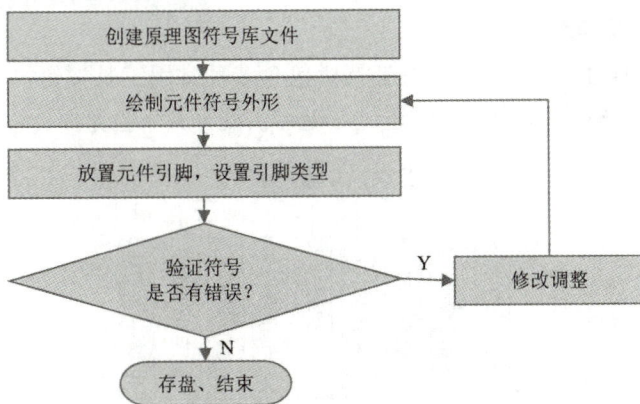

图 3-5　原理图设计流程图

任务准备

随着电子技术的发展，各种新型电子元器件层出不穷，AD 元件库所提供的常用元器件也不能够完全满足电路设计需求，而且国内外的元件符号标准也不一致，因此在进行电路设计时，需要自行创建元件库，设计元件符号，丰富元件库，以满足设计要求。

绘制元件符号的方法有两种：一种是将 AD 库中的元件复制粘贴到新的元件库中进行修改；另一种是通过新建一个元器件自行绘制。

一、原理图库编辑界面及常用工具栏

新建原理图元件库，执行菜单命令"文件"→"新的"→"库"→"原理图库"，进入原理图库编辑界面，如图 3-6 所示。原理图库编辑界面主要由菜单栏、原理图库面板、原理图库常用工具栏、绘图工作区、元件模型列表框以及元件封装预览区等组成。

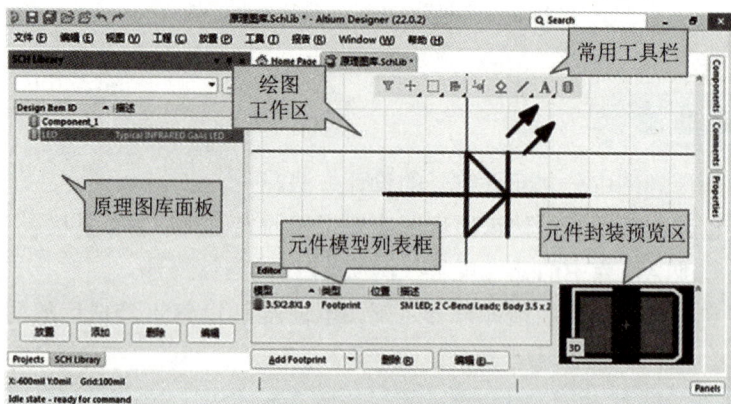

图 3-6　原理图库编辑界面

原理图库的编辑窗口的绘图区域分为四个象限，绘制元件符号时，要将元件放置在中心的原点附近。

位于绘图工作区上方的常用工具栏包含多种常用工具按钮，如图 3-7 所示。右下角有三角符号按钮的，可以通过左键点击展开其下拉菜单。

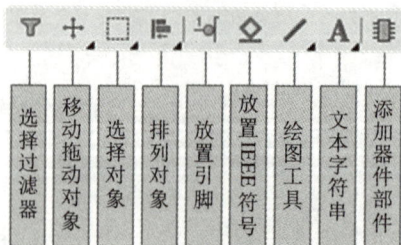

图 3-7　原理图库常用工具栏

其中拖动、选择、排列对象的使用方法跟原理图的一样，也可以通过菜单命令"编辑"中对应的下一级命令来实现。其余按钮的功能也可通过图 3-8 所示的菜单命令"放置"来实现。其中放置 IEEE 符号图标可以放置各种 IEEE(美国电气和电子工程师协会) 标准的电气符号，绘图工具可以放置直线、曲线、多边形和图片等元件符号绘制的对象。

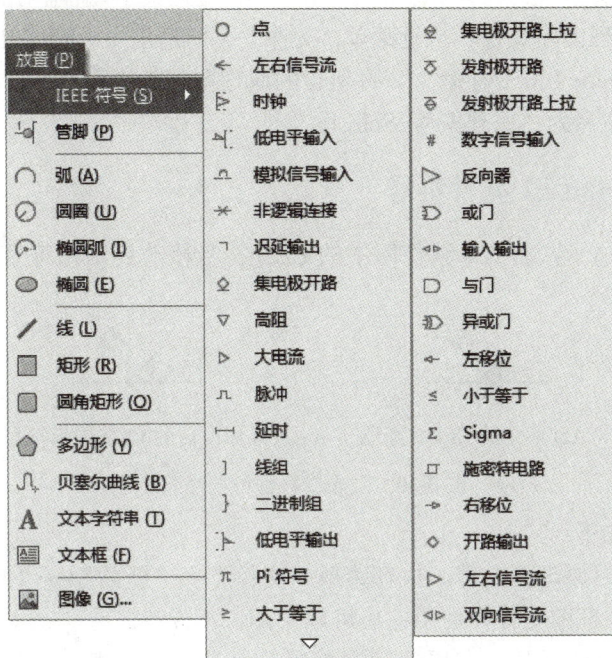

图 3-8　原理图库的"放置"及"IEEE 符号"菜单命令

二、原理图库的 SCH Library 面板

"SCH Library"原理图库面板如图 3-9 所示，通过该面板可以对原理图库中的元件进行管理、编辑。面板中含有元件搜索框、列表框以及编辑按钮等。打开原理图库面板的方法有二：一是执行菜单命令"视图"→"面板"→"SCH Library"；二是单击右下角状态栏的"Panels"按钮→"SCH Library"。

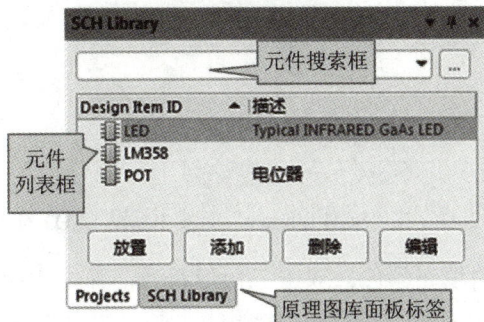

图 3-9　"SCH Library"面板

学习笔记

任务实施

一、新建原理图符号库文件

(1) 新建库文件夹。在计算机的"PCB 作业"文件夹中，新建"元件库"文件夹。

(2) 新建原理图库文件。执行菜单"文件"→"新的"→"库"(Library)→"原理图库"(Schematic Library) 命令。将新建的原理图元件库保存到新建的"元件库"文件夹中，并命名为"原理图库 .SchLib"。

二、修改库中的LED元件符号

如图 3-10 所示，将 AD 软件库中的 LED 符号修改为国标符号，同时设置其元件属性。

(a) AD 库中的 LED3 符号   (b) 修改后的 LED 国标符号

图 3-10   发光二极管符号修改

具体步骤如下：

(1) 新建临时原理图文件。执行菜单"文件"→"新的"→"原理图"命令，创建一个临时原理图文件，使用完后可以关闭，不保存。

(2) 复制 LED3 元件。在原理图中放置一个 LED3 元件，选中该元件后右键点击复制命令。

(3) 粘贴 LED3 元件。打开"原理图库 .SchLib"，在"SCH Library"面板的元件列表框中点击右键选择"粘贴"命令，或按快捷键"Ctrl"＋"V"。粘贴完成后的面板如图 3-11 所示。

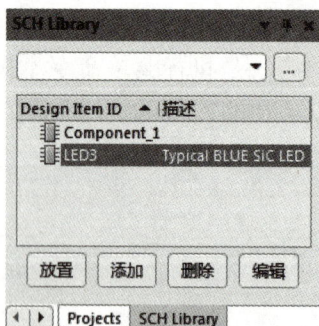

图 3-11   在"SCH Library"面板中粘贴 LED3 符号

(4) 去掉三角形的填充颜色。双击三角形符号，弹出如图 3-12 所示的多边形属性对话框，将"Fill Color"复选框中的钩去掉，得到图 3-13 所示的空心三角形图形。

3-1   修改 LED 元件符号

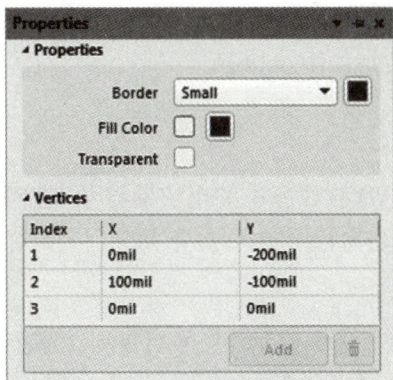

图 3-12　多边形属性设置对话框　　图 3-13　设置没有填充色的三角形符号

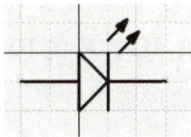

(5) 放置三角形中间的直线。执行菜单命令"放置"→"线"，或点击常用工具栏的"⊿"直线图标，在三角形中间手动添加一条直线，如图 3-10(b) 所示，双击直线设置颜色为蓝色，线宽"Line"默认设为"Small"，完成图形的修改。

(6) 元件默认参数的修改。双击"SCH Library"面板的元件列表中的"LED3"元件名，打开的"Properties"元件属性面板，如图 3-14 所示。面板中的主要参数如下：

① Design Item ID(设计项目 ID)：元件符号在原理图库中的名称，这里可以对已创建好的元件符号进行命名，如命名为"LED"。

② Designator(元件位号)：可以在该文本输入框中设置元件的默认元件位号，如 LED 元件其格式为"D?"，在英文符号的后面加一个问号。在绘制原理图时，可以通过"Tab"键直接设置"?"为数字，如 D1，当继续放置该元件时，AD 软件将自动增加"1"的标识符，如 D2，D3，D4，…。

③ Comment(注释)：元件符号的默认注释说明，该参数可以显示在原理图和 PCB 图中。这里默认注释为"LED"。

④ Description(描述)：设置元件符号的封装、性能及用途等描述。这里描述为"贴片 LED"。

⑤ Type(类型)：设置元件的类型，在下拉菜单中可以根据元件类型选择元件。

⑥ Footprints(封装)：在"Parameters"参数栏的下方点击"Add"按钮，添加"Footprint"(封装)。本例中默认的是"3.5×2.8×1.9"贴片封装。

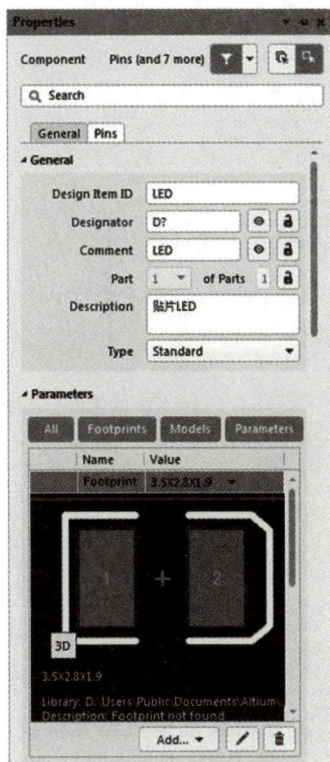

图 3-14　"Parameters"元件属性面板

学习笔记

3-2　绘制
电位器符号

最后，返回原理图编辑界面，在"Editor"栏中删除原来的"LED3"封装模型，只保留"3.5×2.8×1.9"贴片封装，如图 3-14 所示。

三、绘制电位器的元件符号

电位器符号的设计可以通过修改 AD 软件库中的电位器符号来实现，一种方法与 LED 的修改方法类似，另一种方法是自行绘制符号。下面分别介绍这两种方法。

1. 修改 AD 库中的 RPot 元件符号

(1) 在原理图中放置一个"RPot"元件，选中该元件符号后复制，用快捷键"Ctrl"+"C"完成。

(2) 打开"原理图库 .SchLib"，在 SCH Library 面板的元件列表框中点击右键选择"粘贴"命令，或按快捷键"Ctrl"+"V"，在原理图库的编辑区域出现"RPot"的元件符号，如图 3-15(a) 所示，删除"1K"的文字。

(3) 双击符号中间蓝色的折线，在弹出的"Properties"折线属性对话框中，选择"Vertices"（顶点）栏，修改各个顶点坐标如图 3-16 所示，多余的顶点点击"🗑"图标删除即可，然后得到图 3-15(b) 所示的电位器符号。

(4) 双击引脚，在打开的"Properties"引脚属性面板中，点击"Designator"的眼睛图标，显示引脚的编号，如图 3-15(b) 所示。即可完成电位器符号的修改。

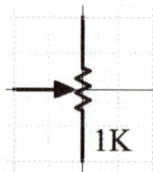

(a) AD 软件库中的 RPot 电位器符号

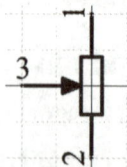

(b) 修改后的电位器国标符号

图 3-15　电位器符号修改

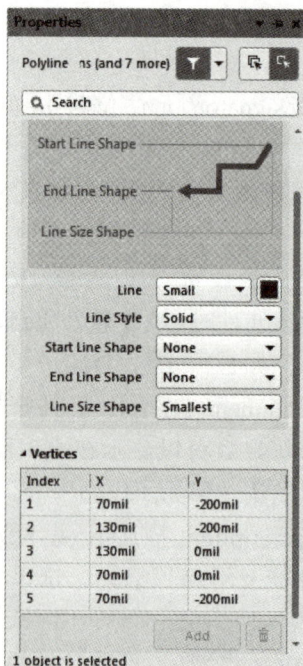

图 3-16　Properties 折线属性面板

2. 自行绘制电位器元件符号

(1) 新建元件符号。在元件库编辑器里，执行菜单"工具"→"新器件"命令，弹出元件命名对话框，如图 3-17 所示，设置元件符号名称为"POT"。

图 3-17　新建元件符号命名对话框

(2) 绘制矩形。

方法一：执行菜单命令"放置"→"直线"，或者选择绘图工具栏的"▱"直线命令，在第三和第四象限绘制矩形，大小为 200 mil × 100 mil(可见栅格默认为 100 mil 单位时即为 2 × 1 个栅格)，如图 3-18 所示。双击直线打开"Properties"属性面板，设置颜色为蓝色，线宽"Line"设为"Small"，如图 3-19所示。

方法二：执行菜单命令"放置"→"矩形"，或者右键点击常用工具栏中的绘图工具，选择"▱"矩形命令，光标上会附着一个矩形，在绘图区第三和第四象限分别点击左键确定矩形的起始点和终止点。放置矩形完成后，点击右键取消继续放置。双击矩形，打开"Properties"矩形属性面板，设置矩形宽度为 200 mil，高度为 100 mil。边框线宽"Border"设置为"Small"，颜色为蓝色。将填充颜色"Fill Color"去掉，如图 3-20 所示。

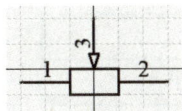

图 3-18　绘制完成的电
　　　　位器元件符号

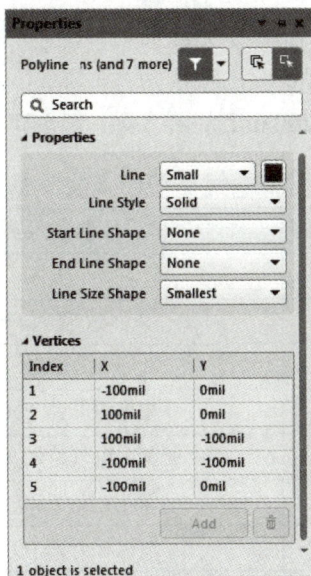

图 3-19　直线属性面板

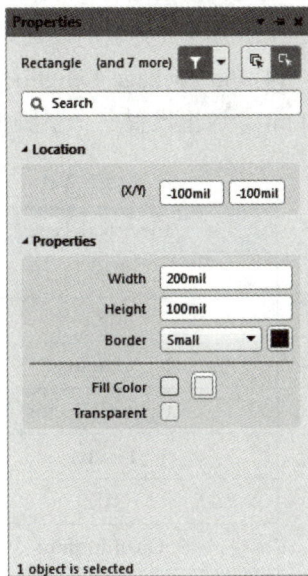

图 3-20　矩形属性面板

(3) 放置元件引脚。执行菜单命令"放置"→"管脚"，或者点击常用工具栏中的"▱"引脚按钮，把光标上附着的引脚移动到矩形边框处，按空格键旋转引脚使带"×"的一端向外，单击鼠标左键确定。

学习笔记

☆技巧提示

　　元件引脚放置如果不能移到中间位置，可按快捷键"G"，修改捕捉栅格为"50 mil"。引脚放置完成后，有 4 个灰色点的一端代表电气连接点，是连接导线的端点，因此引脚带灰点的一端应该向外。

　　双击引脚，打开"Properties"引脚属性对话框，如图 3-21 所示，引脚属性面板中的主要参数有：

　　(1) Designator：用于设置引脚的编号，其编号应与实际的引脚编号相对应，每个元件符号的引脚编号都是唯一的。在该属性后有一个"眼睛"图标，为引脚编号是否可见的选项。这里设置电位器的三个引脚都要显示引脚编号。

　　(2) Name：元件引脚的名称，在该属性右侧也有一个"眼睛"图标，此为该引脚名是否可见的选项。这里设置引脚名与引脚编号同名，且不显示引脚名。

　　(3) Electrical Type：用于设置元件引脚电气类型，电气类型的名称如表 3-4 所示。这里电位器的三个引脚电气类型均设置为"Passive"（无源）。

　　(4) Pin Package Length：引脚长度，默认为 300 mil。这里设置三个引脚都为 200 mil。

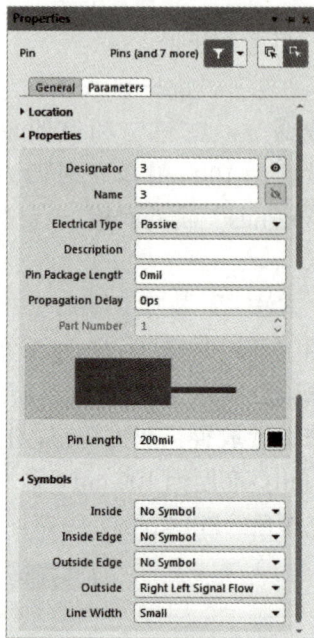

图 3-21　元件引脚属性面板

表 3-4　元件引脚电气类型中英文对照表

Electrical Type	引脚电气类型
Input	输入
I/O	双向（输入 / 输出）
Output	输出
Open Collector	集电极开路 (OC) 输出
Passive	无源（电气特性无法确定）
HIZ	高阻态（三态）输出
Open Emitter	发射极开路 (OE) 输出
Power	电源

　　(5) Symbols(符号栏)：该设置区域中包含五个符号选项，每个选项都可以通过下拉菜单选择，具体的引脚符号名称如表 3-5 所示。引脚符号图形见图 3-8 所示的 IEEE 符号功能菜单。这里电位器的固定端 1、2 号引脚为无符号引脚，活动端 3 号引脚需要加一个箭头，如图 3-18 所示，因此将"Outside"外部箭头类

型选择为"Right Left Signal Flow",线宽为 Small。

表 3-5　元件引脚符号类型中英文对照表

符号类型	英文	中文	符号类型	英文	中文
里面 Inside	No Symbol	无符号	外边沿 Outside Edge	No Symbol	无符号
	Postponed Output	延时输出		Dot	低电平有效
	Open Collector	集电极开路		Active Low Input	低电平输入
	HIZ	高阻态		Active Low Output	低电平输出
	High Current	高电流	外部 Outside	No Symbol	无符号
	Pulse	脉冲		Right Left Signal Flow	从右向左信号流
	Schmitt	施密特		Analog Signal In	模拟信号输入
	Open Collector Pull Up	集电极开路上拉		Not Logic Connection	悬空
	Open Emitter	发射极开路		Digital Signal In	数字信号输入
	Open Emitter Pull Up	发射极开路上拉		Left Right Signal Flow	从左向右信号流
	Shift Left	左移输出		Bidirectional Signal Flow	双向信号流
	Open Output	开路输出			
内边沿 Inside Edge	No Symbol	无符号	线宽 Line Width	Smallest	最小号
	Clock	时钟		Small	小号

3. 设置电位器默认元件参数

绘制好电位器的元件符号图形后,双击"SCH Library"面板的元件列表中的"POT"元件名,打开"Properties"元件的属性面板。设置电位器的元件名称和注释为"POT",默认元件位号为"RP?",描述为"电位器"。

四、绘制 LM358 元件符号

创建图 3-22 所示的 LM358 元件符号。LM358 元件是双运算放大器,该元件内部含有 2 个运放,共有 8 个引脚,封装有直插式和贴片式,本例中采用的是直插式 DIP8 封装。

(1) 新建元件符号。执行菜单"工具"→"新器件"命令,弹出元件命名对话框,设置元件符号名称为"LM358"。

(2) 绘制矩形。执行菜单命令"放置"→"矩形",或者右键点击常用工具栏中的绘图工具,选择"▧"矩形命令,从原点开始绘制一个尺寸为 600 mil × 500 mil 的矩形 (可见栅格默认为 100 mil 单位时即为 6×5 个栅格大小)。

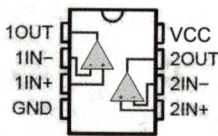
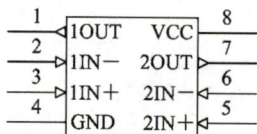

(a) LM358 外形　　(b) LM358 内部原理符号　　(c) LM385 元件符号

图 3-22　LM385 外形及符号

（3）放置引脚。执行菜单命令"放置"→"管脚"，或者点击常用工具栏中的"⬚"引脚按钮。设置引脚长度为 200 mil，电气类型如表 3-6 所示。

表 3-6　LM358 元件引脚电气类型

引脚标识	引脚名称	电器类型	引脚标识	引脚名称	电器类型
1	1OUT	Output	5	2IN+	Input
2	1IN−	Input	6	2IN−	Input
3	1IN+	Input	7	2OUT	Output
4	GND	Power	8	VCC	Power

（4）修改引脚参数。双击元件列表中的符号名称，设置元件名与注释名都为"LM358"，元件默认位号为"U？"，描述为"双运算放大器"。

五、检查元件符号和生成报表

执行菜单命令"报告"→"器件规则检查"，打开图 3-23 所示的"库元件规则检测"对话框，默认勾选的选项，点击"确定"，AD22 软件将进行原理图库中所有元件的规则检查，然后在弹出的"原理图库 .ERR"报告中会显示发现的错误。

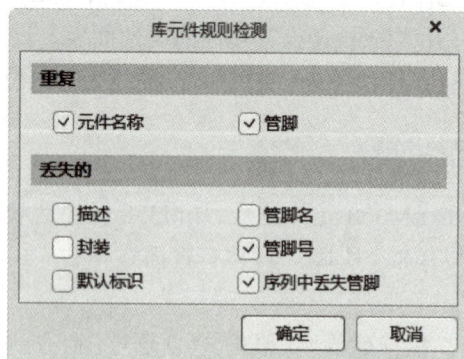

图 3-23　"库元件规则检测"对话框

执行菜单命令"报告"→"器件"，在打开的"原理图库 .cmp"中会显示元件的部件、引脚等参数信息，包括引脚编号、引脚名、引脚电气类型及是否隐藏等。

任务3.2 // 创建 PCB 元件库与元件封装设计

任 务 单

任务要求

呼吸灯电路板需要设计五个元件的封装图形，分别是电容、电位器、三极管、芯片座和 USB 座。呼吸灯电路元件封装设计的实物如表 3-7 所示。其中电容 RB.1/.2 和 IC8 芯片座的封装可以用元件封装向导设计，三极管 TO-92W、电位器 POT 和 Type-C 型的 USB 座的封装采用手工设计。

表 3-7　呼吸灯电路元件封装设计的实物

实物图形				
元件名称	电容	8脚芯片座	SS8550三极管	电位器	Type-C型2脚 USB座
封装名称	RB.1/.2	IC8	TO-92W	POT	Type_C_2P

学习目标

(1) 了解元件封装的分类特点，掌握元件封装的命名规则。

(2) 会搜集元件的封装尺寸图纸，并能正确分析尺寸参数。

(3) 认识封装库编辑器的界面及常用工具栏。

(4) 会使用元器件向导设计元件封装，例如电容、IC8 芯片座。

(5) 会修改 AD 软件库中的元件封装，例如三极管的封装。

(6) 能自行设计元件的国标符号，例如电位器和 USB 座的封装。

(7) 会添加元件的 3D 模型。

任 务 准 备

一、常见的元件类型及其封装

电子元器件的封装形式可以分成两大类：针脚式元件和表面贴片式元件。

(1) 针脚式元件，或称为直插式元件 (简写为 THD)，它的引脚要插入 PCB 的焊盘孔中，穿过电路板在另外一面焊接，即焊盘通孔要贯通整个电路板，如图 3-24 所示。因此在 AD 软件中针脚式元件的焊盘层属性应设置为多层 (Multi-Layer)。

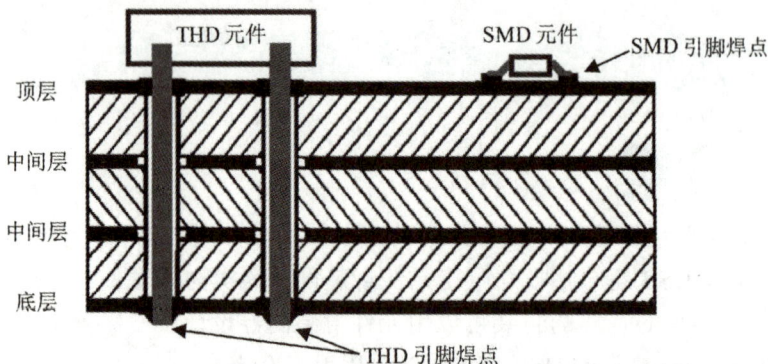

图 3-24　THD 元件与 SMD 元件示意图

(2) 贴片式元件，或称表面贴装式元件 (简写为 SMD)，该类型的元件引脚很短，或者引脚在元件侧面，或者没有引脚引出，焊接时元件与其焊盘在同一面。所以焊盘层在电路板的表面，可设置为顶层 (Top layer) 或底层 (Bottom layer)。

AD 软件中提供了丰富的元件模型及封装形式，如电阻、电容、二极管等分立元件；双列直插式、FBGA、LCC、PGA 等集成元件。不同的元件如果其外形相似，则可共用同一种封装；同类元件如果外形不同，则需用不同的封装。

下面介绍几种常见元件的电路符号、封装形式、封装图形及封装命名的方法。

1. 电阻元件及其封装

电阻是电路中最常用的元件，AD 软件中电阻的库引用名称为 Res1、Res2、Res3 等，其电路符号如图 3-25 所示。

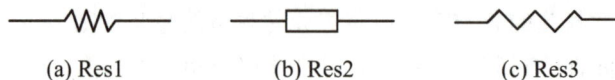

(a) Res1　　　　　　(b) Res2　　　　　　(c) Res3

图 3-25　AD 软件中的电阻元件符号

常见的电阻元件有针脚式封装和贴片式封装，如图 3-26 所示。

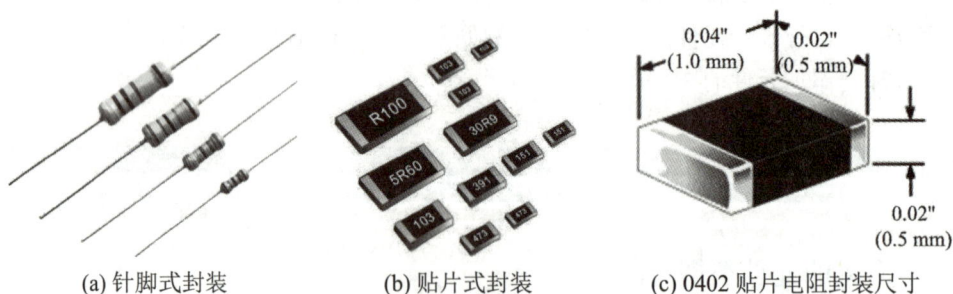

(a) 针脚式封装　　　　(b) 贴片式封装　　　(c) 0402 贴片电阻封装尺寸

图 3-26　电阻的外形封装及尺寸

印制电路板上的元件封装是指实际元件焊接到电路板时所指示的外观和焊点的位置，主要由封装外形和焊盘组成。封装外形用图形及字符形式来指示具体元件装配的位置，是不具备电气性质的。

元件封装的命名规则一般为：

元件类型 + 焊盘距离 (或焊盘数) + 元件外形尺寸

但实际的封装名可能只由其中的一部分表示即可。其中焊盘距离和元件外形尺寸可以采用公制单位 mm 或英制单位 mil(毫英寸) 表示，两者之间的转换关系为：1 mil = 0.0254 mm。

针脚式电阻的封装类型为 AXIAL(轴状) 系列。图 3-27 中所列的电阻封装分别为 AXIAL-0.3、AXIAL-0.4、AXIAL-0.5，其中的数字表示焊盘的间距。如 AXIAL-0.3 表示焊盘间距为 0.3 inch(英寸)，也就是 300 mil(毫英寸)。

电阻和电容元件的贴片封装形式是一样的，都可以直接以元件外形尺寸数字命名。图 3-28 所示的几个封装名分别为 0402[1005]、0603[1608]、0805[2012]，其中的数字表示元件外形尺寸，为英制单位 (中括号内的为其对应的公制单位)。以"0402"封装为例，表示元件的外形长 × 宽为 0.04 inch × 0.02 inch，即 1.0 mm × 0.5 mm，如图 3-26(c) 所示。

AXIAL-0.3

0402

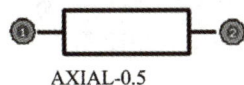

AXIAL-0.4

0603

AXIAL-0.5

0805

图 3-27　AD 中的 AXIAL 系列封装　　图 3-28　AD 中的贴片电阻、电容封装

2. 电容元件及其封装

常见的电容元件分为无极性电容和极性电容，如图 3-29 所示。

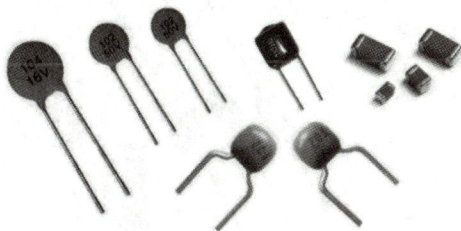

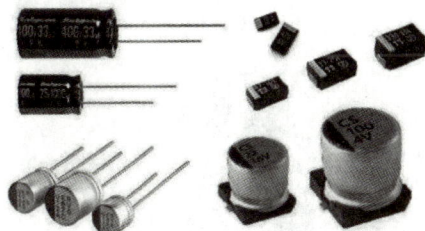

(a) 瓷片电容 (无极性)　　　　　　　(b) 电解电容 (有极性)

图 3-29　电容的外形封装 (针脚式及贴片式)

在 AD 软件中无极性电容的封装为 RAD 系列，如图 3-30(a) 所示，有 RAD-

0.1、RAD-0.2、RAD-0.3 等封装，其中的数字表示焊盘的间距。如 RAD-0.1 表示焊盘间距为 0.1 inch，也就是 100 mil。

电解电容的封装图形如图 3-30(b) 所示，封装为 RB(径向) 系列，有 RB.1/.2、RB7.6-15 和 CAPR5-4 × 5 等封装形式。

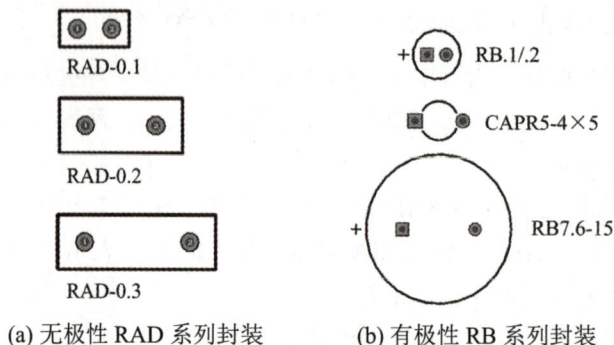

(a) 无极性 RAD 系列封装　　　　(b) 有极性 RB 系列封装

图 3-30　针脚式电容的封装图形

其中封装 RB.1/.2 中的“.1”表示焊盘间距为 0.1 inch(100 mil)，“.2”表示元件的圆形外直径为 0.2 inch(200 mil)。同系列的封装还有 RB.2/.4、RB.3/.6 等。

封装 RB7.6-15 中的“7.6”表示焊盘间距为 7.6 mm，“15”表示元件的圆形外直径为 15 mm。同系列的封装还有 RB5-10.5 等。

封装 CAPR5-4 × 5 中的“5”表示焊盘间距为 5 mm，“4 × 5”表示圆弧直径为 4 mm ＋横向焊盘距离 5 mm。同系列的封装还有 CAPR1.5-4 × 5、CAPR2-5 × 6.8、CAPR5-5 × 5 等。

无极性的贴片电容与贴片电阻的封装外形基本一样，在 AD 中只是在封装名前多了个“C”字符，如 C0805、C1206、C1210、C2512 等。

3. 二极管及其封装

二极管是一种半导体器件。根据二极管的不同功能可以分为多种类型，常见的二极管有整流二极管、发光二极管、检波二极管等，如图 3-31 所示，封装外形有轴状封装、径向封装和贴片封装等。

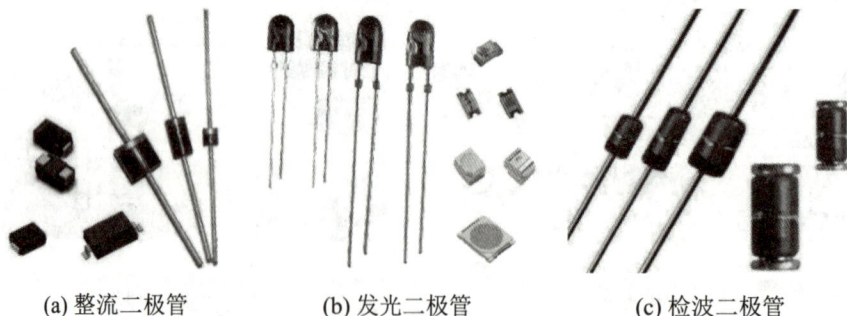

(a) 整流二极管　　　　　(b) 发光二极管　　　　　(c) 检波二极管

图 3-31　常见二极管的外形封装

AD 中的二极管也有对应的封装形式，如图 3-32 所示。其中 (a) 图为针脚式普通二极管的封装，与电阻轴状封装类似，区别在于二极管有阳极和阴极之分，有线条的一端为阴极，其封装名称分别为 DO-35、DO-41(焊盘间距为 350 mil、410 mil) 和 DIODE-0.4、DIODE-0.7(焊盘间距为 0.4 inch、0.7 inch) 等。

发光二极管的直立式径向封装与极性电容的 RB 系列封装一致，如图 3-30(b) 所示，一般采用 RB.1/.2 或 CAPR2-5×6.8 封装。侧装式的 LED 封装可以采用 AD 中如图 3-32(b) 所示的封装。

贴片 (发光) 二极管的封装如图 3-32(c) 所示，可以根据实际元件的尺寸选择合适的封装贴片。

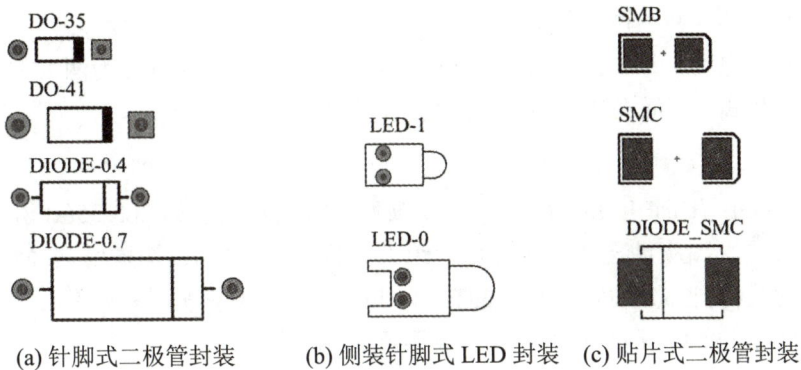

(a) 针脚式二极管封装　　(b) 侧装针脚式 LED 封装　　(c) 贴片式二极管封装

图 3-32　常见的二极管封装图形

4. 三极管及其封装

三极管的种类繁多，封装形式也多种多样，一些常见的三极管封装如图 3-33 所示。

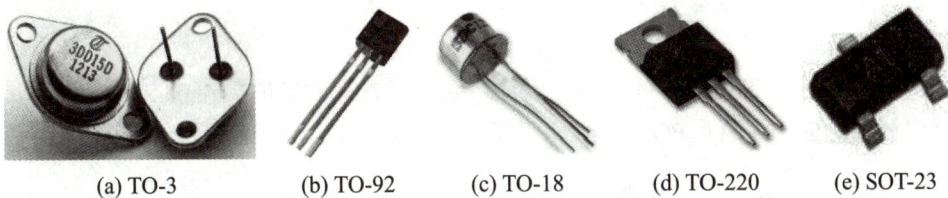

(a) TO-3　　　(b) TO-92　　(c) TO-18　　(d) TO-220　　(e) SOT-23

图 3-33　常见三极管的外形封装

大功率的晶体管封装有金属外壳的 TO-3；中功率的晶体管封装有扁平状的 TO-220、TO-251，金属外壳的 TO-18、TO-66；小功率管有塑料封装的 TO-5、TO-46、TO-92；贴片三极管封装有 SOT-23、SOT-89、SOT-223 等。三极管的三个电极引脚需要根据具体元件封装来确定。

AD 软件库中部分常见三极管的封装图形如图 3-34 所示。

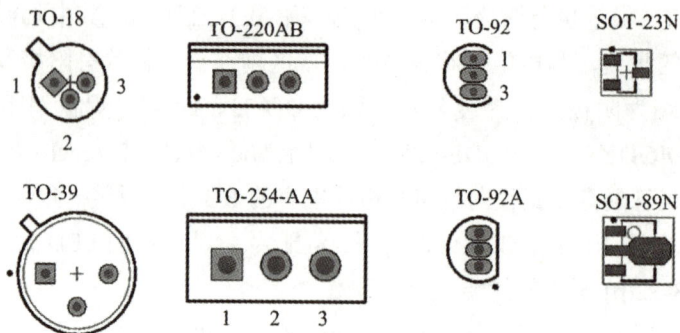

图 3-34 常见三极管的封装图形

5. 集成电路及常见封装

集成电路 (简称 IC) 的封装形式有很多，按封装形式可分为两大类，即直插式和贴片式。下面介绍一些常见的集成电路封装形式。

1) 直插式

(1) DIP (Dual In-line Packages)，双列直插式封装，如图 3-35(a) 所示。该类型芯片的引脚从封装体两侧引出，绝大多数中小规模 IC 均采用这种封装形式。器件封装材料部分的宽度常见的有 300 mil、600 mil 两种，引脚中心间距一般均为 100 mil(2.54 mm)，其引脚数一般不超过 100 个。

(2) SIP (Single In-line Packages)，单列直插式封装，如图 3-35(b) 所示。该类型的引脚在芯片单侧排列，引脚中心距通常为 2.54 mm，引脚数从 2 至 23，多数为定制产品。

(3) ZIP(Zig In-line Packages)，单列曲插式封装，如图 3-35(c) 所示。该类型的引脚也在芯片单侧排列，只是一排引脚又分成两排进行安装，引脚比 SIP 的粗短些，间距等特征也与 DIP 的基本相同。

(4) PGA(Pin Grid Arrays)，针脚栅格阵列封装，该封装的瓷片底面是排列成方阵形的插针，这些插针可以插入或焊接到电路板上对应的插座中，适合于需要频繁插拔的应用场合。PGA 封装比引脚数量相同的 DIP 封装需用的面积更小。

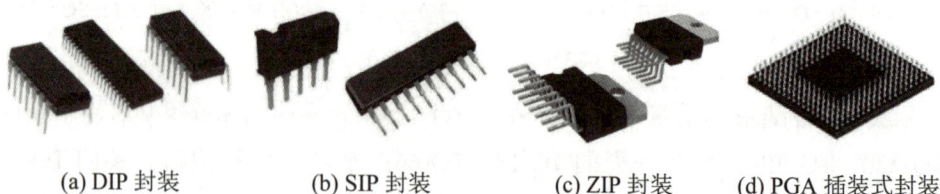

(a) DIP 封装   (b) SIP 封装   (c) ZIP 封装   (d) PGA 插装式封装

图 3-35 常见集成电路的直插式封装

2) 贴片式

贴片式集成电路种类繁多，有 SOP、SOJ、QFP、LCC 和 BGA 等封装形式，如图 3-36 所示。可根据封装形状或封装名称查阅相关芯片的封装尺寸资料。

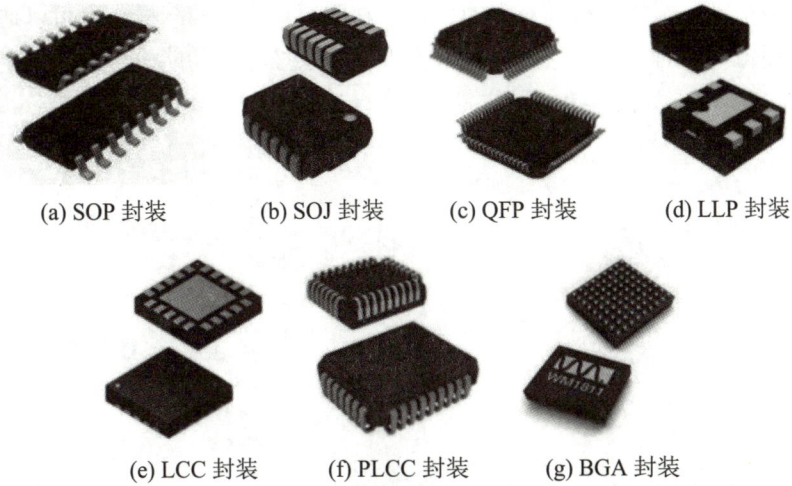

(a) SOP 封装　　　(b) SOJ 封装　　　(c) QFP 封装　　　(d) LLP 封装

(e) LCC 封装　　　(f) PLCC 封装　　　(g) BGA 封装

图 3-36　常见集成电路的贴片式封装

二、PCB 元件库编辑器及其常用工具栏

设计元件的封装与设计元件符号一样,需要先创建 PCB 封装库,执行菜单"文件"→"新的"→"库"→"PCB 元件库"命令,启动 PCB 元件库编辑器, 如图 3-37 所示。PCB 元件库编辑界面主要由菜单栏、PCB 元件库面板、PCB 元件库常用工具栏、绘图工作区、状态栏等组成。

图 3-37　PCB 元件库编辑界面

位于元件封装绘图工作区上方的常用工具栏包含了多种常用工具按钮,如图 3-38 所示。工具按钮右下角有三角符号的,可以通过左键点击三角按钮展开其下拉菜单。

学习笔记

其中拖动、选择、排列对象的使用方法跟原理图库的一样，也可以通过菜单命令"编辑"中对应的下一级命令来实现。其余按钮的功能也可以通过菜单命令"放置"来实现，如图 3-39 所示。

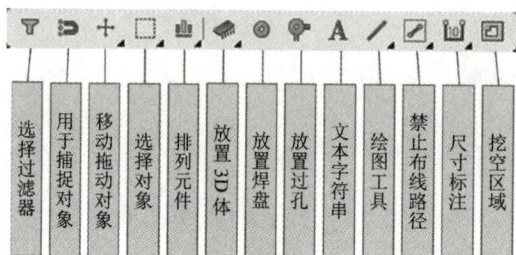

图 3-38　PCB 元件库常用工具栏

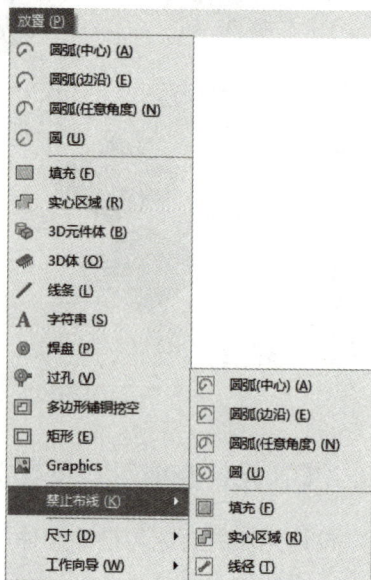

图 3-39　PCB 元件库的"放置"菜单命令

三、PCB Library 面板

PCB 库面板在 PCB 元件库编辑器界面的左侧，如图 3-40 所示，由元件封装列表框以及元件封装预览区等组成。

通过 PCB 库面板可以对 PCB 元件库中的元件进行管理、编辑，或者对当前激活的元件图素对象进行操作。

PCB 库面板可以通过执行菜单命令"视图"→"面板"→"PCB Library"打开，或者单击状态栏右下角的"Panels"面板标签→"PCB"→"PCB Library"命令打开。

四、元件封装向导的模型列表

创建元件封装有两种方法，分别是利用向导创建和手工创建。常见的元件封装或者是引脚排列对称的元件可以采用向导创建，而特殊元件或引脚排列不规则的元件，可以手工设计其封装。

在 PCB 库文件编辑器中，执行菜单命令"工具"→"元器件向导"，或者在

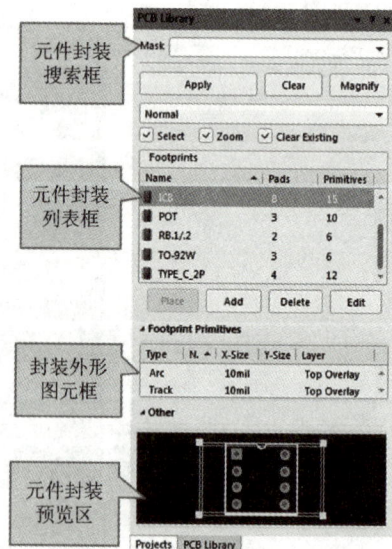

图 3-40　PCB 库面板

"PCB Library"面板的元件封装列表中，点击右键选择"Footprint Wizard"命令，都可以打开"Footprint Wizard"封装向导对话框。单击"Next"按钮，进入选择封装类型及单位的对话框，如图 3-41 所示。该对话框中给出了 12 种封装类型可供选择，右下方还可以选择单位：公制 (mm) 和英制 (mil)。

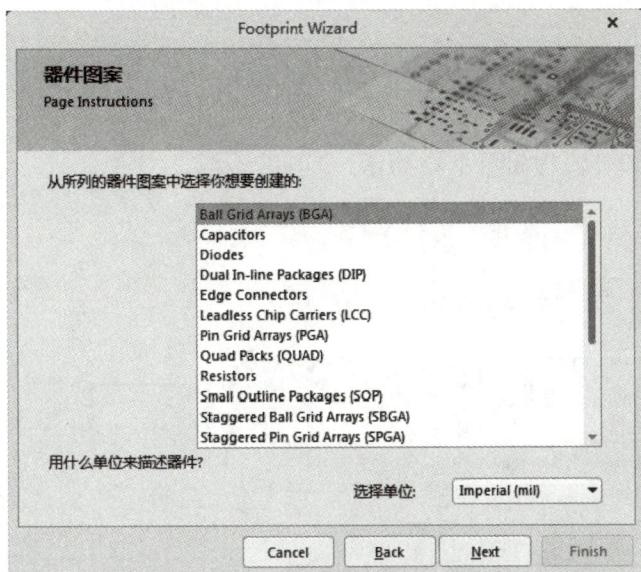

图 3-41 元件封装向导的封装类型对话框

AD22 软件封装向导给出的 12 种封装类型如下，其中部分芯片封装形式见图 3-35 和图 3-36 所示。

(1) Ball Grid Arrays(BGA)：球形栅格阵列封装，是一种高密度、高性能的贴片式封装形式。

(2) Capacitors：电容封装，可选择直插式或贴片式封装，直插式封装还可选择有极性或无极性标注、径向和轴向封装形式。

(3) Diodes：二极管封装，可选择直插式 (轴状) 封装或贴片式封装。

(4) Dual In-line Packages(DIP)：双列直插式封装，是最常见的一种集成电路封装形式，其引脚分布在芯片的两侧。

(5) Edge Connectors：边缘连接插件封装，通常用于各种扩展插槽。

(6) Leadless Chip Carriers(LCC)：无引脚芯片贴片式封装，其引脚紧贴于芯片体，在芯片底部向内弯曲。

(7) Pin Grid Arrays(PGA)：针脚栅格阵列直插式封装，其引脚从芯片底部垂直引出，整齐地分布在芯片四周。

(8) Quad Packs(QUAD)：方阵贴片式封装，与 LCC 封装相似，但其引脚是向外伸展的，而不是向内弯曲的。

(9) Resistors：电阻封装，可以选择直插式或贴片式封装。

(10) Small Outline Packages(SOP)：与 DIP 封装相对应的小型双列贴片式集成

电路封装，体积小。

(11) Staggered Ball Grid Arrays(SBGA)：错列的 BGA 封装形式。

(12) Staggered Pin Grid Arrays(SPGA)：错列的引脚栅格阵列式封装，与 PGA 封装相似，只是引脚错开排列。

任 务 实 施

元件封装设计流程如图 3-42 所示。

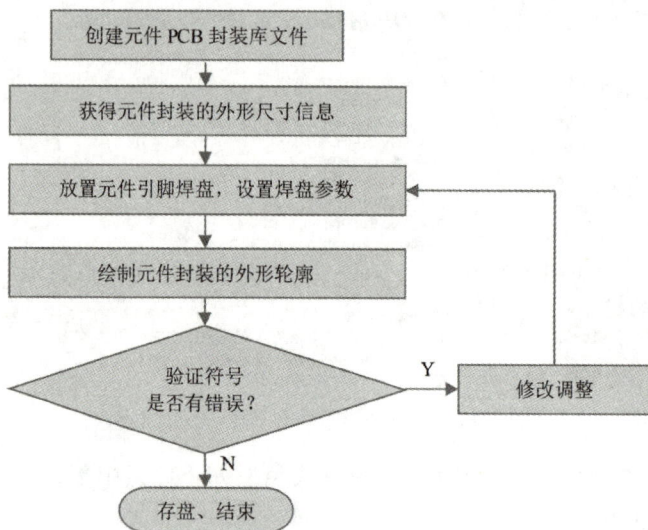

图 3-42　元件封装设计流程图

一、收集元件封装的外形尺寸信息

特殊元件的封装需要用户根据元器件封装的精确尺寸来自行设计。因此在制作元件封装之前，需要收集 IC8 芯片座、电位器 POT 和 2 个引脚的 Type-C 型 USB 座等元件封装的外形尺寸图，并获得以下参数信息：

(1) 各个引脚的间距，即封装图形中每个焊盘之间的间距，包括水平间距和垂直间距，这个参数直接决定了元件引脚是否能正确安装到 PCB 焊盘上。

(2) 引脚的粗细，此参数决定了焊盘孔径的大小，一般焊盘孔径比引脚直径大 0.1～0.2 mm，防止因为引脚粗细的误差使器件引脚不能插进焊盘孔；其次焊盘直径一般设为孔径的 1.5～2 倍。

(3) 元件的外形尺寸，即封装图形的装配外观轮廓，这个尺寸不要求十分精确，只要能指示元件安装的位置即可，一般不能遮挡焊盘。

一般元器件的封装信息可以直接在网络上搜集得到，对于特殊的元器件可以从制造厂商的器件手册中获得其封装信息。此外，还可以通过购买元器件后，用游标卡尺测量得到其尺寸。

二、新建封装库

执行菜单"文件→"新的"→"库"→"PCB元件库"命令，将新建的 PCB 元件库保存在本章【实训 3-1】创建的"元件库"文件夹中，并命名为"封装库 .PcbLib"。操作完成的"Projects"面板如图 3-43 所示。

图 3-43　封装库的"Projects"面板设置

三、用向导创建电容元件 RB.1/.2 的封装

电解电容外形及原理图符号如图 3-44(a) 和 (b) 所示。根据本项目任务 3.2 的一中内容可知，"RB.1/.2"封装名称中的"RB"为径向，".1"表示焊盘间距为 0.1 inch 即_____mil，".2"表示元件的圆形外直径为 0.2 inch 即_____mil，封装图形如图 3-44(c) 所示。

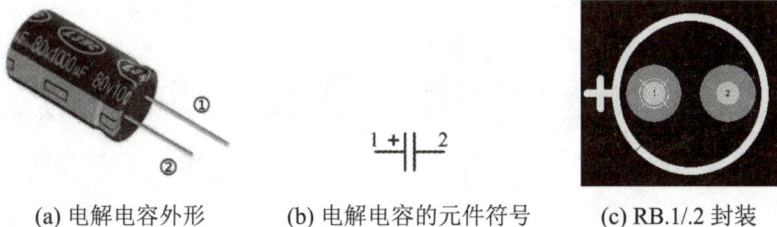

3-4　设计电容 RB.1/.2 封装

(a) 电解电容外形　　(b) 电解电容的元件符号　　(c) RB.1/.2 封装

图 3-44　电解电容的外形、符号及封装

使用向导完成元件的封装设计，用户只需要按照向导给出的提示，逐步输入元器件的尺寸参数，即可完成封装的制作。下面以电解电容的元件封装 RB.1/.2 设计为例，介绍用向导创建封装的方法。

(1) 执行菜单命令"工具"→"元器件向导"，打开"Footprint Wizard"封装向导对话框。

(2) 单击"Next"按钮，进入选择封装类型及单位的对话框，如图 3-41 所示。本例设计的是电解电容，选择"Capacitors"电容封装模型，在右下方选择单位：Imperial(mil)，即英制单位。

(3) 单击"Next"按钮，进入电容器封装类型对话框，如图 3-45 所示，从下拉框中可以选择"Through Hole"直插式或者"Surface Mount"贴片式封装。本例选择"Through Hole"。

(4) 单击"Next"按钮，进入定义焊盘尺寸对话框，设置的焊盘及通孔尺寸分别为"70 mil"和"35 mil"，如图 3-46 所示。

(5) 单击"Next"按钮，进入定义焊盘布局对话框，设置焊盘之间的相对位置，水平间距为"100 mil"，如图 3-47 所示。

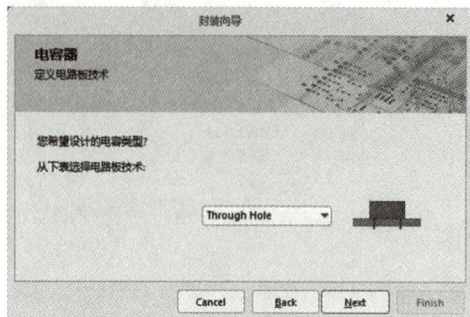

图 3-45　电容封装类型对话框

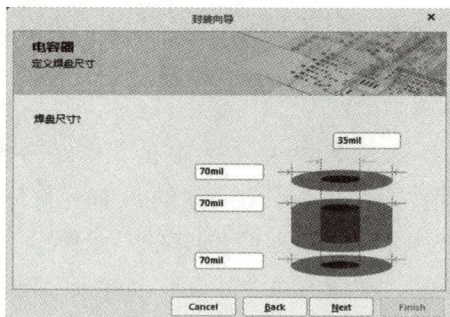

图 3-46　定义焊盘尺寸对话框

（6）单击"Next"按钮，在图 3-48 所示的定义外框类型对话框中，设置参数如下：

① 选择电容器的极性："Not Polarised"（无极性）、"Polarised"（有极性，即带"+"标注）。本例选择"Polarised"。

② 选择电容器的装配样式："Axial"（轴状）、"Radial"（径向）。本例选择"Radial"。

③ 电容的几何形状有"Circle"（圆形）、"Oval"（椭圆形）、"Rectangle"（矩形）。本例选择"Circle"。

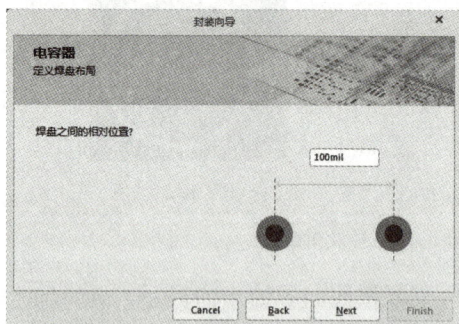

图 3-47　定义焊盘布局对话框

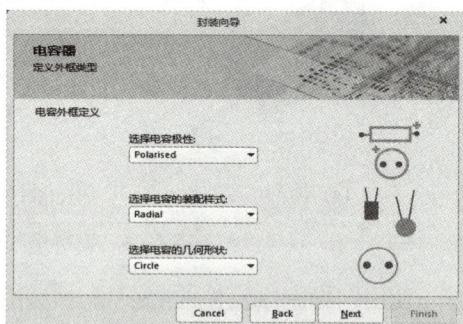

图 3-48　定义封装外形对话框

（7）单击"Next"按钮，进入定义外框尺寸对话框，设置外框线宽为默认值"10 mil"，外圆半径为"100 mil"，如图 3-49 所示。

（8）单击"Next"按钮，进入元件封装命名窗口，本例中将电容器的封装命名为"RB.1/.2"，如图 3-50 所示。

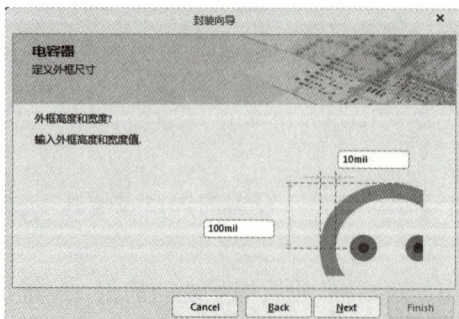

图 3-49　定义外框尺寸对话框

图 3-50　元件封装命名对话框

(9) 单击"Next"按钮，此时对话框提示"向导已经具备足够的信息，单击完成按键结束任务"，然后单击"Finish"按钮，关闭向导窗口。在 PCB 库编辑器中会出现已经完成的封装图形，如图 3-51(a) 所示。

(10) 按原理图的元件符号修改封装图形。在原理图中电容的正极为 1 号引脚，对应封装的焊盘为 1 号焊盘，因此需要将图 3-51(a) 中的"+"号移动到 1 号焊盘旁边，修改后的封装如图 3-51(b) 所示。修改完成后点击保存。

(a) 系统自动生成的封装图形   (b) 修改后的封装图形

图 3-51　设计完成的"RB.1/.2"封装

四、用向导创建芯片座 IC8 的封装

呼吸灯中的 LM358 芯片的封装类型是 DIP8，如图 3-52(a) 所示。实际安装中可以使用一个 8 脚的 IC 芯片座将其焊接在电路板上，调试电路时再将 LM358 芯片插入 IC 座即可，这样可以防止芯片焊接时被损坏。8 脚芯片座如图 3-52(b) 所示，因此需要获得 IC8 芯片座的封装尺寸，才能使用元件封装向导来设计封装图形。

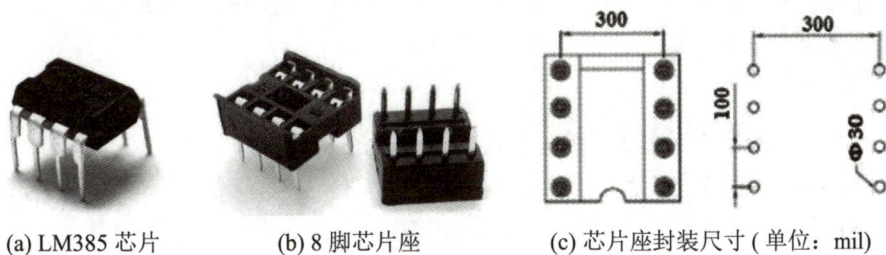

(a) LM385 芯片   (b) 8 脚芯片座   (c) 芯片座封装尺寸 (单位：mil)

图 3-52　LM385 和芯片座的外形及封装尺寸

1. 8 脚 DIP 芯片座的封装尺寸

通过网络搜索得到 8 脚芯片座的封装尺寸图，如图 3-52(c) 所示，或者直接用游标卡尺测量元件相关参数。设计封装图形一般需要以下几个参数：

(1) 两列引脚之间的水平间距为_____，同一列相邻两个引脚之间的垂直间距为_____。

(2) 引脚直径为_____，焊盘孔径可以设置大一些如 35 mil，焊盘直径取孔径的 2 倍，即_____。

2. 用"元器件向导"设计元件封装

(1) 执行菜单命令"工具"→"元器件向导"，打开"封装向导"对话框。

(2) 在封装类型及单位对话框中，选择"Dual In-line Packages(DIP)"双列直插式封装，设置英制单位 mil。

(3) 焊盘通孔尺寸设为"35 mil"，XY 直径都设为"70 mil"，如图 3-53 所示。

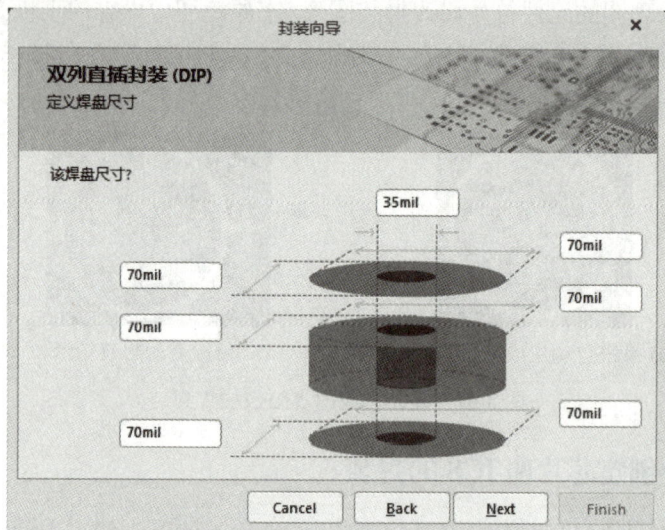

图 3-53　"封装向导"的焊盘尺寸设置

☆技巧提示

　　在图 3-53 所示对话框中设置焊盘尺寸时，要将 X、Y 尺寸设置成同样大小才能得到圆形焊盘。如果左右两列尺寸不一样，得到的是椭圆形焊盘，则需要删除封装，不保存，重新用向导再设置一次。

(4) 焊盘的水平及垂直间距分别设为"300 mil"和"100 mil"。

(5) 外框宽度默认设置为"10 mil"。

(6) 设置焊盘总数为"8"。

(7) 设置封装名称为"IC8"，点击"Finish"按钮。

设计完成的封装实际为 DIP8 图形的封装，如图 3-54(a) 所示。

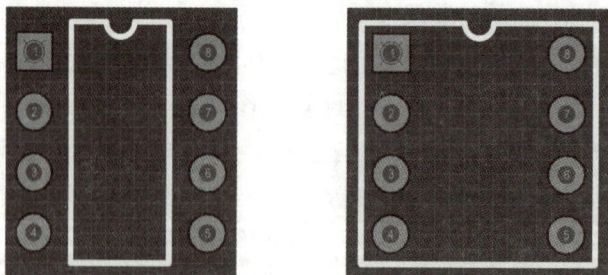

(a) AD22 软件生成的 DIP8 封装　　　(b) 修改完成的 IC8 封装

图 3-54　IC8 芯片座的封装图形

3. 修改封装外形轮廓线

选中边框线，将边框线拖曳到焊盘的外侧，包围住整个焊盘图形，要注意轮廓线不能与焊盘太近或重叠，如图 3-54(b) 所示。绘制完成点击保存文件。

五、修改库中的三极管封装

根据图 3-55 所示的 PNP 三极管的封装尺寸，手工设计 TO-92W 封装。

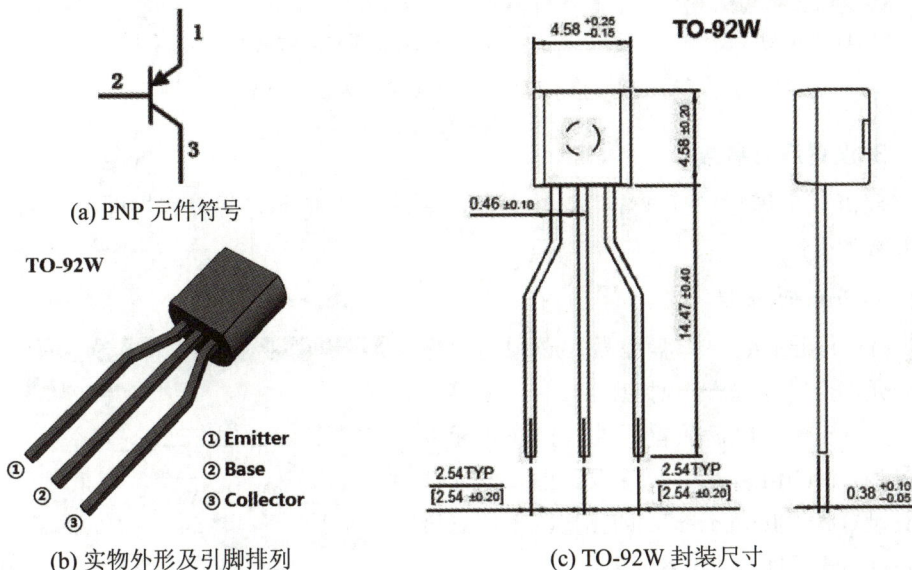

(a) PNP 元件符号

(b) 实物外形及引脚排列

(c) TO-92W 封装尺寸

图 3-55　PNP 三极管元件符号、实物及封装尺寸

首先要从图中找到元件封装尺寸：元器件的引脚间距为＿＿＿＿＿，焊盘直径及孔径尺寸为＿＿＿＿＿。尤其是焊盘的编号一定要与元件符号的引脚号码一一对应，才能绘制正确的封装。

1. 复制粘贴 TO-92A 元件封装

(1) 新建临时 PCB 文件。执行菜单"文件"→"新的"→"PCB"命令，创建一个临时 PCB 文件，使用完后可以关闭该文件，不保存。

(2) 复制 TO-92A 封装。在 PCB 文件中点击菜单命令"放置"→"器件"，在杂项库中搜索 2N3906 的 PNP 元件，其封装为 TO-92A，双击放置在图纸中，选中该封装后进行复制。

(3) 粘贴 TO-92A 封装。打开"封装库.PcbLib"，在"PCB Library"面板的元件列表框中右键选择"粘贴"命令，或按快捷键"Ctrl"+"V"，将元件粘贴在封装库中，如图 3-56(a) 所示。

2. 修改元件封装名称

在"PCB Library"面板的封装列表框中双击"TO-92A"名称，在弹出的PCB 库封装对话框中修改元件封装的名称为"TO-92W"，如图 3-56(b) 所示。

学习笔记

3-6　设计三极管 TO-92W 封装

(a) TO-92A 封装图形　　　　　　(b) PCB 库封装对话框

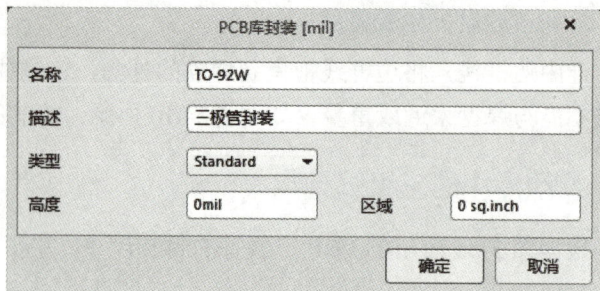

图 3-56　修改库中 TO-92A 名称为 TO-92W

3. 设置焊盘参数

双击三个焊盘，打开焊盘属性面板，如图 3-57 所示，焊盘属性面板中的主要参数如下：

1) Properties 栏

(1) Designator：焊盘编号，必须与原理图的元件引脚号码一一对应。

(2) Layer：焊盘放置的层，直插式元件设置为 "Multi-Layer"，即多层，贴片式元件一般设置为 "Top Layer"，即顶层。本例三极管为直插式元件，故设置为多层。

(3) (X/Y)：设置焊盘中心点的 X、Y 坐标位置。

(4) Rotation：焊盘的旋转角度。

2) Pad Stack 栏

(1) 设置焊盘模式：Simple、Top-Middle-Bottom、Full Stack。这里设置为 "Simple"，即简单模式。

(2) Shape：焊盘形状有 "Round"（圆形）、"Rectangular"（矩形）、"Octagonal"（八角形）、"Rounded Rectangle"（圆脚矩形）。本例选择圆形。

(3) (X/Y)：设置焊盘直径的 X、Y 宽度。如果是圆形焊盘，当这两个参数一致时为正圆形，否则为椭圆形。这里都设置为 1.8 mm。

(4) 设置焊盘孔径模式："Round"（圆形）、"Rect"（直角）、"Slot"（槽）。本例设

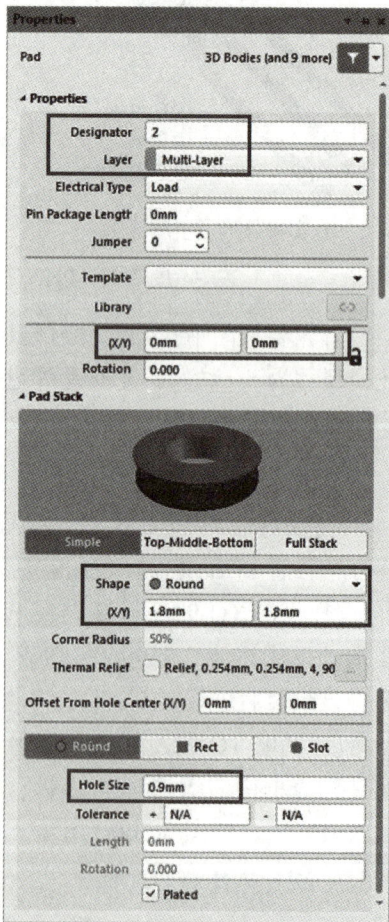

图 3-57　Pad 焊盘属性面板

置为圆形。

(5) Hole Size：通孔尺寸，即设置孔径的大小，至少比引脚尺寸大 0.1~0.2 mm。这里为统一钻头尺寸，设置为 0.9 mm。

根据图 3-55 中的三极管封装尺寸，可知焊盘的间距为 2.54 mm，因此可以设置 2 号焊盘为参考原点。设置方法为：执行菜单命令"编辑"→"设置参考"→"位置"，当光标变成十字形状后，点击 2 号焊盘，即可在 2 号焊盘中心出现原点标记。双击 1 号焊盘修改其坐标位置 (X/Y) 为 −2.54 mm 和 0，双击 3 号焊盘修改其坐标位置 (X/Y) 为 2.54 mm 和 0。

4. 修改封装外形

1) 修改圆弧

元件封装的外形轮廓线放置在顶层丝印层。选中编辑器区下方层标签的"Top Overlay"顶层丝印层，双击圆弧修改参数："Width"线宽默认为 0.2 mm，"Radius"半径改为 4 mm，"Start Angle"开始角度为 65°，"End Angle"终止角度为 295°，如图 3-58 所示。

2) 修改直线

选中原有的直线，在其端点出现光标后，分别点击拖曳到圆弧的起始点和结束点，绘制完成的 TO-92W 封装图形如图 3-59 所示。最后保存绘制完成的元件封装。

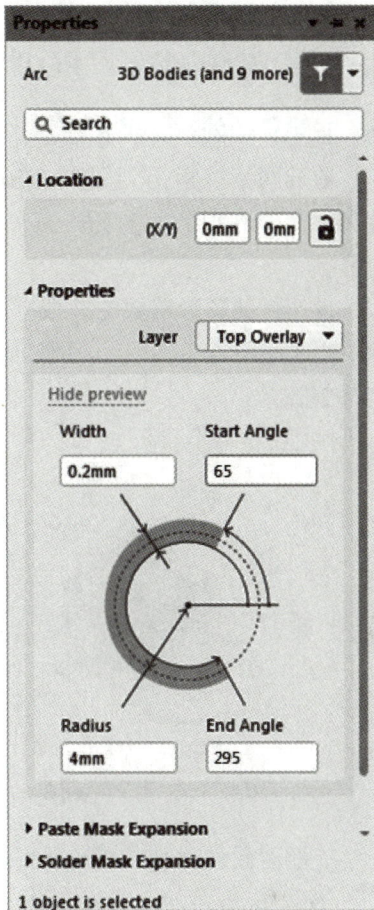

图 3-58　Arc 圆弧属性面板

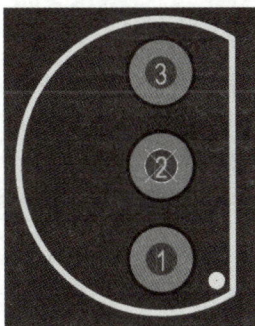

图 3-59　TO-92W 封装图形

六、手工创建电位器"POT"的封装

1. 电位器的封装尺寸

通过网络搜索得到图 3-60(a) 所示的电位器卧式封装尺寸参数，或者直接测量实际元器件得到其参数，其中元件符号的 3 号引脚为可调端，1、2 号引脚为固定端。

设计封装图形需要的参数有：固定脚①②脚的间距 = _____；③脚到①②脚中心的间距 = _____；引脚尺寸_____；孔径 = _____，焊盘直径为通孔的 1.5～2 倍。

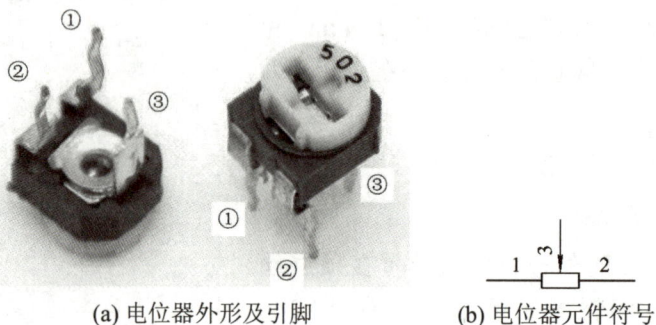

(a) 电位器外形及引脚　　　　(b) 电位器元件符号

图 3-60　电位器外形及元件符号

2. 新建元件封装并修改元件封装名称

(1) 在 PCB 元件库编辑器中点击菜单命令"工具"→"新的空元件"。

(2) 在"PCB Library"面板的封装列表框中双击该元件名称，在弹出的 PCB 库封装对话框中修改元件封装的名称为"POT"。

(3) 在 PCB 封装编辑器中设置环境变量。按快捷键"Q"切换为公制单位 mm，按快捷键"G"，选择"2.5 mm"栅格。此时左下方的状态栏会显示"Grid: 2.5 mm"，代表捕捉栅格为 2.5 mm 公制单位。为了使焊盘放置的位置更准确，可以设置显示线状栅格的辅助线。

> ☆技巧提示
>
> 　　显示栅格设置方法：按下快捷键"G"，选择"栅格属性命令"，打开"Cartesian Grid Editor"栅格属性编辑器对话框。在右侧的"显示"栏中将栅格的"精细"和"粗糙"显示都设置为"Lines"（直线型），这样在绘图区就可以看见栅格了。

3. 放置焊盘并设置焊盘属性

按照前面得到的引脚间距，依次放置三个焊盘，并与图 3-60(b) 所示的引脚

编号相对应。

为了方便焊盘的准确定位，可以把其中一个焊盘设置在参考原点 (0,0) 位置。执行菜单命令"编辑"→"设置参考"→"1 脚"，设置 1 号焊盘的位置为参考点，如图 3-61 所示。由此得 2 号焊盘的坐标是 (5 mm, 0)，3 号焊盘的坐标是 (2.5 mm, 5 mm)。圆形焊盘孔径都设置为 0.9 mm，直径为 1.8 mm。

☆技巧提示

　　放置三个焊盘后，可以通过双击焊盘查看坐标，还可以按下快捷键"Ctrl + M"，当光标变成十字形后分别点击两个焊盘来测量其间距。点击右键退出测量状态，按下"Shift + C"可消除测量显示值。

4. 绘制封装外形

(1) 切换层标签至"Top Overlay"，即顶层丝印层，按快捷键"G"，选择"0.5 mm"栅格。

(2) 右键点击 PCB 库常用工具栏的绘图工具，选择"／"直线图标，沿着三个焊盘外边沿绘制直线，如图 3-61 所示。

(3) 右键点击绘图工具，选择"⌒"圆弧 (边沿) 图标，绘制图形左、右上方的圆角。注意封装轮廓线不能与焊盘重叠或靠得太近。

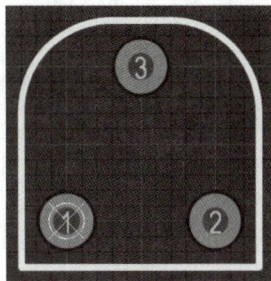

图 3-61　电位器封装图形

绘制完成后，双击圆弧和直线打开属性面板，修改"Width"线宽都为 2.54 mm。最后保存 PCB 元件库文件。

七、设计 Type-C 型的 USB 座封装

1. Type-C 2P 母座的封装尺寸

Type-C 型 2 个引脚的 90° 立式 USB 母座实物如图 3-62 所示，市面上有两种正负引脚不一样的封装，分别如图 (a) 和 (b) 所示。

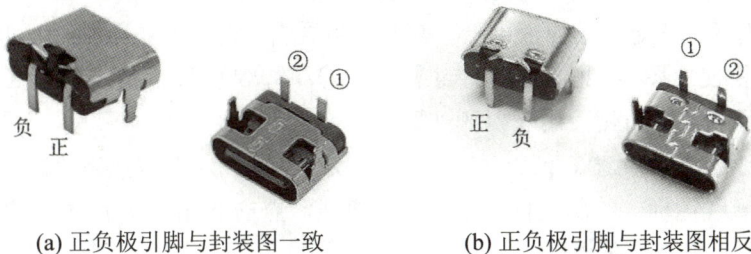

(a) 正负极引脚与封装图一致　　　　(b) 正负极引脚与封装图相反

图 3-62　Type-C 2P 母座实物图

其中图 3-62(a) 所示的 Type-C 母座封装尺寸如图 3-63 所示。从图中的封装

学习笔记

尺寸可以得到以下参数：

(1) 正负极①②脚间距 = _____。

(2) 除正负极外的两个固定脚中心的水平间距 = _____。

(3) 固定脚与①②脚之间的垂直间距 = _____。

(4) 孔径 = _____，焊盘直径 = _____。

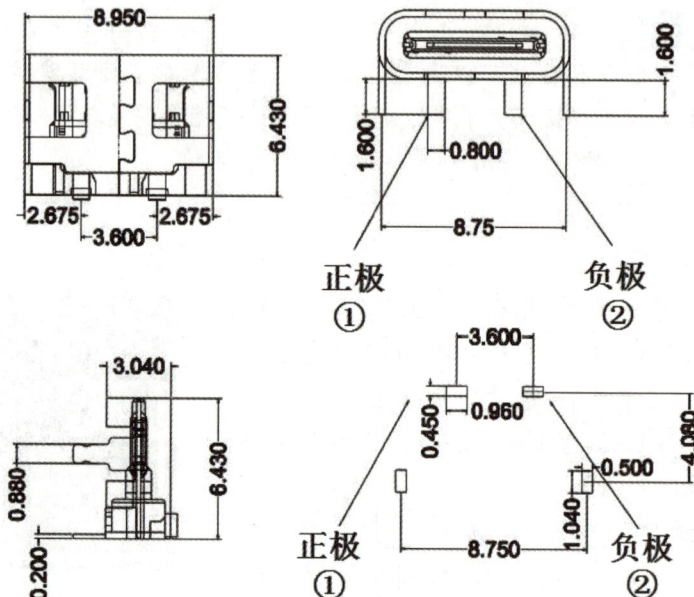

图 3-63　Type-C 2P 母座的封装尺寸图

3-8　设计 Type-C 母座封装

2. 设计"TYPE_C_2P"元件封装

(1) 在 PCB 元件库编辑器中点击菜单命令"工具"→"新的空元件"。

(2) 在"PCB Library"面板的封装列表框中双击该元件名称，在弹出的 PCB 库封装对话框中修改元件封装的名称为"TYPE_C_2P"。

(3) 在 PCB 封装编辑器中，设置环境变量。按快捷键"Q"切换为公制单位 mm，按快捷键"G"选择"0.1 mm"栅格。

(4) 按照前面得到的引脚间距，依次放置四个焊盘，并与图 3-62(a) 所示的引脚编号相对应。固定脚的焊盘由于不需要连接导线，设置为 0 号焊盘，如图 3-64 所示。若要使用图 3-62(b) 所示的封装，将①和②焊盘号互换一下即可，实际 USB 座的正负引脚可用万用表检测一下。

(5) 切换层标签至"Top Overlay"(即顶层丝印层)，右键点击绘图工具，选择"▱"直线图标，绘制元件外形的轮廓直线。点击 PCB 库常用工具栏的"A"字符串图标，放置正负极标注，如图 3-64 所示。

(6) 保存 PCB 元件库文件。在"PCB Library"面板的封装列表框中，可以查看绘制完成的 5 个元件封装，如图 3-65 所示。

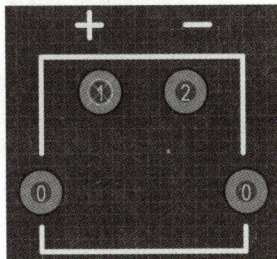

图 3-64　TYPE_C_2P 封装图形

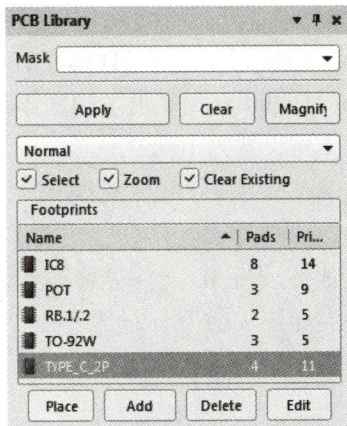

图 3-65　PCB Library 面板

八、添加元件的 3D 模型

在封装设计时添加元件 3D 模型的方法有两种：一是使用 AD 软件自带的 3D 元件体绘制功能进行添加；二是使用 3D 建模软件设计的元件 3D 模型，或者直接下载开源的 3D STEP 模型，再将其导入 AD 软件中。下面分别介绍这两种操作方法。

1. 添加 AD22 软件自带的 3D 元件体

添加自带的 3D 元件体这种方法适合元件是简单的立方体、圆柱体等简单形状。这里我们以电容器为例介绍 3D 模型设计方法。

(1) 选中"RB.1/.2"元件封装，按数字键"3"切换到 3D 视图模式。

(2) 执行菜单命令"放置"→"3D 元件体"，当出现十字光标后可绘制任意形状模型。

(3) 双击对象，打开属性面板，如图 3-66 所示。其主要参数如下：

① Location(位置)：3D 元件体放置的 X、Y 坐标位置。本例初始值设置为 (50 mil, 0)。

② Properties(属性) 栏。

3D Model Type(三维模型类型)：有四个选项，"Generic"（一般形状）、"Extruded"（立方体）、"Cylinder"（圆柱体）、"Sphere"（球体）。本例的电容器选择为圆柱体。

Height(高度)：3D 体的高度。本例设置为 200 mil。

Radius(半径)：3D 圆柱体的半径。本例设

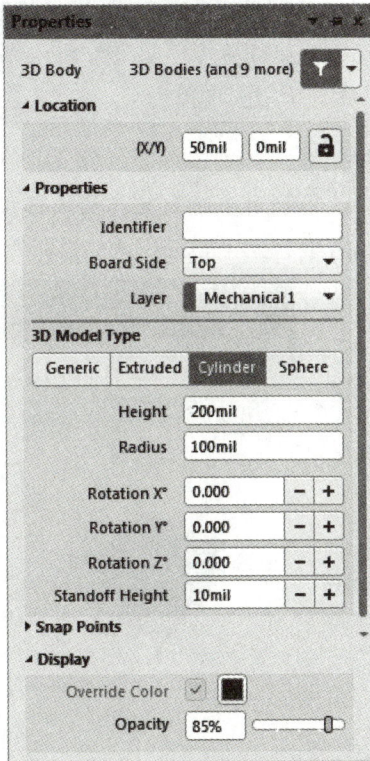

图 3-66　"3D 元件体"属性面板

置为 100 mil。

Rotation X°、Y°、Z°：3D 体在 X、Y、Z 三个方向上的旋转角度。

Standoff Height(支架高度)：3D 体距离水平
面的高度。本例设置为 10 mil。

③ Display(显示)：可以更改模型的颜色，
设置 "Opacity" 即透明度。

设置完成后，将 3D 元件体移动到合适的位
置，可以得到如图 3-67 所示的电容器 "RB.1/.2"
封装的 3D 模型。

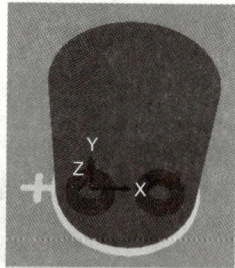

图 3-67　"RB.1/.2" 封装的 3D 模型

2. 添加 3D STEP 元件模型

添加 3D STEP 元件模型时可以使用 3D 建模软件设计的 3D 模型，或者直接
下载开源的 3D STEP 模型。

(1) 下载元器件 3D 模型。免费的 2D、3D 模型下载网址为 https://www.3dcontent
central.cn，登录该网站后，只需要成功注册电子邮箱，即可免费下载元件模型。
输入需要下载的元器件名称或者封装名称，如输入 "IC8"，搜索页面如图 3-68 所示。

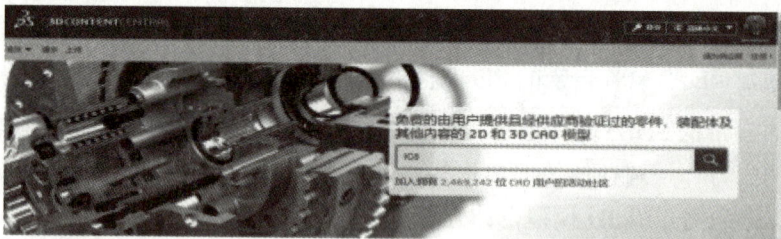

图 3-68　3D CONTENTCENTRAL 网站搜索页面

找到对应的 IC8 芯片座模型，双击打开下载页面。选择下载 "STEP" 格式
或后缀名为 "*.step" 的 3D 模型，如图 3-69 所示。

图 3-69　"IC8" 封装的 3D 模型下载页面

此外，在"学银在线"或"学习通"APP 的本教材对应课程中，也提供了配套的元件 3D 模型可以下载，在"资料"栏的"3D-Step 模型库"中即可下载。

(2) 打开 PCB 封装库，选中需要添加 3D 模型的元器件，如"IC8"。按下键盘上的数字"3"切换到 3D 视图。点击菜单命令"放置"→"3D Body"，或点击 PCB 库常用工具栏的"▣"图标，打开"Choose Model"对话框。选择元件的 3D Step 模型文件，在绘图编辑区点击左键放下 3D Body，如图 3-70 所示。再点击右键结束放置。

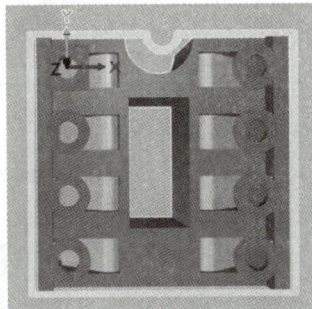

图 3-70　放置 IC8 的 3D 模型

(3) 添加 3D 模型后模型位置可能会对不上，如图 3-70 所示，因此还要调整 3D 模型的 X、Y、Z 位置以及高度。双击 3D 模型打开属性面板，如图 3-71 所示。

设置参数：

(1) 在 3D Model Type(三维模型类型) 中选择"Generic"。

(2) Rotation X°、Y°、Z° 调整的是 X、Y、Z 方向上的旋转角度。例如将 Z 参数设为 270，即将 3D 模型绕 Z 轴顺时针旋转 270°，X、Y 亦是如此。

(3) Standoff Height：支架高度，本例设置为 200 mil，使黑色塑封刚好在电路板焊盘的正上方，如图 3-72 所示。

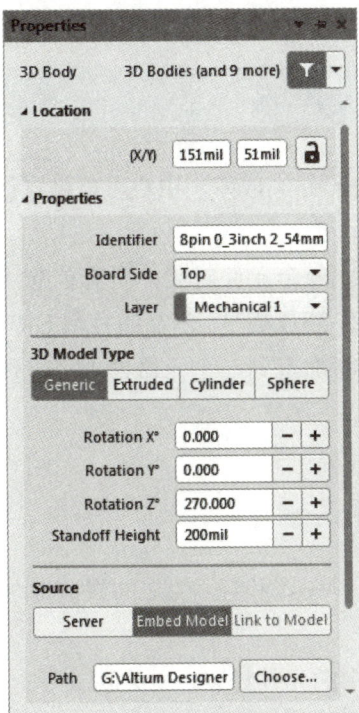

图 3-71　"3D Body"属性面板

(a) 正面视图

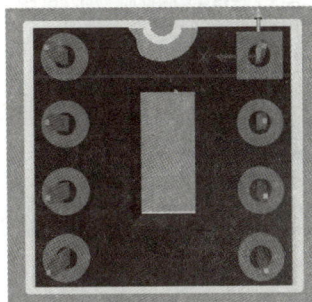

(b) 背面视图

图 3-72　"IC8"模型 3D 视图

☆技巧提示

在 3D 模式下按住 Shift 键，同时点击鼠标右键拖曳元件，可以查看不同视角的 3D 效果；使用快捷键"Ctrl"＋"F"可以翻转元件；按下键盘上的数字键 0 和 9，能快速返回正面视图和旋转 90°视图。

用同样的方法给其余四个元件封装都添加上 3D 模型，如图 3-73 所示。

(a) POT 电位器　　(b) RB.1/.2 电容器　(c) TO-92W 三极管　　(d) TYPE_C_2P 母座

图 3-73　元件模型的 3D 视图

任务3.3　创建元件集成库

任 务 单

AD 软件中一个非常有特色的功能就是元件集成库，用户可以做自己的集成库，也可以针对某个项目做一个专用集成库。

一个集成库文件中可以存放多个元件。一个元件对应的所有信息用户都可以集成进去，如原理图、元件符号、PCB 封装、3D 模型、产品的官网 URL、报价，还可以加入设计约束规则等，所有信息都能绑定到一个元器件上，方便管理和查看。

任务要求

(1) 创建元件集成库，将任务 3.1 的原理图库和任务 3.2 的封装库加入集成库中。

(2) 将原理图库中的元件符号与封装库中的元件封装一一关联。

(3) 在集成库中添加元件符号和封装。

(1) 能说出元件集成库与原理图库、封装库的区别和联系。

(2) 会创建集成库,并导入原理图库和封装库。

(3) 会关联元件的符号和封装,编译集成库。

(4) 会在原理图中调用集成库元件。

任 务 实 施

一、新建元件集成库

执行菜单命令"文件"→"新的"→"库"→"集成库",在"Project"面板中,出现了名为"Integrated_Library1.LibPkg"的集成库,将其保存在本章任务 3.1 新建原理图符号库文件中创建的"元件库"文件夹中,并命名为"元件集成库.LibPkg"。

二、导入原理图库与封装库

方法一:点击菜单命令"文件"→"打开",找到"元件库"文件夹中的"原理图库.SchLib"和"封装库.PcbLib"并打开。此时这个库文件为"Free Documents"没有在工程中,如图 3-74(a) 所示。将它们都拖曳到"元件集成库.LibPkg"中,保存工程,如图 3-74(b) 所示。

方法二:在"Projects"面板中,选中"元件集成库.LibPkg"点击右键,在右键菜单中选择"添加已有的文件到工程"命令,然后在弹出的对话框中先选择打开的文件类型为"All files(*.*)",再选择"元件库"文件夹中的"原理图库.SchLib"和"封装库.PcbLib"。

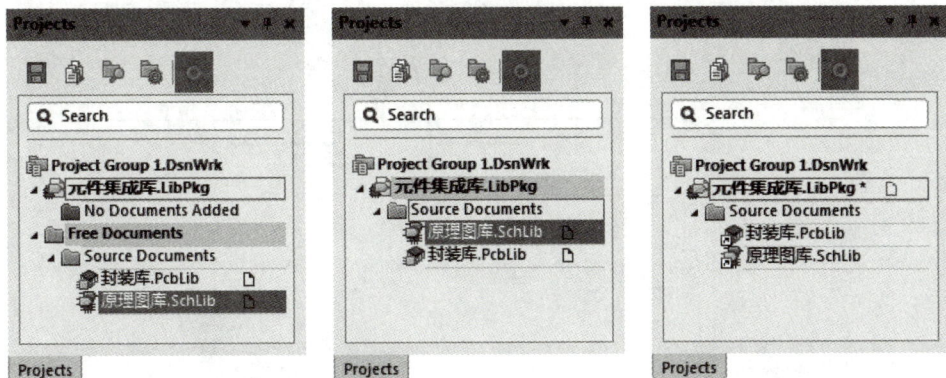

(a) 未导入原理图库和封装库　　　(b) 成功导入两个库　　　(c) 有超链接箭头符号的文档

图 3-74　集成库的 Projects 面板

学习笔记

3-9　创建
元件集成库

☆技巧提示

如果导入集成库中的原理图库或封装库文档，则左下角带有超链接的箭头图标，如图 3-74(c) 所示。说明集成库和原理图库或封装库没有保存在同一个文件夹下，这时需要将它们都保存在同一个"元件库"文件夹中，就可以去掉文档上超链接的箭头图标。

三、关联元件符号与元件封装

打开"原理图库.SchLib"文件，在"SCH Library"面板中选中电位器"POT"的元件符号。然后在图 3-6 所示的原理图库编辑界面下方，点击"Add Footprint"按钮，在弹出的"PCB 模型"对话框中，点击名称文本框右侧的"浏览"按钮，弹出图 3-75 所示的"浏览库"对话框。

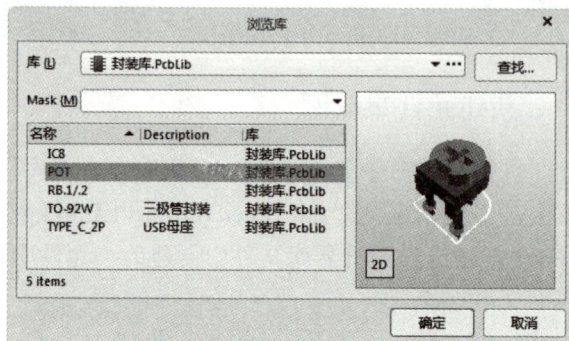

图 3-75 "浏览库"对话框

在封装列表框中选择"POT"元件封装，右侧的预览框中会显示绘制好的封装图形，确认无误后点击"确定"按钮，返回"PCB 模型"对话框，再点击"确定"即可添加该元件封装模型。

加载封装模型成功的界面如图 3-76 所示，在原理图库界面的下方会出现该元件符号对应的封装名称及其模型预览。

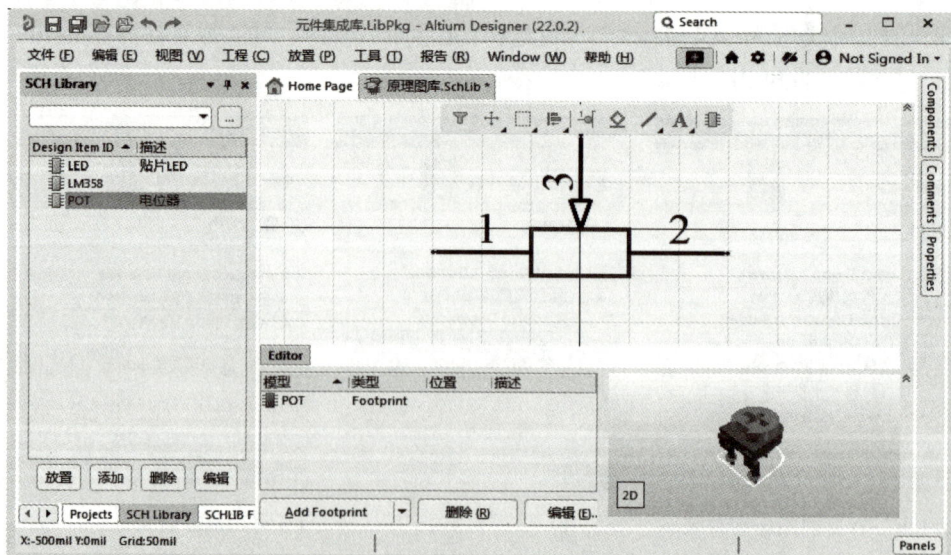

图 3-76 电位器元件符号的原理图库编辑界面

用同样的方法，为 LM358 添加封装模型"IC8"，LED 添加封装模型"3.5 × 2.8 × 1.9"。

四、编译及保存集成库

执行菜单命令"工程"→"Compile Integrated Library..."，编译集成库文件，编译结果包括错误和警告等信息将显示在"Messages"面板上，如图 3-77 所示。

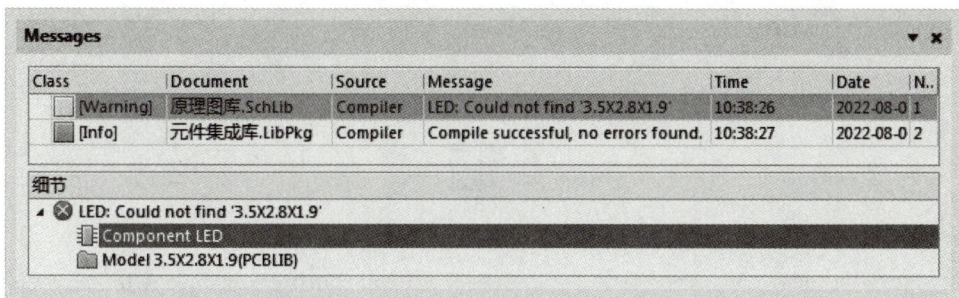

Messages						
Class	Document	Source	Message	Time	Date	N..
[Warning]	原理图库.SchLib	Compiler	LED: Could not find '3.5X2.8X1.9'	10:38:26	2022-08-0	1
[Info]	元件集成库.LibPkg	Compiler	Compile successful, no errors found.	10:38:27	2022-08-0	2

细节
- ⊗ LED: Could not find '3.5X2.8X1.9'
  - Component LED
  - Model 3.5X2.8X1.9(PCBLIB)

图 3-77　元件集成库编译后的"Messages"面板

图 3-77 所示的警告为"LED"元件的封装"3.5 × 2.8 × 1.9"没有找到。原因是在元件集成库的封装库中没有找到这个封装，这个封装是在 AD22 软件自带的杂项元件库中的。该警告解决的方法有两个：一是将"3.5 × 2.8 × 1.9"封装从"Miscellaneous Devices.IntLib"复制粘贴到"封装库.PcbLib"中；二是忽略该警告。在绘制呼吸灯原理图时，直接从"Miscellaneous Devices.IntLib"添加封装就好了。

编译结束后，元件集成库将会被添加到"Components"库面板中，当绘制原理图时可以直接调用库中的元件符号。编译后生成的"元件集成库.IntLib"文件将会存储在"元件库"目录下的"Project Outputs for 元件集成库"文件夹中。

☆技巧提示

在元件集成库中，每添加一个元件符号或封装时，都需要执行一次菜单命令"工程"→"Compile Integrated Library..."，编译后才能在元件库面板中找到新增加的元件符号。如果觉得使用不方便，可以不要集成库，直接在 PCB 工程中导入原理图库和封装库即可。

五、添加元件符号及封装

上一步骤编译元件集成后提到的"Warning"解决方法一，是将封装从 AD22 软件自带的杂项库中复制粘贴到自己设计的元件集成库中，操作方法如下：

(1) 执行菜单"文件"→"新的"→"PCB"命令，创建一个临时 PCB 文件，使用完后可以关闭，不保存。

(2) 点击菜单命令"放置"→"器件"，在打开的"Components"面板中选择"Miscellaneous Devices.IntLib"，搜索 LED3 元件并放置在 PCB 中，选中该元件后复制，当光标变成十字形，再点击一下"3.5×2.8×1.9"封装才能复制成功。

如果不能确定要添加的封装关联的元件是哪一个，可在点击"Components"面板中点击右上方的"≡"按钮，选择"File-based Libraries Search..."命令。打开如图 3-78 所示的"基于文件的库搜索"对话框，输入搜索的封装名"3.5×2.8×1.9"，搜索范围要选择"Footprints"(封装)，点击"查找"按钮。

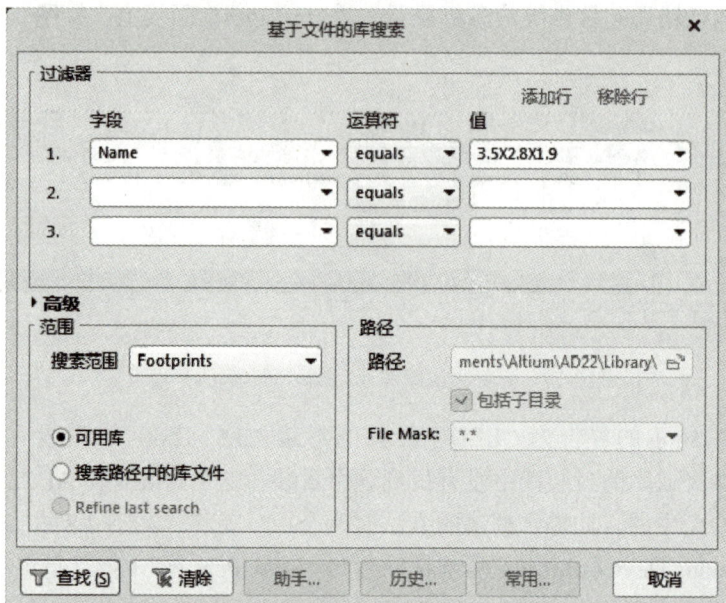

图 3-78　"基于文件的库搜索"对话框

在"Components"面板显示搜索结果，如图 3-79 所示。双击将其放在 PCB 文件中，选中复制。

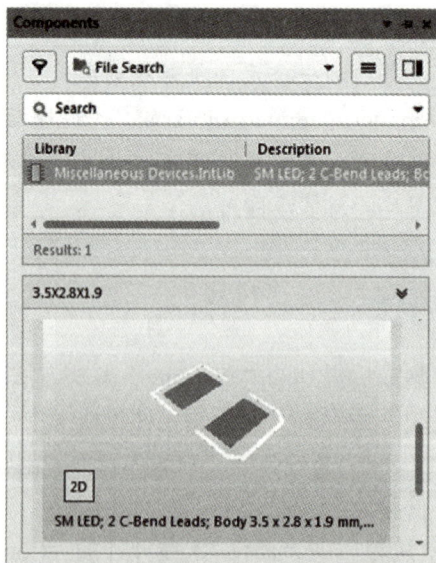

图 3-79　封装搜索结果的元件库面板

(3) 在"封装库 .PcbLib"的"PCB Library"面板元件列表框中，点击右键选择"Paste 1 Components"（粘贴元件）命令。粘贴元件封装后，同样可以添加该封装的 3D 模型。

(4) 保存文件。再次执行菜单命令"工程"→"Compile Integrated Library..."，编译集成库文件，在 Messages 面板上显示"Compile successful, no errors found."（编译成功，没有找到错误）。

虽然集成库编译成功，但此时原理图库中有 3 个元件符号，封装库却有 6 个封装，多了 3 个。在绘制原理图查找封装时，会发现找不到没有元件符号对应的那 3 个封装。解决方法一：在原理图库中添加对应的元件符号，再关联封装库的封装，最后编译集成库；方法二：将这 3 个封装都添加到其中的一个元件符号中，然后再次编译（这个方法最简单），如图 3-80 所示；方法三：不使用集成库，直接将封装库添加到 PCB 工程中。

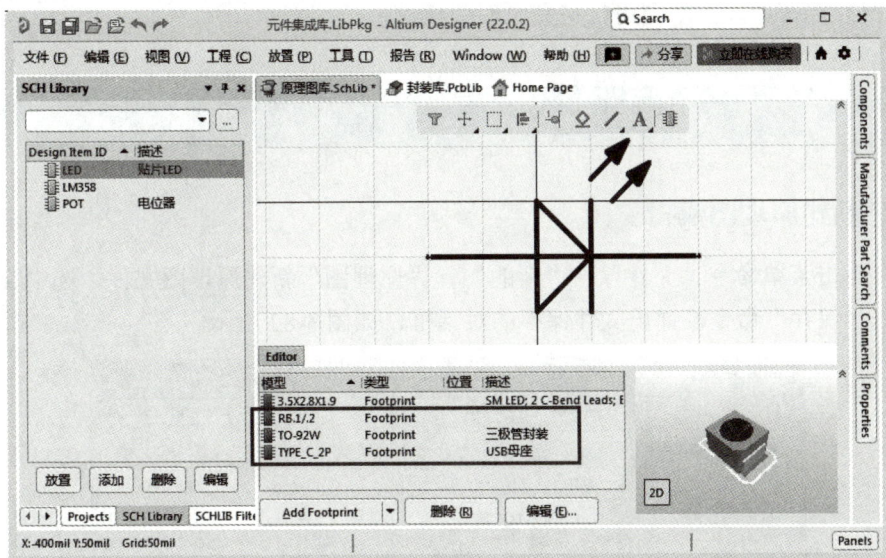

图 3-80　将多余的封装都添加到 LED 符号中的原理图库编辑界面

任务3.4 // 设计自定义原理图模板

任 务 单

任务要求

自定义设计一个原理图模板，其标题栏如图 3-81 所示，可以显示图纸信息，如图纸标题、图纸编号、制图人、学号、班级、单位等，还有 LOGO 图案。

图 3-81　自定义的原理图模板样式

学习目标

(1) 能区分原理图模板与原理图的关系，说出原理图模板的设计方法。

(2) 能使用原理图常用工具栏绘制自定义原理图模板，设置模板的特殊字符串文字，能导入 LOGO 图片。

(3) 能在原理图中调用自定义原理图模板。

任 务 实 施

一、新建原理图模板

点击菜单命令"文件"→"新的"→"原理图"新建原理图文件。选中文件点击"保存"命令，弹出文件保存的对话框，如图 3-82 所示。

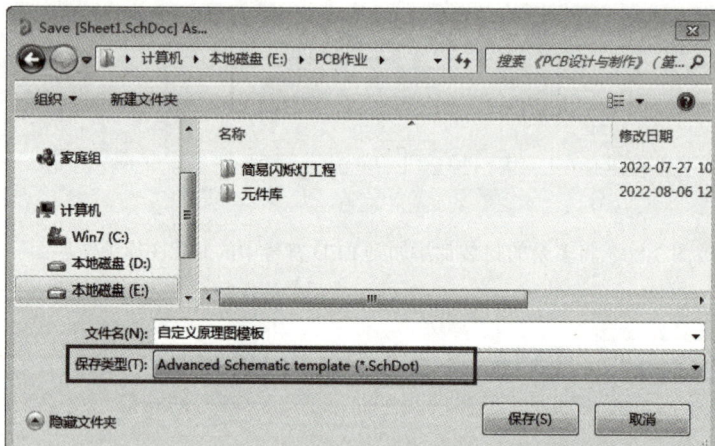

图 3-82　文件保存对话框

选择保存类型为"Advanced Schematic template(*.SchDot)"原理图模板，并将此文件命名为"自定义原理图模板"。

因为创建的是原理图模板，其他原理图都可以调用它，所以不要把模板保存在其他工程及其文件夹中，而是作为一个"Free Documents"（自由文档）保存在PCB 作业文件夹的根目录中。

3-10　绘制原理图模板标题栏

二、修改模板图纸参数

在原理图模板编辑界面中，执行菜单命令"视图"→"面板"→"Properties"，在打开的图纸属性面板中对原理图模板的参数进行设置。

1. 设置模板的图纸格式与尺寸

设置模板的图纸单位为英制单位 mil，可视栅格为 100 mil。在页面选项中设置"Formatting and Size"（格式和尺寸），选择"Custom"自定义尺寸为 10 000 mil × 7200 mil，横向。同时去掉"Title Block"标题栏前面的复选框，如图 3-83 所示。原有模板的标题栏就被清空了，得到一个空白的原理图。

2. 设置模板的默认图纸参数

在打开的图纸属性面板中选择"Parameters"（参数）页面，设置模板文档的相关参数，参数设置可参考项目二的表 2-4 所示的图纸常用参数信息表。本例中参数设置如图 3-84 所示。

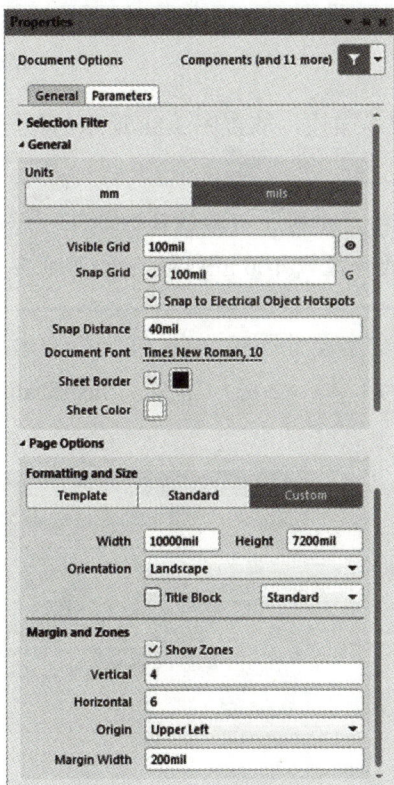

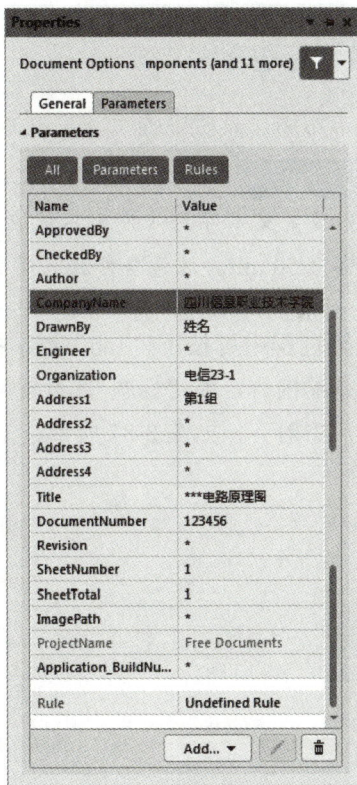

图 3-83　图纸格式与尺寸设置的属性面板　　图 3-84　图纸参数设置的属性面板

三、绘制标题栏的边框线

点击菜单命令"放置"→"绘图工具"→"线"，或者右键选择常用工具栏中绘图工具的"▱"放置直线按钮。按图 3-85 所示的标题栏样式及尺寸在图纸的右下角绘制边框线，线宽设置为"small"，颜色设置为黑色。采用英制单位 mil。

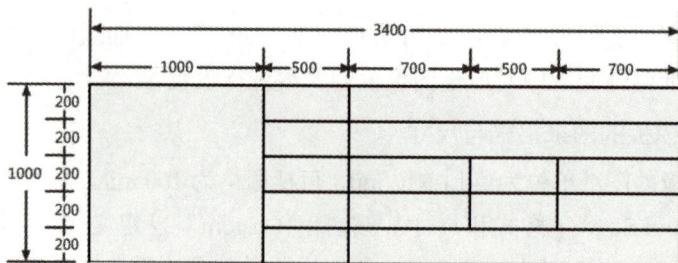

图 3-85　标题栏样式及尺寸

☆技巧提示

　　绘制标题栏的边框线应采用放置直线 ✏ 按钮，不要用放置导线 ⌇ 按钮。绘制时先确定三个顶点坐标，注意要去掉 200 mil 的图纸边框，由此得到顶点坐标为 (6400, 200)、(6400, 1200)、(9800, 1200)。

四、放置标题文字

　　点击常用工具栏中的"**A**"文本字符串按钮，放置图 3-86 所示的标题文字。

☆技巧提示

　　当放置文本字符串发现不能在单元格居中时，可按快捷键"G"，修改捕捉栅格为 50 mil，注意全部放置完成后要修改回 100 mil，方便绘图对齐。

　　放置过程中可按下"Tab"键，打开文字属性面板，在"Text"文本框中输入要显示的内容，如"标题"，设置字体为黑体、12 号、黑色，"Justification"位置选择居中对齐，如图 3-87 所示。

3-11　放置标题栏文字及图片

图 3-86　放置标题文字

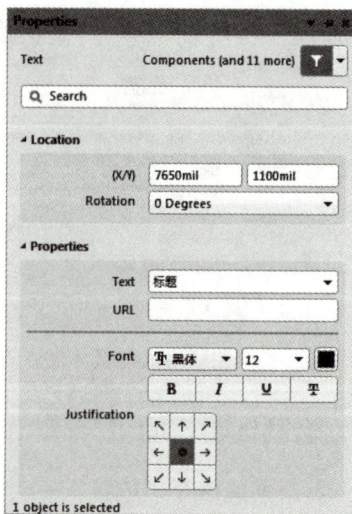

图 3-87　标题文字属性面板

五、放置特殊字符串文字

前一步骤放置的标题文字在原理图中是不能更改的，而有些信息如电路的标题名称、绘图者等是允许被更改的参数字符，它们是通过放置特殊字符串的方式实现的。点击工具栏中的"A"按钮，打开文字属性面板，点击"Text"文本框右侧的下拉菜单，按表 3-8 所示选择对应的参数名称。设置字体为楷体、12 号、深蓝色、粗体，位置选择居中对齐，如图 3-88 所示。

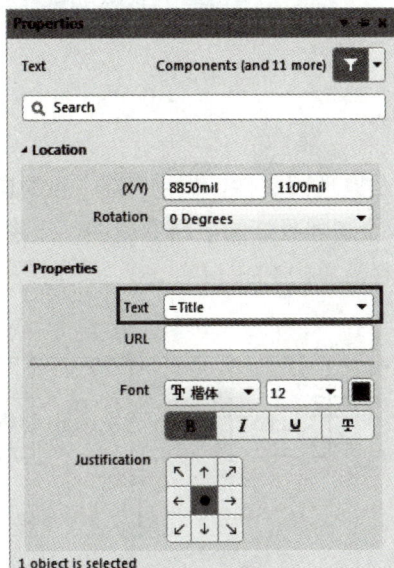

图 3-88　信息文字属性面板

表 3-8　原理图模板的信息参数表

参数名称	标题栏名称	参数值
Title	标题	***电路原理图
Sheet Number	第*张	1
Sheet Total	共*张	1
Drawn By	制图人	姓名
Document Number	学号	*******
Organization	班级	***
Address1	组别	第*组
Company Name	单位	学校名称

六、放置 LOGO 图片

将 LOGO 图片与模板文件放置在同一个文件夹。点击菜单"放置"→"绘图工具"→"图像"命令，或选择常用工具栏中绘图工具的"　"按钮，当光标变成十字形，在标题栏的图片位置点击确定图片放置的左上角和右下角位置，会弹出一个"打开"对话框,选择要放置的 LOGO 图片,点击确定即可放入一张图片,图片的格式一般为 JPG、BMP 或 PNG 等,完成效果如图 3-81 所示。

任务3.5　绘制呼吸灯电路原理图

任 务 单

任务要求

(1) 创建呼吸灯工程及原理图文件,调用任务 3.4 的自定义模板。

(2) 按照图 3-89 所示绘制呼吸灯的电路原理图,正确设置参数。

(3) 输出原理图及材料清单的 PDF 文件。

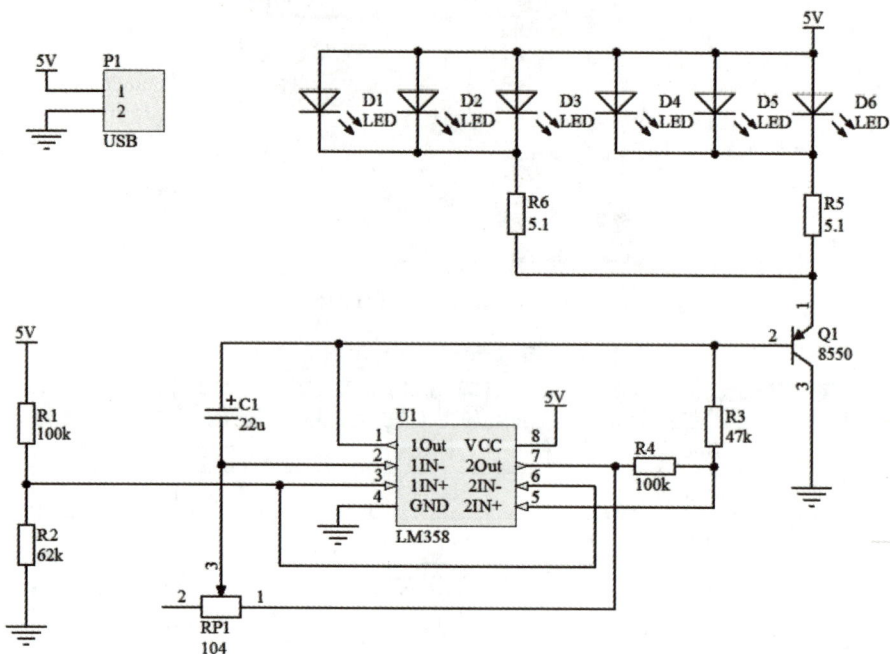

图 3-89　呼吸灯电路原理图

学习目标

(1) 熟悉使用 AD22 软件进行原理图设计的流程。

(2) 会设置自定义模板及其标题栏参数。

(3) 能根据电路原理图的制图规范正确绘制呼吸灯电路原理图。

(4) 会进行电气规则检查,能修改原理图错误。

一、新建呼吸灯工程及原理图文件

(1) 新建 PCB 工程，点击菜单命令"文件"→"新的"→"项目"，设置工程名为"呼吸灯工程"，保存在自己的 PCB 作业文件夹中。

(2) 点击菜单命令"文件"→"新的"→"原理图"，新建原理图并命名为"呼吸灯电路原理图 .SchDoc"，保存在"呼吸灯工程"文件夹中。

二、调用自定义模板及修改标题栏参数

1. 在原理图中设置自定义模板

执行菜单命令"设计"→"模板"→"Local"（本地）→"Load From File..."（来自文件），选择"自定义模板 .SchDot"文件。在弹出的"更新模板"对话框中，设置更新模板的文档范围和参数作用，如图 3-90 所示。

如果在原理图中调用模板时，出现如图 3-91 所示的不能打开文件的错误，是因为 LOGO 图片被删除或者存放位置有变动，这样原理图中的图片就不能正常显示，只剩下之前设置的图片存放路径。

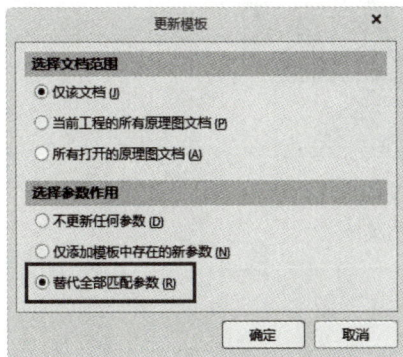

图 3-90 "更新模板"对话框

Cannot open file E:\PCB作业\川\logo.jpg . File does not exist.	标题	***电路原理图		
	图纸	第 1 张，共 1 张		
	制图人	姓名	学号	123456
	班级	电信23-1	组别	第1组
	单位	四川××××技术学院		

图 3-91 LOGO 图片不能正常显示

解决方法：打开后缀是".SchDot"的自定义原理图模板文件，双击 LOGO 图片的路径，重新浏览找到图片的位置，点击保存。回到原理图中，再次执行菜单命令"设计"→"模板"→"Local"→"Load From File..."，打开自定义模板即可。

2. 修改原理图标题栏参数

选择菜单命令"视图"→"面板"→"Properties"，或者点击原理图编辑器右侧隐藏的"Properties"（属性）面板。在"Parameter"参数页面对应的"Title"参数值"Valuer"中修改为"呼吸灯电路原理图"，修改完成的标题栏如图 3-92

学 习 笔 记

3-12 绘制呼吸灯原理图

所示。

图 3-92   呼吸灯电路原理图的标题栏

三、加载和删除元件集成库

1. 加载元件库

(1) 加载元件集成库，方法有两种。一是在元件集成库中执行菜单命令"工程"→"Compile Integrated Library..."，编译集成库文件，即可将集成库添加到"Components"元件库面板中。

二是点击元件库面板最上方右侧的"≡"按钮，选择"File-based Libraries Preferences..."命令，如图 3-93 所示。打开如图 3-94 所示的"可用的基于文件的库"对话框。

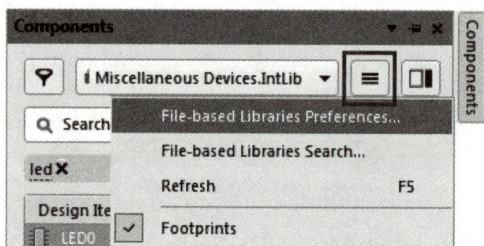

图 3-93   库面板的下拉菜单

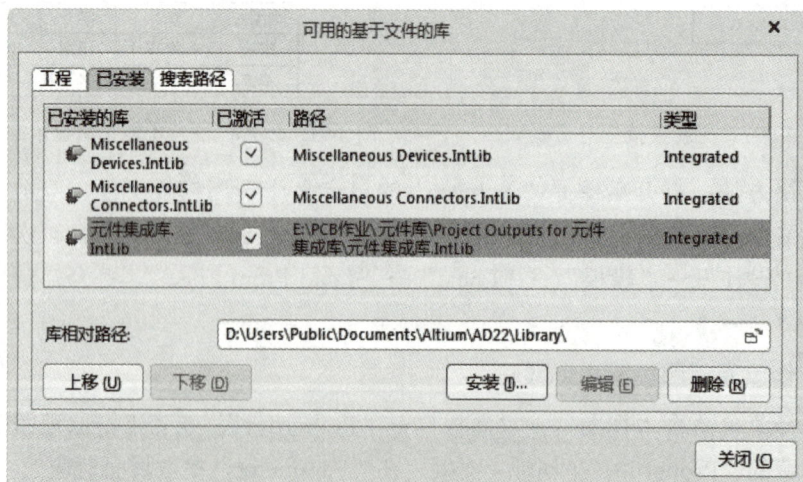

图 3-94   "可用的基于文件的库"对话框

在"可用的基于文件的库"对话框中的"工程"选项卡中，列出的是当前项目中用户自行创建的库文件。

在"已安装"选项卡中，列出的是系统已经默认加载的两个元件库：杂项元器件库"Miscellaneous Devices.IntLib"和连接器库"Miscellaneous Connectors. IntLib"。如果要添加元件库，则点击下方的"安装"按钮，在弹出的"打开"对话框中选择相应的库文件。本例中的"元件集成库.IntLib"在"PCB 作业 \ 元件库 \ Project Outputs for 元件集成库"文件夹中，单击"打开"按钮，所选的库文件就会出现在"已安装的库"列表中，如图 3-94 所示。

(2) 加载原理图库和封装库。与加载上述元件集成库的方法二操作一样。

2. 删除已安装的库文件

在"已安装的库"列表中选择对应的库文件，单击"删除"按钮，即可将该元件库删除。

四、元件布局、参数设置与电气连接

按照任务单的图 3-89 所示的呼吸灯电路原理图进行元件布局和电气连接。其中 LED、LM358 和 POT 三个元件符号是前面任务 3.1 中自行绘制的，需要在元件库面板中切换到"元件集成库.IntLib"，选中并放置布局。

根据任务单的表 3-9 所示的呼吸灯电路元件明细表，进行元件参数的设置。

表 3-9 呼吸灯电路元件明细表

位号	注释	封装	数量	库引用名称
C1	22u	RB.1/.2(自制)	1	Cap Pol2
D1～D6	LED	3.5 × 2.8 × 1.9	6	LED(自制)
P1	USB	TYPE_C_2P(自制)	1	Header2
Q1	8550	TO-92W(自制)	1	PNP
R1、R4	100k	AXIAL-0.3	2	Res2
R2	62k	AXIAL-0.4	1	Res2
R3	47k	AXIAL-0.5	1	Res2
R5、R6	5.1	AXIAL-0.3	2	Res2
RP1	104	POT(自制)	1	POT(自制)
U1	LM358	IC8(自制)	1	LM358(自制)

元件参数设置后进行呼吸灯电路原理图的电气连接。完成后需要检查 P1 的 USB 座是否 1 脚接 VCC，2 脚接 GND。此外，还要将电位器 RP1 和三极管 Q1 的引脚编号显示出来，如图 3-95 所示，以便检查元件引脚编号是否与封装焊盘编号一致。

学习笔记

学习笔记

(a) 电位器的引脚排列   (b) PNP 三极管的引脚排列

图 3-95 要显示引脚编号的元件符号

在原理图中修改元件引脚编号的方法：双击元件符号，在"Properties"属性面板中选择"Pins"引脚页面，点击引脚列表框中 Pin1、Pin2 和 Pin3 前面的眼睛符号，使其显示出来。如果引脚编号错误，点击"Pins"引脚页面右下角的" ✏ "编辑按钮，弹出元件引脚编辑器对话框。在左侧引脚对应的 Designator(编号) 中，双击进入输入框，按图示修改，再点击"确定"即可。

五、验证电路原理图并检查元件参数及封装

执行"工程"→"Validate 呼吸灯工程 .PrjPcb"菜单命令，当原理图绘制无误时，"Message"(信息) 面板不会自动弹出。如果弹出"Message"(信息) 面板，请按错误提示修改电路原理图。改错方法详见项目二任务 2.1 的电气规则检查及原理图改错内容。

执行菜单命令"工具"→"封装管理器"，弹出封装管理器对话框，在左侧的元件列表框中对比表 3-9 的元件清单，核对所有元件的位号、注释、Current Footprint(当前封装) 是否正确。如果有错误，则返回原理图中进行修改。

六、输出原理图PDF及材料清单

执行菜单命令"文件"→"智能 PDF"，在"智能 PDF"向导对话框中选择输出"当前文档"，即原理图 PDF。勾选输出材料清单，选择"Legacy Local Templates"传统本地模板文件夹中的"BOM Default Template 95.xlt"模板。在"原理图颜色模式"栏中选择"颜色"，即打印为彩色，勾选"导出后打开 PDF 文件"，最后点击"Finish"(完成) 按钮即可输出并打开 PDF 格式的原理图。

输出的 PDF 文件有两页，第 1 页是原理图，第 2 页是材料清单。也可以通过菜单命令"报告"→"Bill of Materials"单独输出材料清单。

任务3.6 设计呼吸灯电路的单面混装PCB

任 务 单

任务要求

呼吸灯 PCB 设计要求：

（1）板框：矩形 70 mm × 23 mm。

（2）布线规则：单面板，底层布线，安全间距为 0.5 mm，GND 和 VCC 线宽为 0.8 mm，其余走线为 0.6 mm。PCB 元件布局与布线参考图 3-96。

（3）为 PCB 添加直线型泪滴焊盘和大面积实心覆铜。

（4）输出电路板的 PDF 文件和制造文件。

(a) 顶层元件面　　　　　　　　　　　(b) 底层焊接面

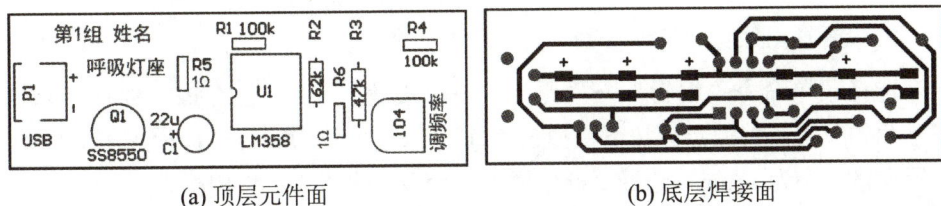

图 3-96　呼吸灯 PCB 布局布线图

学习目标

（1）熟悉使用 AD22 软件进行 PCB 设计的流程。

（2）掌握针脚式元件和贴片式元件在单面电路板上的混装布局方法。

（3）会设置多种线宽规则，按 PCB 规范完成呼吸灯电路板的单面布线。

（4）会进行 DRC 检查，能修改电路板的错误。

（5）说明泪滴焊盘和覆铜的作用，并能正确设置。

任 务 实 施

一、设计矩形电路板框并加载网络表

呼吸灯矩形电路板框设计如图 3-97 所示。板框设计要求如下：

（1）板框大小：矩形 70 mm × 23 mm，边框线宽 0.3 mm，设置在禁止布线层。

（2）板框的尺寸标注放置在机械层 1。

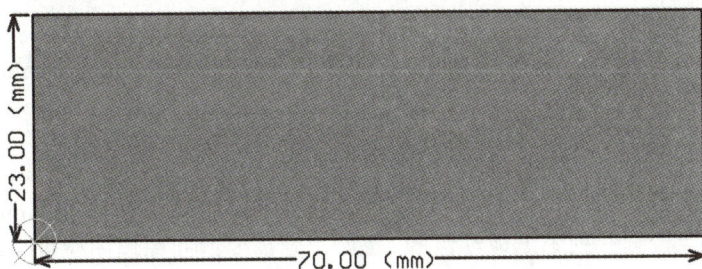

图 3-97　呼吸灯矩形板框

学习笔记

3-13　呼吸灯板框设计及元件布局

板框设计的具体步骤如下：

1. 新建 PCB 文件

点击菜单"文件"→"新的"→"PCB"命令。在主界面左边的"Projects"（项目）面板中，将"PCB1.PcbDoc"文件拖曳到"呼吸灯工程"中，并将其保存为"呼吸灯电路板.PcbDoc"。

2. 设置参考原点及环境参数

选择菜单命令"编辑"→"原点"→"设置"，在黑色的 PCB 绘图区域内左下角的位置放置原点。按下快捷键"Q"，修改单位为 mm。按下快捷键"G"，设置栅格大小为 1 mm，选择"栅格属性"命令，设置为线性栅格。

按下快捷键"L"，在弹出的"View Configuration"视图配置对话框中，设置只显示顶层和底层的信号层、丝印层、禁止布线层、多层，其他层隐藏。

3. 在禁止布线层绘制板框

在绘图区下方的层标签中选择禁止布线层"Keep-Out Layer"。点击常用工具栏的"⬚"放置禁止布线线径图标，也可以点击菜单栏的"放置"→"Keepout"→"线径"命令。当层标签栏只有"Keep-Out Layer"禁止布线层是彩色时，以参考原点为起点绘制直线，双击修改直线长度使首尾连接，最后得到一个 70 mm × 23 mm 的矩形板框，如图 3-97 所示。

选中所有板框线，点击菜单栏命令"设计"→"板子形状"→"按照选择对象定义"，或者按下快捷键"D"→"S"→"D"，完成板框剪裁。

4. 放置尺寸标注

在绘图区下方的层标签中选择机械层"Mechanical1"。点击常用工具栏的"⬚"放置线性尺寸图标，或者点击菜单"放置"→"尺寸"→"线性尺寸"命令。放置边框下方和左侧的尺寸标注方法：点击边框线的两个顶点，然后向外移动到合适的位置，点击右键完成尺寸标注的放置。双击尺寸标注弹出的属性面板，修改单位为"Millimeters"（毫米），格式选择"70.00(mm)"。

5. 导入设计

在 PCB 编辑器中，执行菜单命令"设计"→"ImportChangesFrom 呼吸灯工程.PrjPcb"（从工程导入变化），打开"工程变更指令"对话框。把对话框中最后一项"Add Room…"前面的复选框去掉勾选。

点击"生效更改"按钮，检测导入的原理图封装及网络。如果在右侧的"状态"栏下的"检测"列中出现红色的"❌"，则需要返回原理图检查、修改错误，直至全部为绿色的"✔"，说明没有错误。然后点击"执行更改"按钮，在"完成"列下方也出现绿色的"✔"，则导入原理图封装和网络完成，点击"关闭"按钮即可关闭对话框。

在导入原理图网络表时，如果出现一个红色的布线框 (Room)，可以选中该布线框，按"Delete"键删除。

二、混装元件的单面板布局及放置汉字标注

元器件按封装类型分为两类：直插式元件和贴片式元件。这两种元件如果混合装配在只有一面覆铜的单面电路板上，则应该布局在不同的信号层。

1. 直插式和贴片式元件布局

对于直插式元器件 (THD)，其引脚需要穿过 PCB 板，然后在另一面焊接，因此放置元件的元件面 (顶层，Top Layer) 和焊接面 (底层，Bottom Layer) 分别在 PCB 的两个侧面上，如图 3-98 所示。

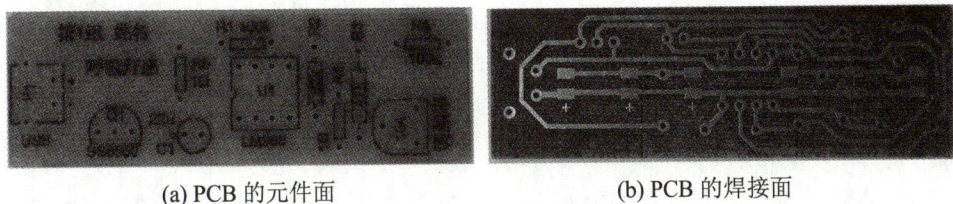

(a) PCB 的元件面　　　　　　　　　(b) PCB 的焊接面

图 3-98　呼吸灯单面电路板

对于贴片式元器件 (SMD)，其引脚和焊盘在同一个面，因此元件就应该布局在焊接面上，如呼吸灯的贴片 LED 元件。

在 AD 软件中，对含有直插式和贴片式元器件的混装单面 PCB 元器件的布局，一般有两种方法：

(1) 将直插元件放在顶层，即顶层为直插元件面。那么铜箔走线及贴片元件应该放在底层，即焊接面在底层，如本例呼吸灯单面板，如图 3-98 所示。

(2) 将贴片元件放在顶层，铜箔走线也放在顶层，即顶层为焊接面。那么直插元件应该放在底层，即直插元件面在底层。

通常单面 PCB 既有贴片元件又有插装元件，布局时建议把直插式元件统一放置在顶层，则焊接面在底层，所以贴片元件也放置在底层。

2. 呼吸灯单面电路板布局

1) 绘制 LED 辅助线

呼吸灯电路板要装在底座中，使 LED 在电路板背面的正中间布局才能通过底座透光，因此可以在电路板正中间绘制一根辅助线，对齐 LED 和 USB 座的排列，布局完成后可以删除辅助线。

选择层标签"Top Overlay"，点击菜单命令"放置"→"线条"，或者点击 PCB 常用工具栏→绘图工具→"⬚"直线图标，绘制如图 3-99 所示的辅助线。直线坐标为 (0, 11.5 mm)、(70 mm, 11.5 mm)。

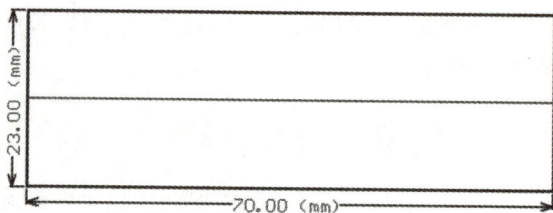

图 3-99　呼吸灯电路板的辅助线

2) 布局贴片 LED 元件

布局贴片 LED 元件时需将贴片元件翻转到背面底层，选中元件并按住鼠标左键不放，同时按下键盘上的"L"键，焊盘颜色由红色变成蓝色即可将 LED 从顶层翻转到底层。

将 LED 的正极朝上，负极朝下布局，选择常用工具栏的对齐工具，使 LED 对齐中心线，如图 3-100(a) 所示。为了使焊接时识别元件极性方便，可在元件正极添加"+"号，如图 3-100(b) 所示。

3) 布局顶层的插装元件

将直插式元件按图 3-100(b) 所示进行布局，其中 USB 座要放置在板边沿且对齐中心线。将元件的注释显示出来，这样在电路板焊接时，能更快地装配相应的元件。

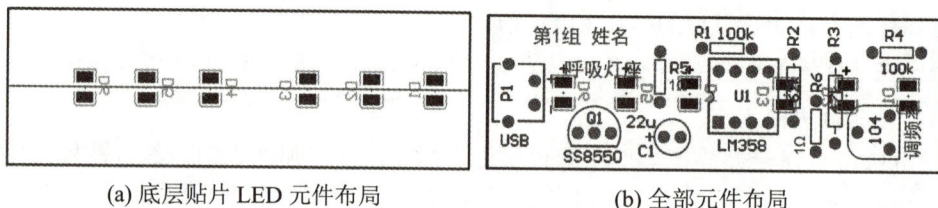

(a) 底层贴片 LED 元件布局　　　　　(b) 全部元件布局

图 3-100　呼吸灯 PCB 布局图

☆技巧提示

元件布局可以在 3D 模式下进行，底层与顶层的元件就不会重叠。方法：按下键盘上的数字键"3"，然后用快捷键"Ctrl"→"F"翻转板子。

4) 放置中文标注

在电路板的左上方放置组别和姓名，中间放置"呼吸灯座"文字，电位器上放置"调频率"文字，如图 3-100(b) 所示。双击字符串，在弹出的对话框中设置参数："Layer"层的下拉框中选择"Top OverLay"（顶层丝印层），"Text Height"字体高度设为 2.5 mm，"Font Type"选择"TrueType"，在"Font"字体的下拉框中选择"黑体"。

在二维模式下，如果选择的元件在同一位置有其他重叠的元件时，如图 3-101 所示，当选择底层的 LED 元件封装时，该位置在顶层放置有 U1 元件，因此光标上会出现两个元件 U1 和 D3 可选的对话框，光标移动选择 LED 即可选择该器件。

三、统一修改直插式元件焊盘

在制作电路板时，为了节约制板时间，可以使用同一个钻头。因此需要统一修改焊盘的孔径为 0.9 mm，焊盘直径为 1.8 mm。

操作方法是选中任意一个直插式元件的焊盘，点击右键，选择"查找相似对象"命令，打开如图 3-102 所示的对话框。在"Object Kind"对象种类中的"Pad"（焊盘），默认设置为"Same"（相同的），也就是让 AD22 软件把所有相同的焊盘对象都选中。但是本例中不修改 LED 的贴片焊盘，只修改直插式元件的焊盘，所以要在"Layer"中选择"Multilayer"（多层）的直插式元件焊盘层，设置为"Same"，也就是只选中同为 Multilayer 的焊盘。

在对话框下方勾选"选择匹配""打开属性"。先点击"应用"按钮，让 AD22 软件把符合上述条件的对象都选中，然后点击"确定"按钮，打开属性对话框，如图 3-103 所示，可以统一修改参数。这里统一修改焊盘的直径"X/Y"尺寸为 1.8 mm，"Hole Size"焊盘的孔径尺寸为 0.9 mm。

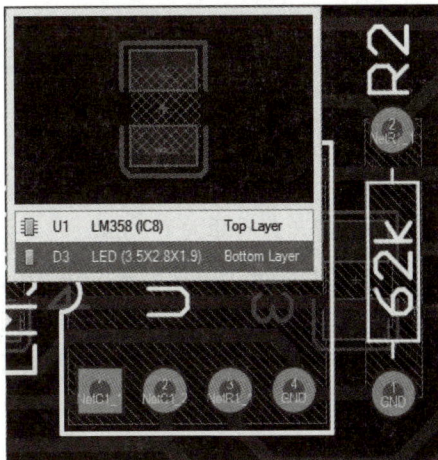

图 3-101　选择 LED 元件封装时的光标状态图

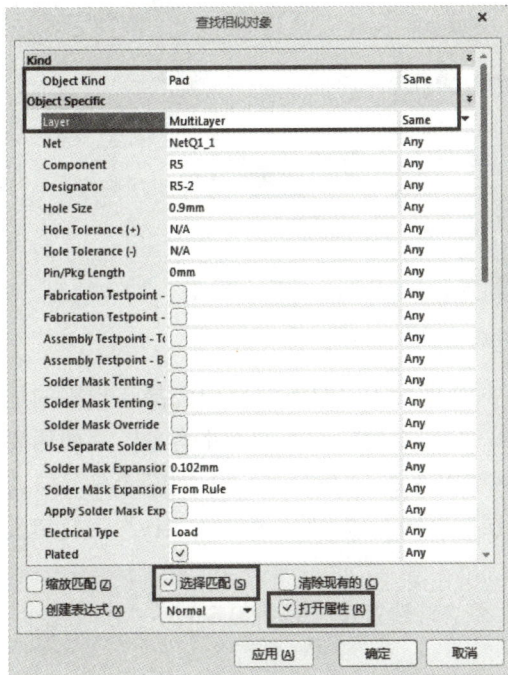

图 3-102　"查找相似对象"对话框

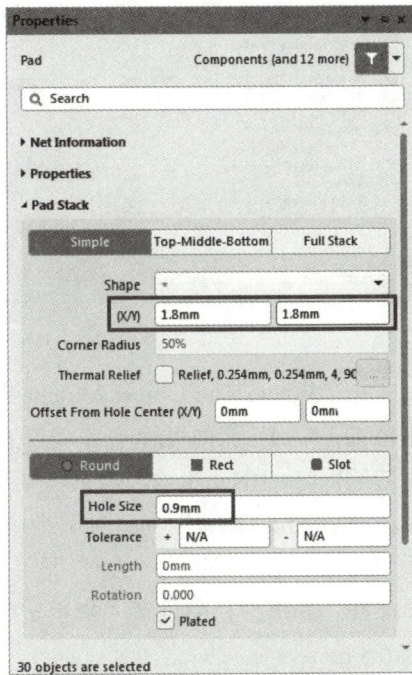

图 3-103　"Properties"属性对话框

四、多种线宽规则设置及手工布线

1. 设置规则

点击菜单命令"设计"→"规则"，打开"PCB 规则及约束编辑器"对话框。

1）设置安全间距为 0.5 mm

单击"Design Rules"→"Electrical"前面的"▶"符号，在展开的电气子规则列表中，打开"Clearance"（安全间距）子规则，在对话框的右侧设置安全间距为 0.5 mm，具体的设置方法详见项目二任务 2.2 的布线规则设置内容。

2）设置走线线宽

一般电源线和地线的宽度要比信号线宽，因此需要添加不同的线宽规则。本例中 GND 和 VCC 线宽设置为 0.8 mm，其余走线线宽设置为 0.6 mm。

（1）设置全部线宽为 0.6 mm。展开"Routing"（布线）规则下面的"Width"（线宽）子规则，选中后在对话框的右侧的"名称"文本框中将默认名称"Width"改为"All"，代表全部线宽，如图 3-104 所示。

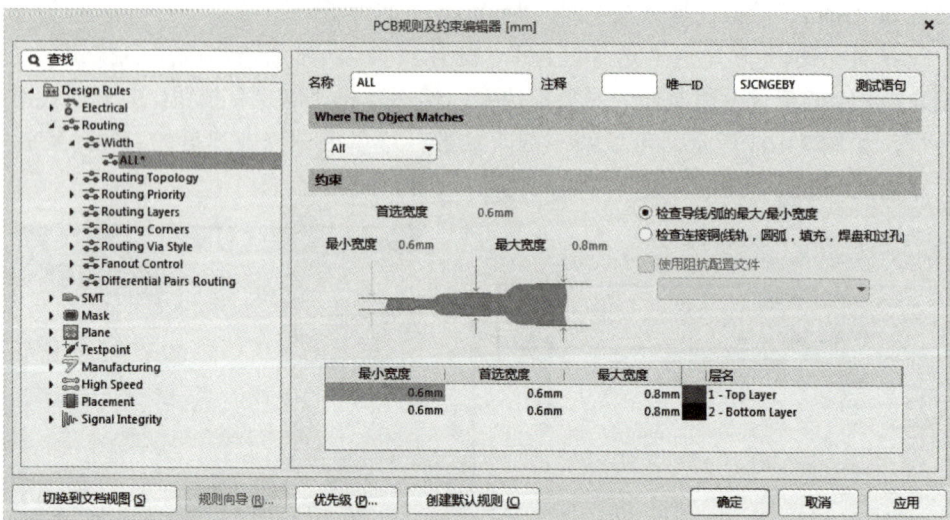

图 3-104　All 线宽设置对话框

在"Where The Object Matches"（对象匹配）栏的下拉框中选择该规则的适用范围："All"为对整个电路板都有效；"Net"为只对某个网络有效，后面需要对应的网络；"NetClass"为只对某个网络类有效；"Layer"为只对某个信号层有效；"Net And Layer"为只对某个信号层的网络有效；"Custom Query"为自定义适用范围。这里默认为"All"即可。

在"约束"栏中设置"最小宽度"和"首选宽度"都为 0.6 mm，"最大宽度"为 0.8 mm。

（2）设置 GND 线宽为 0.8 mm。在导航栏"Width"规则处单击右键，选择菜单命令"新规则",修改新规则的名称为"GND",如图 3-105 所示。

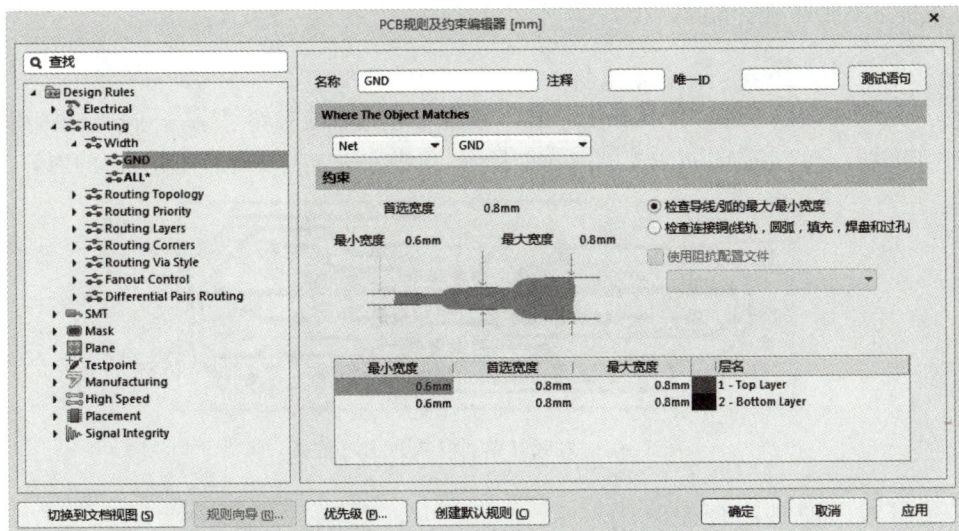

图 3-105　添加 GND 线宽规则设置对话框

在"Where The Object Matches"(对象匹配)栏的下拉框中选择"Net",也就是只对某个网络有效。然后在右侧下拉框中选择"GND"网络,设置"最大宽度"和"首选宽度"都为 0.8 mm,"最小宽度"为 0.6 mm。

(3) 设 5 V 线宽为 0.8 mm。按前面 GND 线宽的设置方法,再添加一个新规则,名称为"5 V",同样设置最大宽度和首选宽度都为 0.8 mm,最小宽度为 0.6 mm。点击"应用"按钮。

(4) 设置线宽优先级。一个 PCB 规则设置中可以有多个子规则,各有侧重,以优先级别最高的为准。因此应该将约束条件苛刻地作为高级别的规则,一般而言应该设置个别特殊规则优于全局规则。

在"Width"标签页面,单击下方的"优先级"按钮,打开"编辑规则优先级"对话框,如图 3-106 所示,分别设置"5V""GND"和"All"的优先级别为 1、2、3。

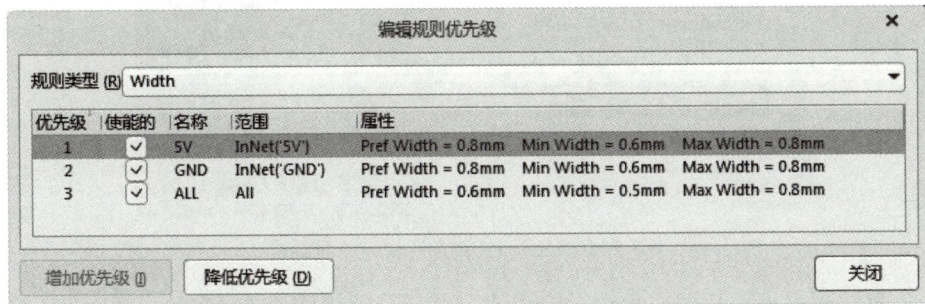

图 3-106　"编辑规则优先级"对话框

3) 设置单面板底层布线

用鼠标展开"Routing"(布线)规则下面的"Routing Layers"(布线层)子规则,

学习笔记

在对话框右侧的"约束"栏内，勾选"Bottom Layer"允许底层布线，去掉勾选"Top Layer"不允许顶层布线。

2. 手工布线

选择布线层标签"Bottom Layer"，点击交互式布线按钮"🖊"，按飞线指引手工布线。布线完成的 PCB 如图 3-107 所示。布线方法详见项目二任务 2.2 的内容。

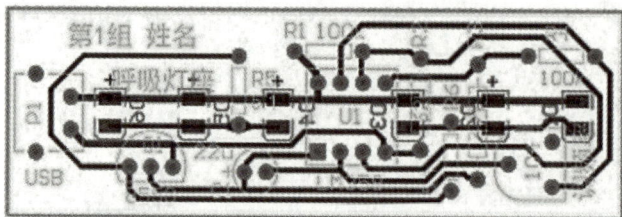

图 3-107　呼吸灯单面混装 PCB 布线图

五、DRC 规则检查及改错

PCB 布线完成后需要进行 DRC 检查。执行菜单命令"工具"→"设计规则检查"，单击左下方的"运行 DRC"按钮，如果提示有警告或违规，则需要返回修改 PCB 后再次执行 DRC 检查，直至无误。

DRC 运行及修改的方法详见项目二任务 2.2 的 DRC 规则检查与 PCB 修改内容。但是本例的呼吸灯是要制作电路板的，所以制板规则不允许去掉，必须进行检查。

在 PCB 编辑界面，点击菜单命令"视图"→"面板"→"PCB Rules And Violations"，打开 PCB 规则和违规对话框。在对话框最下方有多个"Violations"违规显示，双击其中一个违规可以打开"违规详情"对话框，如图 3-108 所示。

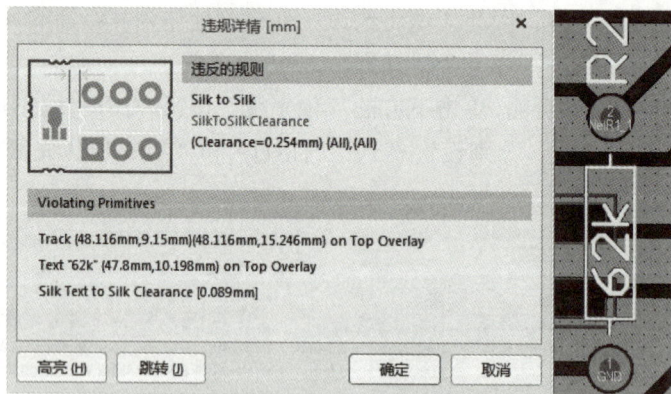

图 3-108　"Silk to Silk"违规详情对话框

然后根据该对话框提示进行错误修改。部分违规修改方法如下：

1. Silk To Silk 丝印到丝印的安全间距违规

图 3-108 所示的错误是 R2 中间的矩形线框和内部的"62k"丝印字符这两个对象距离太近了。这里可以把"62k"字符的高度尺寸改小。方法是双击字符，

在打开的属性对话框中，修改"Text Height"为 1.0～1.3 mm，适合安全间距即可。

2. Silk To Solder Mask 丝印到阻焊的安全间距违规

图 3-109 所示的错误是 R5 两个焊盘旁的丝印直线与焊盘之间距离太近了。基本上"Silk To Solder Mask"丝印到阻焊的安全间距违规都是需要修改元件封装的；也可以在封装库中找到该元件，修改丝印图形使其远离焊盘。

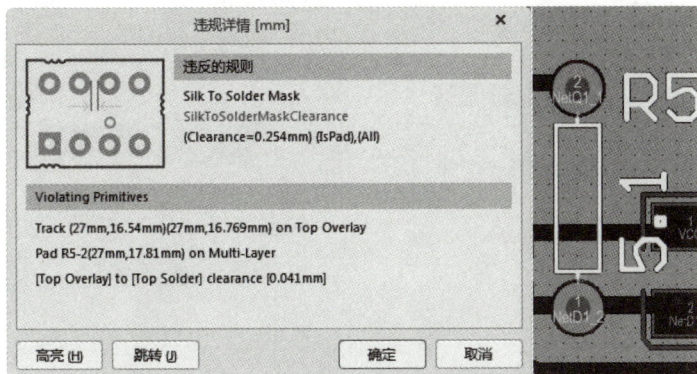

图 3-109 "Silk To Solder Mask"违规详情对话框

这里是 AD22 软件中 Miscellaneous Devices.IntLib 库里自带的"AXIAL-0.3"封装有问题。但是这里不能修改 AD 库文件，要修改这个错误需要将这个封装复制到任务 3.3 创建中的元件集成库或封装库中，删除两个焊盘旁的丝印直线，再保存编译一次元件集成库，然后在封装列表选中封装名，点击右键，选择"Update PCB With ***"命令，更新 PCB 中的同类封装。

六、添加泪滴焊盘

在电路板设计中，为了让焊盘更坚固，防止机械制板时焊盘与导线之间断裂，常在焊盘和导线之间用铜膜布置一个过渡区，形状像泪滴，故称作补泪滴，如图 3-110 所示。

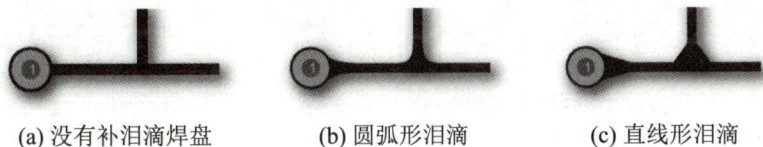

(a) 没有补泪滴焊盘   (b) 圆弧形泪滴   (c) 直线形泪滴

图 3-110 泪滴焊盘形状

点击菜单命令"工具"→"泪滴"，弹出图 3-111 所示的泪滴设置对话框。

(1) 在"工作模式"栏中可以选择"添加"或"删除"泪滴。如果添加泪滴后需要修改布线，则要先删除泪滴，才能修改布线。

(2) 在"对象"选项栏中可以为"所有"焊盘或者"仅选择"的焊盘添加泪滴。本例中选择"所有"。

(3) 在"选项"栏的"泪滴形式"下拉框中，可以选择"Curved"圆弧形或者

学习笔记

3-15 添加泪滴焊盘及覆铜

"Line"直线形的泪滴，这两种泪滴的形状如图 3-110 所示。

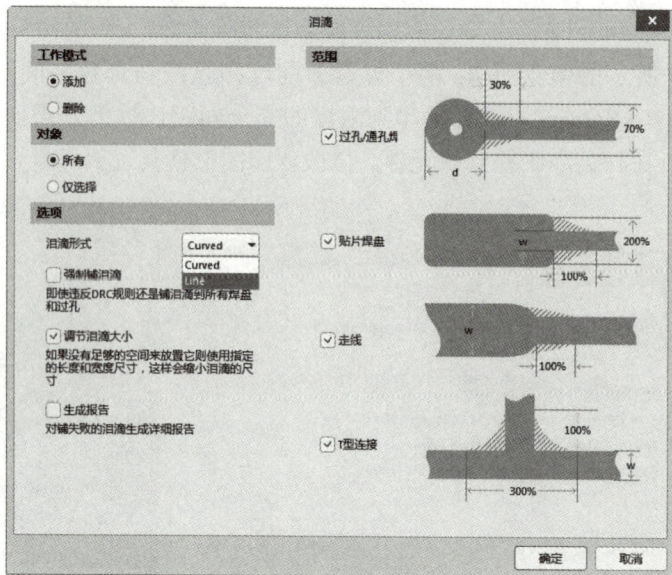

图 3-111　泪滴设置对话框

（4）在右侧的"范围"栏中，可以根据不同的设计对象修改、添加泪滴的参数。

七、添加覆铜

　　覆铜，就是将 PCB 上没有焊盘和走线的闲置区域用铜箔填充，可用于散热，或减小高频干扰的屏蔽，以及降低压降，提高电源效率。覆铜的方法有实心覆铜和网格覆铜两种，如图 3-112 所示。在层标签中选择"Bottom Layer"，执行菜单命令"放置"→"覆铜"，或点击常用工具栏的"▦"覆铜图标，当光标变成十字形，左键依次点击覆铜区域的顶点，可以完成多边形覆铜。本例中依次点击板框的四个顶点，整板覆铜，再点击右键结束覆铜。

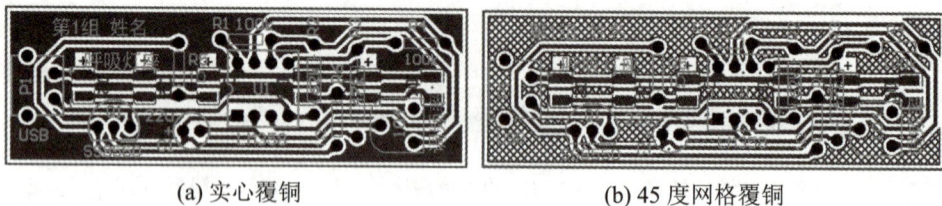

（a）实心覆铜　　　　　　　　　　（b）45 度网格覆铜

图 3-112　呼吸灯电路板覆铜效果图

　　双击覆铜区域，打开覆铜属性对话框，如图 3-113 所示。覆铜属性面板的主要参数设置如下：

　　（1）"Net"：在下拉框中选择与某个网络相连，一般可以选择"GND"网络，或者不与网络连接"No Net"。

　　（2）"Layer"：在下拉框中选择在某个层放置覆铜，一般为顶层或底层信号层。本例的呼吸灯为单面板底层布线，所以选择"Bottom Layer"。

(3) 覆铜模式：Solid(实心)、Hatched(网格)、None(没有)，一般低频、大电流电路等常用实心覆铜，高频、对抗干扰要求高的电路多用网格覆铜。

① Solid 实心覆铜，效果和参数设置分别如图 3-112(a) 和图 3-113(a) 所示。

"Remove Islands Less Than 5 sq.mm"：移走少于 5 mm² 面积的覆铜。

"Remove Necks Less Than 0.5 mm"：去除焊盘颈部小于 0.5 mm 的覆铜。

② Hatched 网格覆铜，效果及参数设置分别如图 3-112(b)、图 3-113(b) 所示。

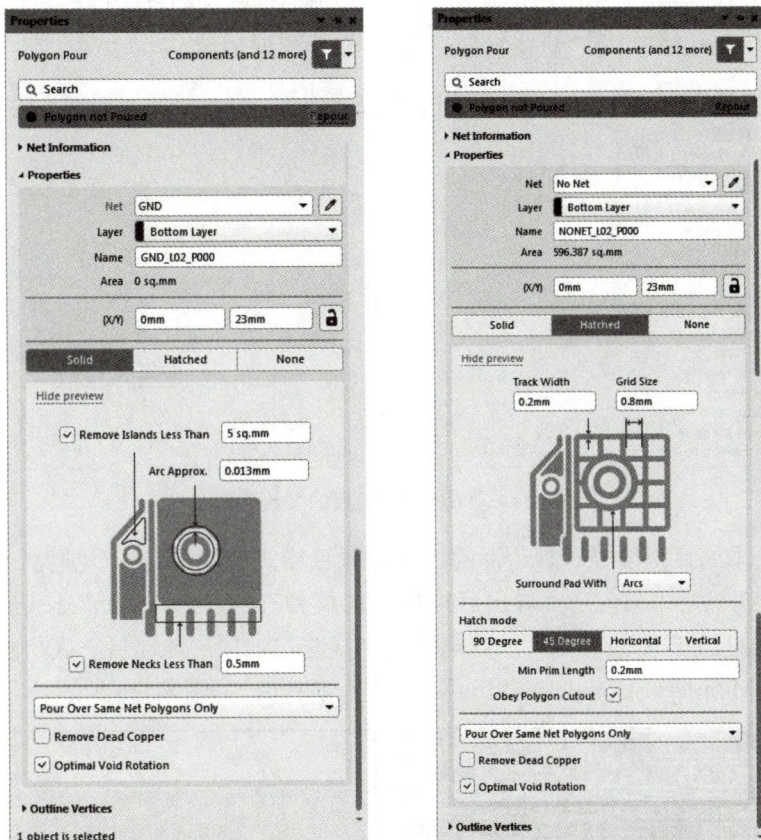

(a) 实心覆铜参数设置　　　　　　　(b) 网格覆铜参数设置

图 3-113　覆铜属性面板

"Track Width" 网格线宽和 "Grid Size" 网格尺寸，本例中分别设置为 0.2 mm 和 0.8 mm。只有线宽尺寸小于网格尺寸，才能显示为网格，否则与实心覆铜效果一致。

"Surround Pad With" 围绕焊盘形状为 "Arcs" 圆弧或 "Octagons" 八角形。本例中选择 "Arcs"。

"Hatch mode" 网格模式有 90 Degree(90 度网格)、45 Degree(45 度网格)、Horizontal(水平直线)、Vertical(垂直直线)。本例中选择 "45 Degree"。

(4) 网络覆盖形式，下拉框中选择 "Pour Over Same Net Polygons Only" 覆铜只覆盖相同的网络。覆铜参数修改完成后，需要点击属性面板最上方 "Polygon not Poured" 右侧的 "Repour" 文字按钮，重新覆铜。

学习笔记

八、输出 PDF 和制造文件

1. 输出 PDF 格式的 PCB 图纸

执行菜单命令"文件"→"智能 PDF"，弹出"智能 PDF"向导对话框。在"选择导出目标"对话框中选择"当前文档"。"PCB 打印设置"对话框中输出图层设置的列表框如图 3-114 所示。除了默认的"Multilayer Composite Print"多层复合打印，还要添加三个图层输出，分别是顶层、底层的丝印层和底层线路层。其中顶层丝印层要勾选"层镜像"，其余图层不需要镜像。

图 3-114　PCB 打印设置的参数列表框

在"添加打印设置"对话框的"PCB 颜色模式"栏中选择"颜色"。在"最后步骤"对话框中只勾选"导出后打开 PDF 文件"，点击"Finish"按钮输出。

输出的 PDF 文件有四页，分别是底层线路层、顶层丝印层、底层丝印层和默认的"Multilayer Composite Print"多层复合打印，如图 3-115 所示。

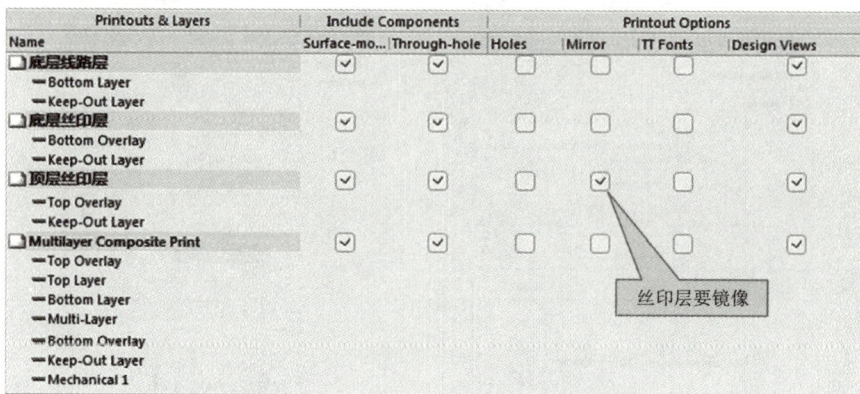

(a) 底层线路层图　　　　　　　　(b) 顶层丝印层图

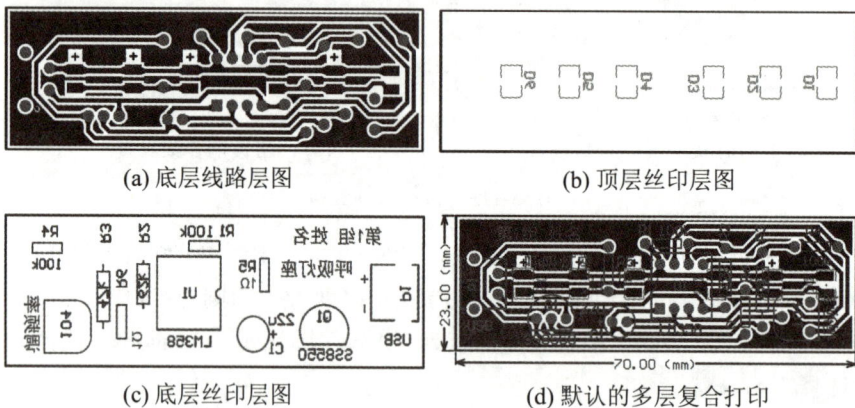

(c) 底层丝印层图　　　　　　　　(d) 默认的多层复合打印

图 3-115　智能 PDF 输出的 PCB 图纸

2. 输出制造文件

输出制造文件分别输出光绘文件和钻孔文件，操作步骤及参数设置详见项目二任务 2.3。

展示项目、考核评价

按照分组，由项目验收员检查项目完成情况，各组展示设计作品，介绍项目设计过程等。根据考核评价表 3-10 进行小组自评、组间互评、教师评价。

表 3-10 考核评价表

姓名		组别		小组成员			
考核项目	考核内容	评 分 标 准		配分	自评 20%	互评 20%	师评 60%
任务 3.1 15 分	绘制元件符号	分别完成 LED、POT、LM358 三个元件符号的绘制，各得 5 分		15			
任务 3.2 设计元件封装 20 分	搜索元件封装图纸	正确查找 IC8、电位器、USB 座的封装尺寸图纸，每错误一个扣 2 分，扣完为止		5			
	设计元件封装	使用向导分别完成 RB.1/.2、IC8、TO-92W、POT、USB_2P 这五个元件封装设计，各得 3 分		15			
任务 3.3 10 分	创建集成元件库	完成所有元件的符号及封装设计，正确添加元件 3D 模型，每错误一个扣 2 分		10			
任务 3.4 绘制原理图 20 分	自定义原理图模板	正确设计自定义原理图模板形状、参数、LOGO，并能在原理图中调用		5			
	绘制呼吸灯原理图	电气连接错误每处扣 2 分；封装、元件序号、注释等信息设置错误每个扣 1 分，累计扣分不超过 10 分		10			
	输出图纸材料清单	正确输出原理图 PDF 得 3 分；正确输出材料清单得 2 分，格式不正确扣 1 分		5			
任务 3.5 设计 PCB 20 分	设计 PCB 板框、布局、布线	PCB 边框尺寸正确设置得 2 分；导入封装、标注或网络正确；元件布局、文字放置及布线明显欠合理的，每处扣 2 分，累计扣完 12 分为止		12			
	输出 PCB 图纸及制作文件	正确输出 PCB 所有图层的 PDF 文件得 4 分；正确输出钻孔文件及光绘文件，每个得 2 分		8			
职业素养 15 分	岗位职责	分工合理，主动性强，能按计划进度完成设计项目，严谨认真地完成岗位职责		5			
	爱岗敬业	遵守行业规范、现场 6S 标准，有安全意识、责任意识、服从意识		5			
	团队协作	互相协作、交流沟通、分享能力		5			
合　计				100			
评价人		时间		总分			

【拓展训练3-1】　元件封装设计

训练内容：分别设计直插式电解电容"RB.2/.4"封装和贴片式电感"3316"封装，其中贴片式电感实物如图 3-116(a) 所示。

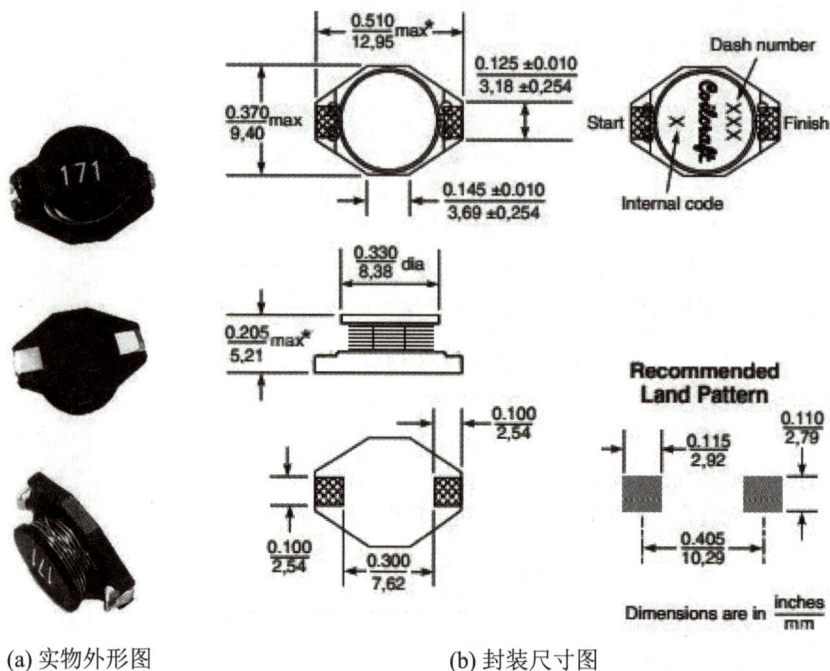

(a) 实物外形图　　　　　　　　　(b) 封装尺寸图

图 3-116　贴片式电感"3316"封装实物图及封装尺寸图

1. 电解电容"RB.2/.4"封装设计要求

根据本项目前述内容可知，RB.2/.4 封装名称中的 RB 为_____封装类型，数字".2"表示_____间距为_____mil，数字".4"表示元件的圆形外直径为_____mil。正极是_____号焊盘。

2. 贴片电感"3316"封装设计要求

贴片电感"3316"的封装尺寸如图 3-116(b) 所示，从图中分别可知：

(1) 电感的贴片焊盘应设计在_____层，两个焊盘中心间距为_____mil(或_____mm)，焊盘的长、宽分别为_____mil、_____mil。

(2) 外形应设计在_____层，元件的长、宽分别为_____mil、_____mil。

封装设计操作步骤如下：

(1) 根据以上参数分析在元件集成库的封装库内，使用元器件向导分别设计 RB.2/.4 的封装 (可参考任务 3.2 的用向导创建电容元件 RB.1/.2 的封装内容操作) 和贴片电感的 3316 封装。

(2) 在原理图库中，为对应的元件符号添加这两个封装。

(3) 编译元件集成库。

【拓展训练3-2】 DC/DC变换电路板的设计

训练内容：绘制如图 3-117 所示的 DC/DC 变换电路原理图，其中 MC34063AD 的元件符号需要自行设计，保存在原理图库中。将电路设计为单面混装 PCB，布局布线参考图如图 3-118 所示。

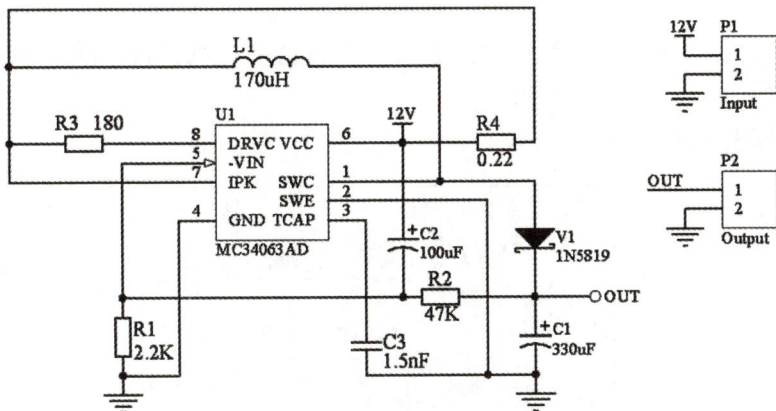

图 3-117　DC/DC 变换电路原理图

1. 原理图绘制要求

(1) 模板采用自定义模板，标题为"DC/DC 变换电路原理图"。

(2) 绘制如图 3-117 所示的 DC/DC 变换电路原理图。

(3) 电路元件明细如表 3-11 所示，修改元件位号、注释、封装等参数信息，其中电解电容的 RB.2/.4 封装和贴片电感的 3316 封装使用拓展训练 3-1 的设计。

表 3-11　DC/DC 变换电路元件明细表

位号	注释	封装	库引用名称	元件库名
C1	330uF	RB.2/.4	Cap Pol1	Miscellaneous Devices. IntLib
C2	100uF			
C3	1.5nF	RAD-0.3	Cap	
L1	170uH	3316	Inductor	
R1	2.2K	6-0805_N	Res2	
R2	47K			
R3	180			
R4	0.22			
V1	1N5819	SMB	D Schottky	
U1	MC34063AD	SO8_L 或 751-02_N	MC34063AD	Motorola Power Mgt DC-DC Converter.IntLib
P1	Input	HDR1X2	Header 2	Miscellaneous Connector. IntLib.IntLib
P2	Output			

（4）输出 PDF 文件，包含带模板的原理图，材料清单选择用"BOM Default Template 95.xlt"模板。

2. PCB 设计要求

（1）板框：矩形 50 mm × 30 mm，边框线放置在禁止布线层，尺寸线在机械层 1。

（2）PCB 布局以 U1 元件为核心布局，注意直插式元件与贴片式元件所在的层，参考图 3-118。

（3）布线：单面板，顶层布线，安全间距 0.3 mm，12 V 和 GND 线宽 0.5 mm，其余线宽 0.3 mm，采用实心覆铜。

（4）输出 PDF 文件和制造文件。

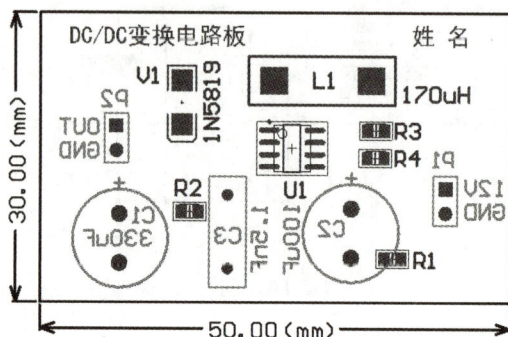

图 3-118　DC/DC 变换电路板布局图

【拓展训练3-3】　串联直流稳压电源电路板的设计

训练内容：绘制如图 3-118 所示的串联直流稳压电源电路原理图，然后将电路设计为单面 PCB，布局布线参考图 3-119。

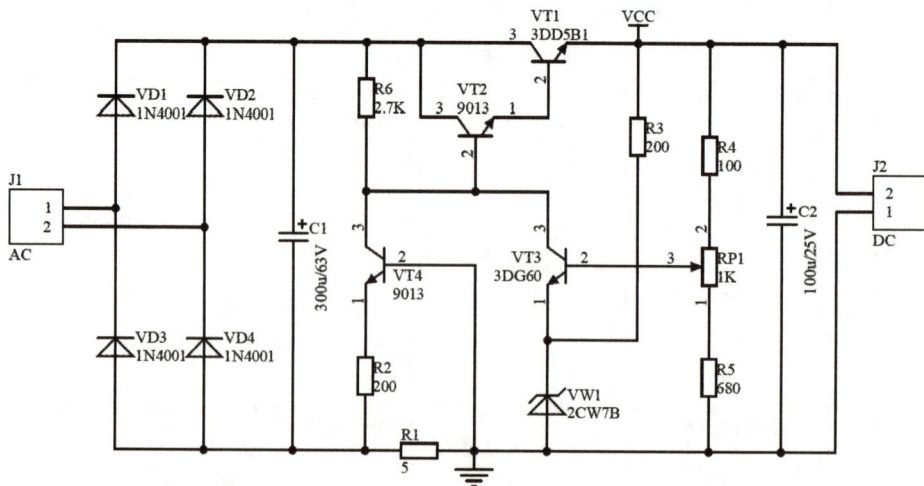

图 3-119　串联型直流稳压电源

1. 原理图绘制要求

(1) 新建工程，新建原理图，模板采用自定义模板，标题为"串联型直流稳压电源电路原理图"。

(2) 绘制如图 3-119 所示的串联型直流稳压电源电路原理图，其中三极管和电位器的引脚编号要显示出来，按图设置。

(3) 按照表 3-12 所示的电路元件明细表，修改元件位号、注释、封装等参数信息。

表 3-12　串联型直流稳压电源电路元件明细表

位号	注释	封装	库引用名称	元件库名
C1	300u/63V	RB.2/.4（自制）	Cap Pol2	封装库 .PcbLib
C2	100u/25V			
R1	5			
R2	200			
R3	200			
R4	100	AXIAL0.4	Res2	Miscellaneous Devices.IntLib
R5	680			
R6	2.7K			
RP1	1K	POT	POT	原理图库 .SchLib 、封装库 .PcbLib
VD1～VD4	1N4001	DIODE-0.4	Diode 1N4001	
VT1	3DD5B1	TO-39		
VT2,VT4	9013	TO-92W(自制)	NPN	Miscellaneous Devices.IntLib
VT3	3DG60	TO-39		
VW1	2CW7B	DIODE-0.4	D Zener	
J1,J2	AC,DC	HDR1X2	Header 2	Miscellaneous Connectors .IntLib

(4) 输出 PDF 文件，包含带模板的原理图，材料清单选择用"BOM Default Template 95.xlt"模板。

2. PCB 的设计要求

(1) 板框设计：矩形 3500 mil × 2600 mil。

(2) PCB 布局参考图 3-120。

(3) 布线：单面板，底层布线，安全间距 25 mil，GND 线宽 40 mil，VCC 线宽 30 mil，其余线宽 20 mil。

(4) 输出 PDF 文件和制造文件。

学习笔记

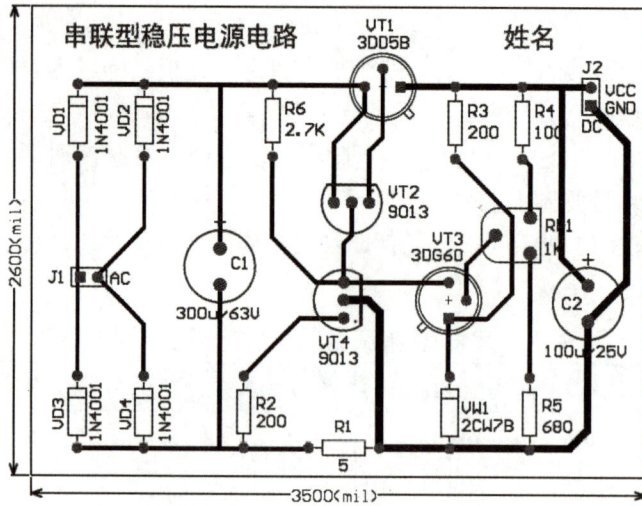

图 3-120　串联型直流稳压电源 PCB 参考图

项目四
流水灯双面圆形 PCB 设计

流水灯的应用

流水灯主要应用于 LED 灯光控制，通过程序，按照设定的顺序和时间来发亮和熄灭控制 LED，形成一定视觉效果的一组灯。流水灯常安装于店面、招牌、夜间建筑物、庭院装饰物等地方，可以让门面或建筑变得更加美观显眼。挂在树上的夜间装饰的 LED 流水灯如图 4-1 所示。

图 4-1　挂在树上的夜间装饰的 LED 流水灯

项目描述

某 PCB 设计公司接到订单，要求设计一款圆形流水灯产品并制作样机，如图 4-2 所示。

流水灯电路的功能是当按键按下可以控制 10 只 LED 依次循环发光或暂停流动，通过调节电位器能改变灯组的流动速度。

电路原理简介：流水灯电路由振荡电路、按键控制电路和译码显示 LED 电路三部分组成。

(1) 振荡电路：主要元件为 555 定时器芯片和电位器。该电路是一个矩

图 4-2　流水灯圆形电路板

形波发生电路，为电路提供灯光流动速度可控的方波脉冲，同时通过调节电位器 RP1 还能改变灯组的流动速度。

(2) 按键控制电路：主要元件为 74HC74 双 D 触发器芯片和按键。按键控制电路具有控制信息锁存功能，当按下开关可以控制 LED 依次循环发光或暂停流动。

(3) 译码显示电路：主要元件为 CD4017 译码器芯片和 10 个呈圆形排列的 LED 组成，通过振荡电路输出的脉冲控制 LED 点亮的顺序与频率。

项目分组

采用随机或扑克牌分组法，4 人一组，确定分工，完成表 4-1 的填写。

表 4-1　项目分组表

组别			小组 LOGO	
组名				
团队成员	学 号	岗 位	工 作 职 责	
		项目经理	与甲方对接，编写设计方案，填写报价单，统筹计划，安排任务，解决问题	
		PCB 设计工程师	进行原理图绘制、PCB 版图设计，技术指导	
		PCB 制板工程师	负责 PCB 制造文件的输出、PCB 制作、元件装配、焊接调试电路板	
		项目验收员	资料汇总、编制项目报告。根据任务单、考核评价表，对团队成员进行打分评价	

项目分析及评估报价

根据客户需求及提供的资料，对项目进行分析，将设计工作流程填入图 4-3 中。根据设计图纸资料，PCB 设计要求、PCB 加工工艺等进行评估报价。填写表 4-2 的元件明细表及报价单和表 4-3 的 PCB 项目报价单。

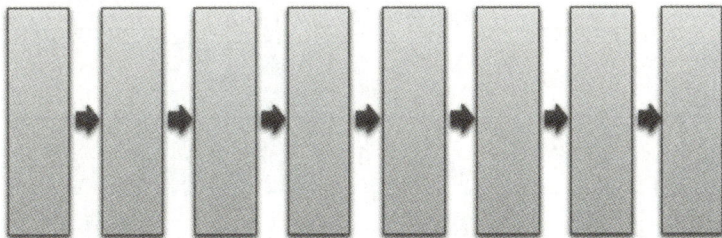

图 4-3　PCB 项目设计流程图

元 件 报 价 单

表 4-2　元件明细表及报价单

PCB 名称				报价日期					
序号	名称	具体参数	封装	位号	数量	供应商	单价	合计	备注
1	色环电阻								
2									
3	发光二极管								
4	电解电容								
5	电位器								
6	按键								
7	555								
8	74HC74								
9	4017								
10	芯片座								
11									
12									
13	排针								
合计金额									

PCB 报价单

尊敬的客户：准确清楚的加工工艺要求和指示是产品成功的保证，请一定认真填写该说明书。

表 4-3　PCB 项目报价单

甲方 (需方)：_____有限公司　　乙方 (供方)：_____

PCB 名称		文件名	
报价日期		资料附件	_____张

□新投 (新文件)
□加做 (文件与上一版完全相同，以下内容只需写数量和交货日期)
□改版 (文件有少许变动)

1. 数量	□单板____块 □拼板连片数____块 　横片数____，纵片数____	11. 过孔是否覆盖阻焊	□过孔盖油□过孔开窗 □过孔塞孔 (塞油墨) □过孔塞孔 (塞树脂)
2. 板型尺寸	单板：长____mm × 宽____mm	12. 工艺边框	□____mm
3. 材料	□ FR-4　□其他材料：____	13.HDI(盲埋孔)	□有　□无 (4 层板及以上)
4. 板层	□ 1 □ 2 □ 4 □其他：____		
5. 板厚	□ 1.2 □ 1.6 □其他：____mm	14. 测试	□是　□否
6. 铜箔厚度	外部：□ 1oz □ 2oz □ 3oz □ 4oz 内部：□ 0.5oz □ 1oz □其他____oz	15. 表面处理	□有铅喷锡　□沉金 □无铅喷锡　□ OSP
7. 最小线宽	□ 10 □ 8 □ 6 □ 5 □ 4 □ 3.5 mil	16. 特殊工艺	□阻抗　□金手指斜边 □半孔/包边　□盘中孔
8. 最小孔径	□ 0.3 mm □ 0.25 mm □ 0.2 mm		
9. 阻焊颜色	□绿色　□其他：____	17. 交货日期	
10. 字符颜色	□白色　□黑色	18. 是否加急	□否　□是
其他 特殊 说明	(如交付资料要求、交货方式等)		

PCB 设计费用	PCB 制作费用	元件及耗材费用	贴片加工费用	插件加工费用	后续人工费用	邮寄费用
总计金额	¥_____元，(大写)_____元整					

任务4.1　集成电路符号设计与封装

任 务 单

任务要求

(1) 绘制图 4-4 所示的 74HC74 集成芯片元件符号，设计其芯片座的封装。

(2) 绘制图 4-5 所示的四脚按键开关元件符号，并设计封装。

(3) 设计图 4-6 所示的直插式 LED 封装。

(a) 芯片 DIP 封装形式　　　　　　　(b) IC 座

图 4-4　集成芯片 74HC74 及芯片座封装

图 4-5　按键开关　　　　　图 4-6　发光二极管

学习目标

(1) 能说出集成芯片元件的特点及其符号的设计方法。

(2) 会搜索集成芯片座 IC14、按键开关、发光二极管的封装尺寸图。

(3) 绘制 74HC74 集成双 D 触发器的元件符号，会修改 AD 软件库中的按键开关元件符号。

(4) 能用向导设计芯片座 IC14 和直插式 5 mm 直径的 LED 封装，能根据封装尺寸图设计按键的封装。

(5) 在元件集成库中添加上述元件的 3D 模型，编译集成库。

任 务 准 备

一、带子件的集成电路芯片

在电子电路中除了电阻、电容等普通的单部件元件外，还有一种带子件的集成元件（简称 IC 或集成芯片）应用也非常广泛，如集成运放、逻辑门、触发器等。

一个数字集成芯片中通常集成 2～6 个相同的子件，图 4-7 所示为带 4 个异或门子件的 74LS86 集成芯片。

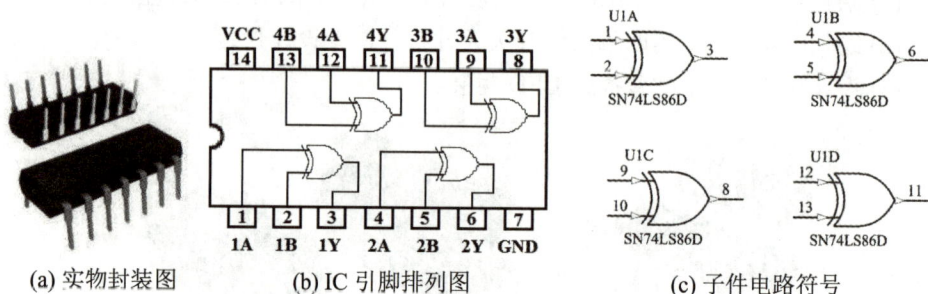

| (a) 实物封装图 | (b) IC 引脚排列图 | (c) 子件电路符号 |

图 4-7　异或门 74LS86 集成芯片

在原理图中这些子件仍共用一个位号表示，如 U1。在位号后面通过加字母来区分不同的子件，如 U1A、U1B、U1C 和 U1D 等。

二、集成双 D 触发器 74HC74

在本项目的流水灯电路设计中，按键控制模块电路采用了一个集成电路芯片74HC74，这是一个带置位和复位的上升沿有效双 D 触发器。根据该芯片数据手册，该芯片共有 14 个引脚，单片集成了两个 D 触发器的子件，如图 4-8(a) 所示。本例中选用的是 DIP14 的双列直插式封装，如图 4-4(a) 所示。

在原理图中需要设计这两个相同子件的符号，如图 4-8(b) 和图 4-8(c) 所示。

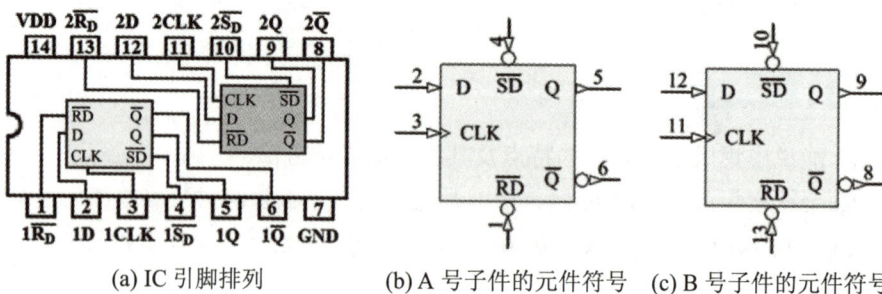

| (a) IC 引脚排列 | (b) A 号子件的元件符号 | (c) B 号子件的元件符号 |

图 4-8　集成双 D 触发器 74HC74

任 务 实 施

一、打开元件集成库工程

点击菜单栏命令"文件"→"打开工程…",找到项目三创建的"元件库"文件夹的"元件集成库 .LibPkg"文件,点击打开按钮。

打开"原理图库 .SchLib",查看 SCH Library 面板是否存在 LED、POT 等元件。打开"封装库 .PcbLib",查看 PCB Library 面板是否存在 RB.1/.2、POT 和 IC8 等元件封装。本项目中依然要使用这几个元件的符号及封装。

二、绘制 74HC74 集成电路的元件符号

1. 绘制子件的元件符号

绘制集成元件的第一个子件的方法跟单部件的元件符号绘制方法一样。

1) 新建一个元件符号

在"原理图库 .SchLib"文档中,单击"工具"→"新器件"(New Component)菜单命令,在弹出的新元器件名对话框中输入新器件名 74HC74,单击确定按钮保存元件符号。

2) 绘制元件轮廓

单击常用工具栏选择放置矩形按钮"■",或选择菜单命令"放置"→"矩形",从坐标轴原点处单击左键,向第一或第四象限开始绘制矩形,大小为 600 mil × 600 mil,即为 6 × 6 格,再单击鼠标左键结束,绘制的矩形如图 4-9 所示。

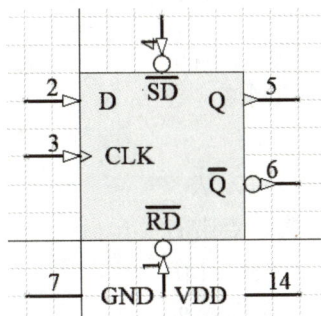

4-1 绘制 74HC74 符号

图 4-9　A 号子件元件符号

3) 放置器件引脚

单击工具栏中的放置引脚按钮"■",或选择菜单命令"放置"→"管脚"设置引脚属性,引脚长度设为 200 mil。1～7 号和 14 号引脚参数设置如表 4-4 所示,放置好引脚的 A 号子件如图 4-9 所示。

表 4-4　芯片 74HC74 的引脚属性设置

标识		显示名字		电气类型	隐藏	符号	
引脚号		名称	旋转			内边沿	外边沿
1	13	R\D\	90°	Input			Dot
2	12	D		Input			
3	11	CLK		Input		Clock	
4	10	S\D\	90°	Input			Dot
5	9	Q		Output			
6	8	Q\		Output			Dot
7		GND		Power	√		
14		VDD		Power	√		

图 4-9 中 1 号和 4 号的引脚名被旋转了 90°，设置方法：双击子件引脚，在属性对话框中展开"Font Settings"字体设置参数栏，如图 4-10 所示。在"Name"栏中勾选"Custom Position"（自定义位置）。参数栏中的"Margin"是指引脚名称距离器件边界的距离，默认值为 0 mil。在"Orientation"（方向）中设置引脚名称的方向旋转 90°。

集成电路的电源和接地端引脚一般设置为隐藏，并将其连接到相应的网络。这样在原理图中可使图纸更简洁，而电源端在后台依然连接了对应的网络，导入 PCB 后仍会产生飞线网络连接。

(1) 隐藏引脚连接网络的设置方法：选中 7 号和 14 号两个电源引脚，点击右下角的"Panels"按钮，打开"SCHLIB List"面板，如图 4-11 所示。在面板的"Hidden Net Name"一栏中分别输入需要连接的网络 GND 和 VDD。如果无法输入时，则点击右键，选择"Switch to Edit Mode"命令即可输入。最后勾选"Hide"选项即可隐藏引脚。

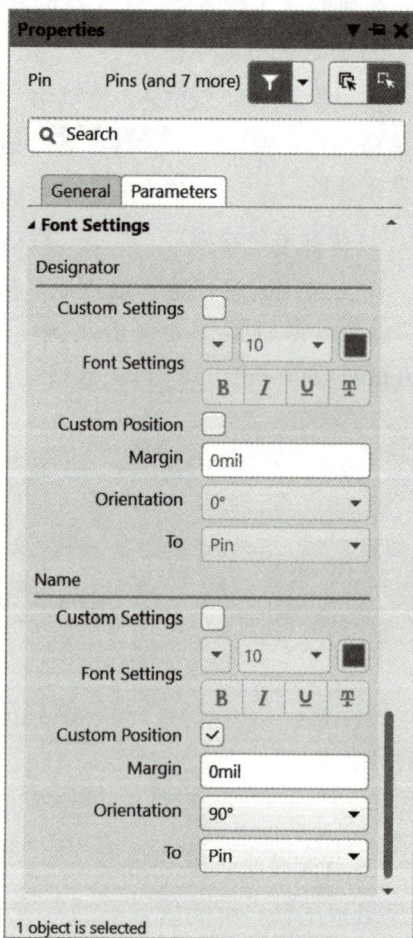

图 4-10　引脚属性面板

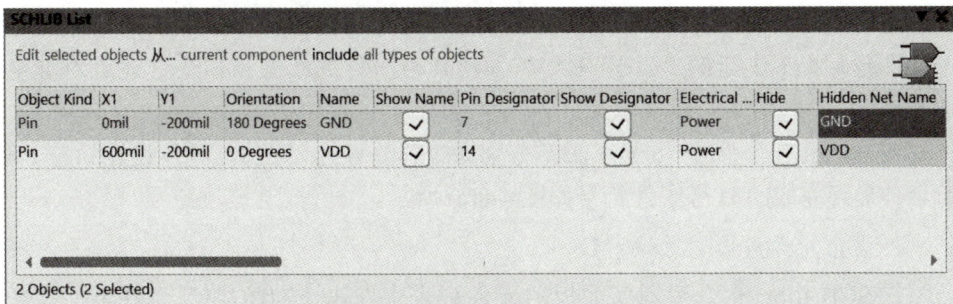

图 4-11　"SCHLIB List"面板

(2) 设置不隐藏或隐藏引脚的方法：打开"Properties"面板，点击"Pins"页面下方的"✎"编辑按钮，或在引脚列表框中点击右键，选择"Edit Pin"命令，打开图 4-12 所示的"元件管脚编辑器"对话框，在左侧的 Show 一列可勾选显示对应的引脚，也可以不勾选隐藏对应的引脚。

最终完成的 A 号子件元件符号如图 4-8(b) 所示。

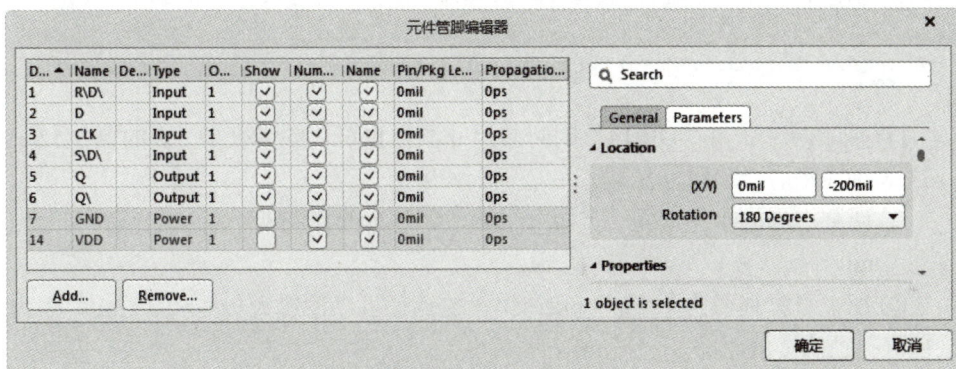

图 4-12　"元件管脚编辑器"对话框

2. 创建其余子件

一般带子件的集成元件中所有子件的符号基本上是一样的，所以可直接复制第一个子件符号，再修改相应的引脚号即可。

1) 新建一个子件

单击"工具"→"新部件"(New Part) 菜单命令，新建一个子件以"Part B"名称显示在 SCH Library 原理图库面板的元件列表中，如图 4-13 所示。此时的工作窗口是空白的，可以在其中绘制新的子件符号。

2) 复制粘贴第一个已完成的子件

在原理图库面板的器件列表中选择 74HC74 器件的 Part A 子件，在绘图窗口中全部选中该子件符

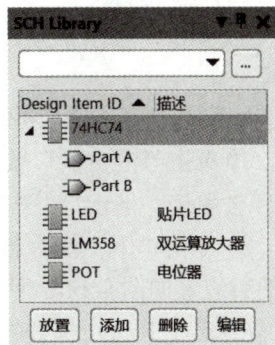

图 4-13　库面板的元件列表

号，然后点击快捷键"Ctrl"+"C"复制元件对象。再选择 Part B 子件，将 A 号子件图形粘贴（快捷键"Ctrl"+"V"）到 B 号子件的绘图窗口中，注意对准坐标原点。

双击 Part B 子件 1～6 号引脚，分别修改其编号为 8～13，具体设置如表 4-4 所示。最终完成的 B 号子件符号如图 4-8(c) 所示。

3. 设置元件符号的默认参数

在 SCH Library 原理图库面板的元件列表中双击"74HC74"元件名，打开"Properties"元件属性面板。设置默认元件位号为"U ？"，元件名称及注释为74HC74，描述为双 D 触发器。

4. 带子件的集成电路符号在原理图中的引用

点击 SCH Library 原理图库面板的元件列表下方的"放置"按钮，AD 软件将跳转到原理图中，鼠标指针上将附着选中的集成元件符号，点击左键默认从第一个子件开始放置，再次点击左键将依次放下其他子件。注意，AD 软件自动创建的原理图请关闭，不保存。

三、设计芯片座 IC14 的封装

(1) 搜索网络获得"DIP14"的封装尺寸图，也可以参考任务 3.2 的图 3-52(c)LM358 芯片座的封装尺寸参数。

① 两列引脚的水平间距为＿＿＿＿mil，同一列的相邻两个引脚的垂直间距为＿＿＿＿mil。

② 图中引脚直径为＿＿＿＿mil，焊盘的孔径可以设置大一些如 35 mil，焊盘直径取孔径的 2 倍，即＿＿＿＿mil。

(2) 打开"封装库.PcbLib"，点击菜单"工具"→"元器件向导…"命令，打开"Component Wizard"元器件向导窗口，参考任务 3.2 设计封装。

① 单击"下一步"按钮，进入选择封装类型及单位的窗口，选择"Dual In-line Packages(DIP)"双列直插式封装，设置单位为英制 mil。

② 单击"下一步"按钮，进入焊盘尺寸设置窗口，设置焊盘孔径和焊盘直径，注意左右两侧的水平、垂直参数要设置一致。

③ 单击"下一步"按钮，进入焊盘间距设置窗口，设置焊盘的水平间距和垂直间距。

④ 单击"下一步"按钮，进入轮廓线线宽设置窗口，设置线宽为默认值 10 mil。

⑤ 单击"下一步"按钮，设置焊盘总数为 14。

⑥ 单击"下一步"按钮，进入元件封装命名窗口，命名为"IC14"。

⑦ 单击"下一步"按钮，关闭向导窗口。设计完成的封装实际为 DIP14 图形的封装，如图 4-14(a) 所示。

(3) 选中并将边框线拖曳到焊盘的外侧，要注意轮廓线不能与焊盘重叠，如图 4-14(b) 所示。

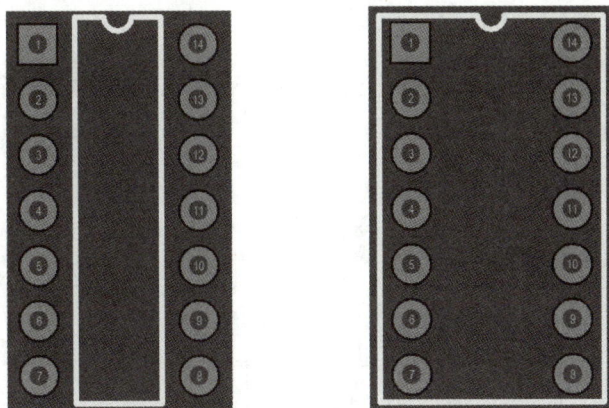

(a) AD22 软件生成的 DIP14 封装　　(b) 修改完成的 IC14 封装

图 4-14　IC14 芯片座的封装图形

(4) 添加元件封装的 3D 模型。按下数字键 "3" 切换到 3D 视图。点击菜单命令 "放置" → "3D 体"，在绘图编辑区放下 3D 体，注意对准半圆形的芯片缺口标识。如果添加 3D 模型后位置对不上，则双击打开属性面板调整 3D 模型的 X、Y、Z 位置以及高度即可。保存元件封装。

(5) 将 IC14 封装模型添加到对应的元件符号中。打开 "原理图库 .SchLib" 文件，选中 "74HC74" 元件符号，在原理图库编辑界面的下方，点击 "Add Footprint" 按钮，如图 4-15 所示。在弹出的 "PCB 模型" 对话框中，点击名称文本框右侧的 "浏览" 按钮，弹出 "浏览库" 对话框，在其下拉中选择 "IC14" 元件封装，点击 "确定" 按钮添加该元件封装模型。此时在原理图库界面的下方，会出现该元件符号对应的封装名称及其模型预览，如图 4-15 所示。

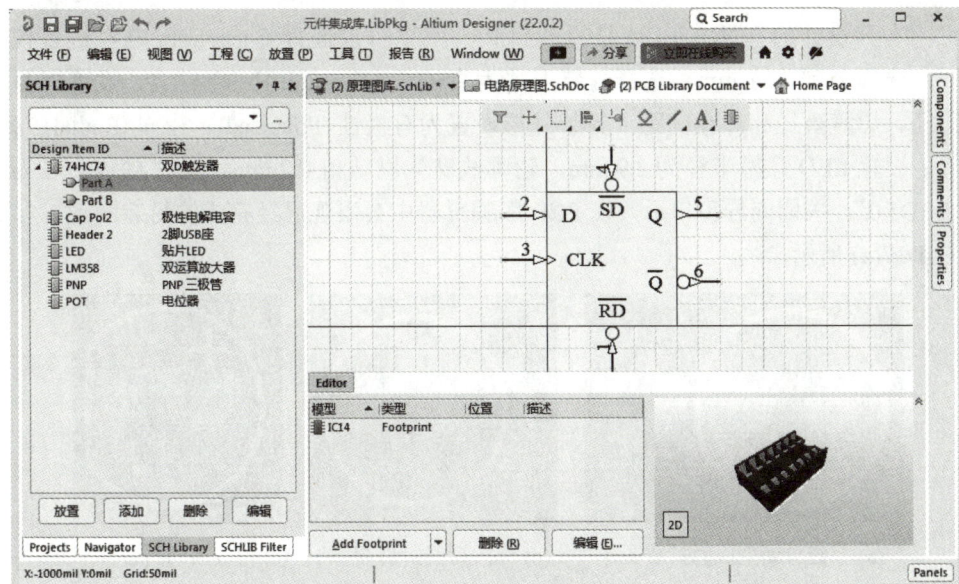

图 4-15　添加了 IC14 芯片座封装的 74HC74 元件符号编辑界面

四、利用向导创建 LED5.0 元件封装

（1）搜索网络得到 5 mm 直插式 LED 封装尺寸图，如图 4-16 所示，或者直接用游标卡尺测量元件的相关参数。

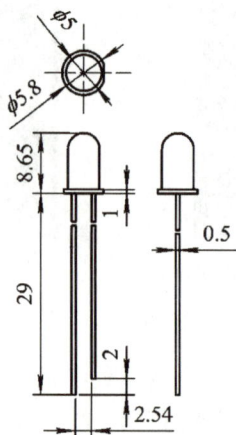

图 4-16　LED 的封装尺寸

① 两个引脚的间距为_____mm。

② 引脚的直径为_____mm，取焊盘孔径比引脚尺寸大 0.2 mm 为_____mm，设置焊盘直径为孔径的 2 倍，即_____mm。

③ LED 灯帽的直径为_____mm。

（2）点击菜单命令"工具"→"元器件向导 ..."，打开"Component Wizard"元器件向导窗口，按照提示一步步输入元器件的封装尺寸参数，完成元件的封装设计。

本例设计的直插式 LED 是径向封装，所以可以选择 Capacitors 电容封装模型。选择公制单位 mm；选择封装形式为直插式（Through Hole）封装；设置焊盘孔径、焊盘直径和焊盘间距；封装外形设置为有极性（Polarised）、径向（Radial）封装；设置 LED 灯帽半径为 2.9 mm，轮廓线宽为默认值 0.2 mm。元件封装命名为"LED5.0"。关闭向导窗口后，在 PCB 库编辑器中会出现已经完成的封装图形，如图 4-17(a) 所示。

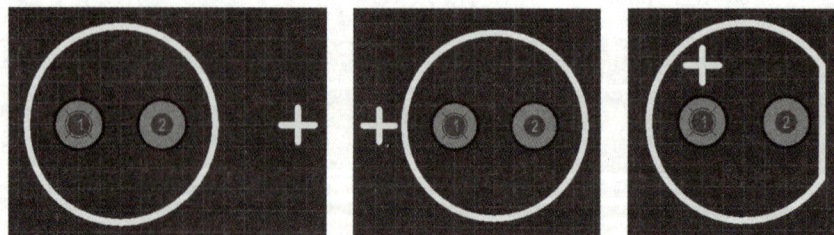

(a) 系统自动生成的封装图形　　　(b) 修改后的封装图形 1　　(c) 修改后的封装图形 2

图 4-17　设计完成的 LED5.0 封装

4-3　设计
LED5.0 封装

(3) 按原理图的元件符号修改封装图形。在原理图设计中 LED 的正极为 1 号引脚，如图 4-18(a) 所示，所以对应图 4-18(b) 中的长引脚即正极，其对应的焊盘应该为 1 号焊盘，因此需要将图 4-17(a) 中的 "+" 号移动到 1 号焊盘旁边，修改后的封装如图 4-17(b) 所示。或者可以根据 LED 灯帽外形的特点设计得到图 4-17(c) 所示的封装图。

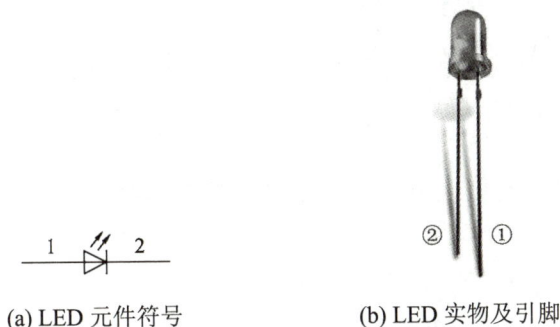

(a) LED 元件符号　　　　(b) LED 实物及引脚

图 4-18　LED 的元件符号与实物封装

(4) 按下数字键 "3" 切换到 3D 视图，添加元件封装的 3D 模型。点击菜单命令 "放置" → "3D 体"，在绘图编辑区放下 LED5.0 的 3D 封装模型。保存元件封装。

(5) 打开 "原理图库 .SchLib" 文件，选中 "LED" 元件符号，将 LED5.0 封装模型添加到发光二极管的元件符号中。

五、修改开关元件符号

流水灯中的控制开关采用的是 6 mm×6 mm 大小的四脚轻触式开关元件，其外形如图 4-19(a) 所示。四脚开关内部的①④号引脚和②③号引脚是连通的，如图 4-19(b) 所示。因此使用时只需要连接其中两个引脚即可，如①②号或③④号引脚，又或者使用对角的两个引脚。

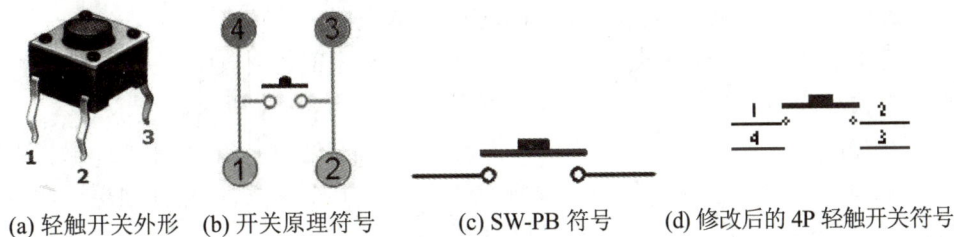

(a) 轻触开关外形　(b) 开关原理符号　　　(c) SW-PB 符号　　(d) 修改后的 4P 轻触开关符号

图 4-19　轻触开关外形及符号修改

AD 软件库中只有两个引脚的 SW-PB 按键开关元件，如图 4-19(c) 所示，因此需要将其修改为图 4-19(d) 所示的四脚开关符号。修改方法如下：

(1) 在原理图中放置图 4-19(c) 所示的 SW-PB 元件，选中该元件后复制。

(2) 打开 "原理图库 .SchLib"，在 SCH Library 原理图库面板的元件列表框中，

4-4　修改四脚开关元件符号

点击"右键"→"粘贴"。

(3) 双击元件列表中的 SW-PB，改库名称及注释为"SW-4PB"。

(4) 如图 4-19(d) 所示添加 3、4 号引脚，引脚长度为 200 mil，并设置显示引脚号，不显示名称。

六、创建轻触开关元件的封装

(1) 搜索网络得到轻触式开关的具体尺寸，如图 4-20(a) 所示，从图中可以获得以下封装设计参数：

① 四个引脚的水平间距为_____mm，垂直间距为_____mm。

② 引脚的直径为_____mm，取焊盘孔径比引脚尺寸大 0.2 mm 为_____mm，设置焊盘直径为孔径的 2 倍，即_____mm。

③ 内部圆形按键的直径为_____mm。

(a) 轻触式开关封装尺寸　　　　　　(b) 封装图形设计

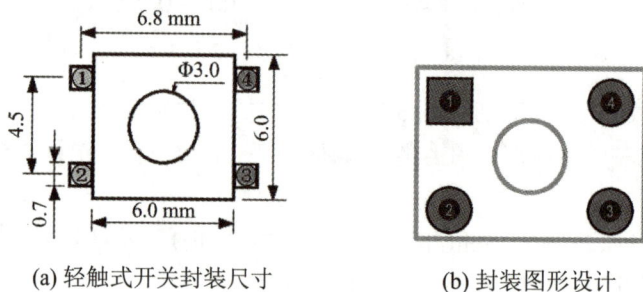

图 4-20　轻触式开关封装尺寸及 PCB 封装

(2) 由于按键的四个引脚上下左右对称，因此可使用元器件向导的 DIP 模型来设计按键的封装。

① 点击菜单命令"工具"→"元器件向导 ..."，在弹出的 PCB 向导对话框中选择创建模型，选择"Dual In-line Packages(DIP)"双列直插式封装，设置单位为公制 mm →设置焊盘和通孔的尺寸→设置焊盘的水平及垂直间距→设置外框宽度 0.2 mm →设置焊盘总数为 4 →名称设为"SW-P4"。

② 修改封装外形。拖曳外部矩形轮廓线把焊盘全部包围，且不能与焊盘重叠，要注意轮廓线必须设置在顶层丝印层 (黄色)，如图 4-20(b) 所示。

在绘制封装图形中间的圆形前，先设置元件的参考原点在正中心。操作方法：点击菜单命令"编辑"→"设置参考"→"中心"；然后选择顶层丝印层 Top Over Layer，右键单击选择工具栏中的放置圆环按钮"⌀"，或点击菜单命令"放置"→"圆环"，在顶层丝印层放置圆形，圆心设在中心，半径为 1.5 mm。

(3) 按下数字键"3"切换到 3D 视图，点击菜单命令"放置"→"3D 体"，添加按键的 3D 模型封装。保存元件封装。

(4) 打开"原理图库 .SchLib"文件，选中按键元件符号，删除其原有的封装，将"SW-P4"封装模型添加到按键的元件符号中。

七、编译并保存元件集成库

执行菜单命令"文件"→"保存全部"，保存创建完成的元件集成库。

执行菜单命令"工程"→"Compile Integrated Library 元件集成库 .LibPkg"，编译库文件，这样在原理图编辑器的元件库面板中就可以找到这些元件了。

任务4.2// 自顶向下绘制流水灯层次原理图

任 务 单

任务要求

将图 4-21 所示的流水灯整体电路原理图设计为层次原理图，包含 3 张子图和 1 张顶层电路原理图，对图纸进行编号后输出 PDF 文件和材料清单。

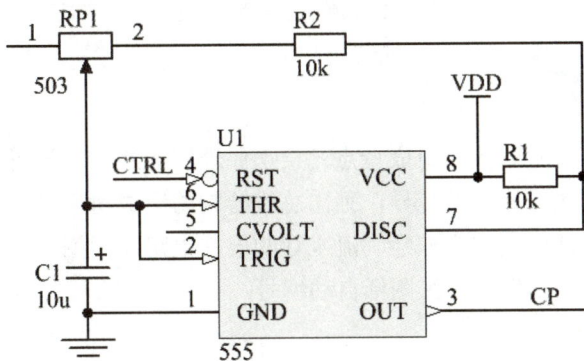

(a) 振荡电路

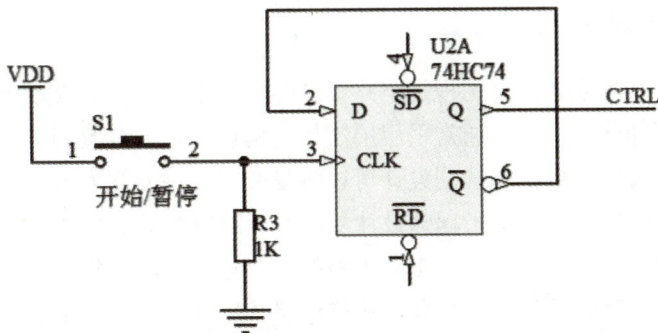

(b) 按键控制电路

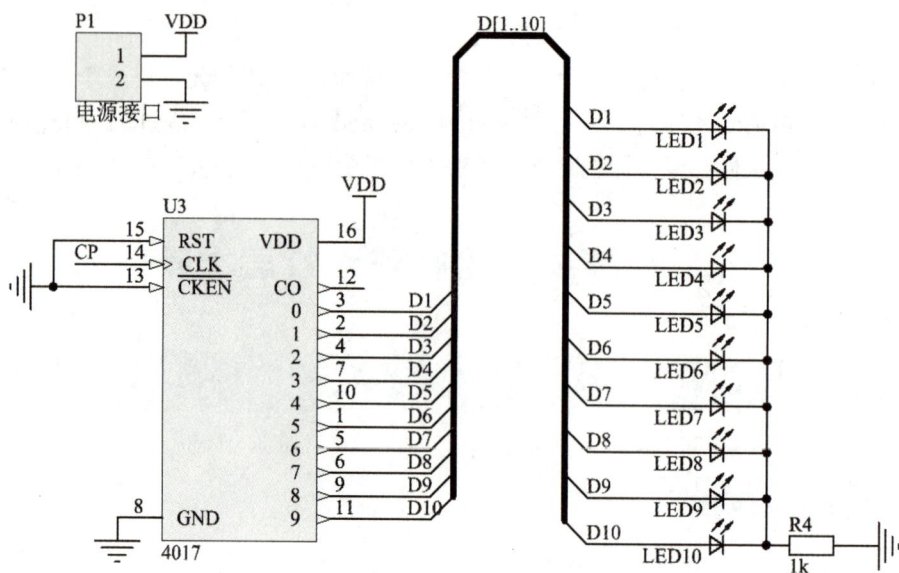

(c) 译码显示电路

图 4-21　流水灯电路原理图

学习目标

(1) 能说出层次原理图的组成特点，层次原理图的两种设计思路。

(2) 能区分总线与导线的差异，列出总线绘制的组成对象。

(3) 能采用自顶向下的方法绘制流水灯的层次电路原理图。

(4) 能通过 AD 软件给多张图纸自动编号。

任务准备

一、层次原理图的基本结构

当进行复杂的或者大型工程的电路设计时，一张图纸可能很难确保设计条理的清晰，也不好分工，此时通常采用层次化结构设计，通过绘制多张原理图来完成一个项目的设计。层次原理图设计可以将复杂的电路分解为若干功能比较简单明确的模块来处理，同时为工程师设计复杂的电路板提供了便捷。

层次原理图的设计理念是：按照电路的功能划分模块，将整体电路分割成若干功能模块，如有必要还可以细分，这样一层一层划分下去，形成一个树状结构的原理图集合。最上面的总图称为顶层原理图（主图），下面的分图称为底层原理图（子图）。图 4-22(a) 所示的层次化结构是 AD 软件的一个范例层次电路，该电路文件在 "\Users\Public\Documents\Altium\AD22\Examples\ Bluetooth Sentinel" 目录下，工程名为 "Bluetooth_Sentinel.PrjPcb"，其层次电路原理图的目录在

"Project"面板中展开，如图 4-22(b) 所示。

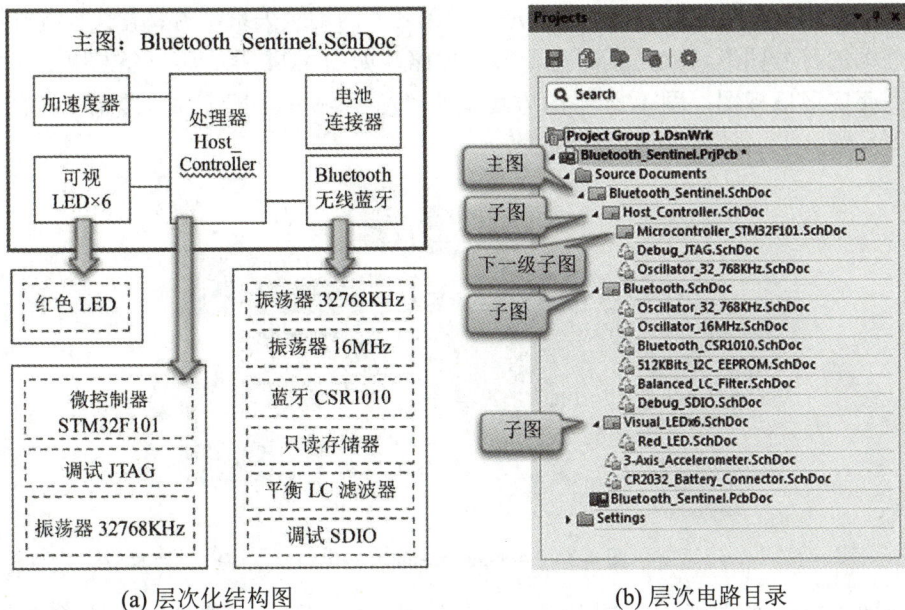

(a) 层次化结构图   (b) 层次电路目录

图 4-22　Bluetooth_Sentinel 工程的结构及目录

在层次电路设计中，把整个电路系统视为一个设计项目。在顶层原理图中，各子功能模块底层电路用页面符 Sheet Symbol(即方块电路) 表示，如图 4-23 所示。一个功能模块电路原理图 (子图) 在主图中简化成了一个方块页面符。且每个方块电路有唯一的方块图名和文件名与之对应，其中文件名指出了相应底层电路原理图 (子图) 的存放位置。在原理图编辑窗口打开某一项目文件时，也就打开了设计项目内各方块电路的原理图 .SchDoc(子图) 文件。

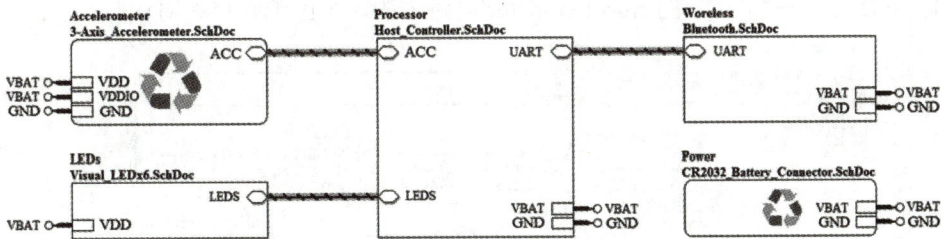

图 4-23　Bluetooth_Sentinel.SchDoc 顶层原理图

图 4-23 中的每一个页面符代表一个功能模块，页面符可以是原理图或是 HDL、C 代码文件。而各功能模块的子图连接是通过主图完成的，所以层次原理图设计的关键是正确建立各个功能模块之间的电气连接关系。

1. 层次原理图的组成

层次原理图中的主图主要规定了各子图之间的连接关系，而子图则集中体现各模块内部具体的电路结构。

1) 顶层原理图

在顶层原理图中为了表示各底层原理图之间的连接关系，需要有代表各底层原理图的符号图形，就是页面符即方块电路，如图 4-24 所示。一个方块电路代表一张底层原理图，图 4-24 中的方块电路 "Accelerometer"（加速度器）代表子图 "3-Axis_Accelerometer.SchDoc"。

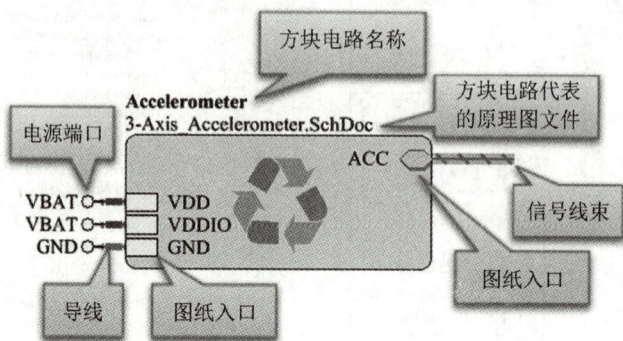

图 4-24　Accelerometer 方块电路

图 4-24 中的图纸入口是方块电路与其他方块子图或元器件相连接的通道，即方块电路的端口。顶层原理图中的各方块电路可以通过导线、总线或信号线束连接其电气端口实现信号的连接，如图 4-23 中 "Accelerometer" 方块电路和 "Processor" 方块电路就是通过信号线束连接同名 "ACC" 端口实现的电气连接。

2) 底层原理图

顶层原理图通过方块电路中的图纸入口与子图的端口进行连接，而子图也可以通过端口与下一级的图纸连接。图 4-25 所示的是 Accelerometer 方块电路的底层原理图 3-Axis_Accelerometer.SchDoc，图中的四个端口 ACC、VDD、VDDIO 和 GND 分别与图 4-24 的 Accelerometer 电路中的四个图纸入口相对应。

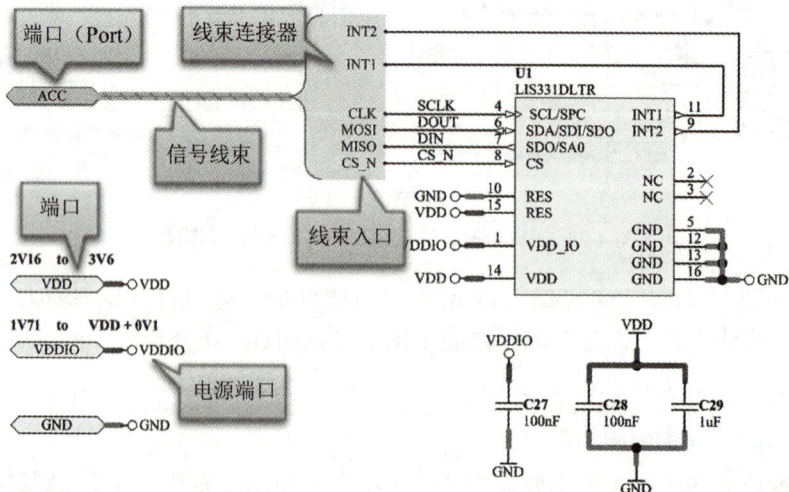

图 4-25　3-Axis_Accelerometer.SchDoc 底层原理图

2. 层次原理图中的各类网络标识符

在单张图纸中，可以通过网络标签 (Net Labels) 来实现网络的连接；而在层次原理图中，网络连接涉及的网络标识符比较多，如图 4-26 所示，下面分别具体介绍。

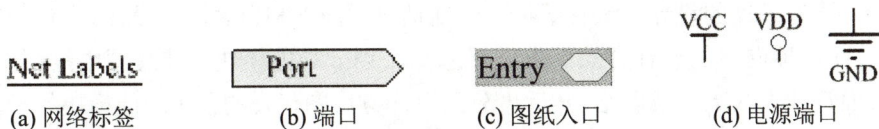

Net Labels	Port	Entry	VCC VDD GND
(a) 网络标签	(b) 端口	(c) 图纸入口	(d) 电源端口

图 4-26   网络标识符

1) 网络标签

网络标签是最基本的网络标识符，用于识别设计中的某一个网络。在单张图纸内，相同名字的网络标签可以代替导线来表示元件间的连接。在层次原理图设计中，其功能不变，但是只能表示单张图纸内部的网络连接，在不同的图纸有相同的网络标签名时不能跨越图纸连接。

2) 端口

端口 (Port) 既可以表示单张图纸内部的网络连接 (与 Net Labels 相似)，也可以表示图纸间的网络连接。端口在层次原理图设计中可用于纵向连接和横向连接。横向连接时，可以忽略多图纸结构而把工程中所有相同名字的端口连接成同一个网络；纵向连接时，需和页面符 (Sheet Symbol)、图纸入口 (Sheet Entry) 相联系，将相应的图纸入口放到图纸的页面符内，这时端口就能将子图纸和主图纸连接起来。

3) 图纸入口

图纸入口 (Sheet Entry) 总是垂直连接到页面符所调用的下层图纸端口，在顶层原理图中是方块页面符 (Sheet Symbol) 与其他方块页面符或元器件相连接的端口。

4) 电源端口

电源端口 (Power Port) 也叫电源对象，完全忽视工程结构，并与所有参与连接的图纸上匹配的电源端口连接起来。

3. 层次原理图的切换查看

查看层次电路的顶层与底层原理图的方法有两种：

(1) 通过"Project"面板进行切换。在项目面板中双击目标原理图的文件名，可迅速切换到相应原理图文件的编辑窗口。

(2) 通过菜单命令实现切换。单击工具栏中的 ⇅ 上 / 下层次按钮图标，或执行菜单命令"工具"→"上 / 下层次"，当光标变为十字形后单击相应方块电路，可直接从顶层原理图切换到对应的子原理图。

要从底层原理图切换到顶层原理图，同样单击工具栏中的 ⇅ 图标后，再单

学习笔记

击子图中与主图连接的 Port 端口即可。如果单击与另一个子图通信的端口，则会切换到相应的子图。单击鼠标右键，可退出"层次电路切换"命令状态。

二、层次原理图的设计方法

层次原理图的设计方法有两种，分别是自顶向下和自底向上设计。

(1) 自顶向下的设计方法是先设计总图，划分功能模块，在总图中绘制出方块页面符代表的下一层电路，然后再分别设计方块图代表的各个功能模块的子图，这样一层层向下设计，直到完成整个电路的设计。

(2) 自底向上的设计方法是先设计各底层电路子图，然后一层层向上设计，最后由各子图导出总图，完成整个电路的设计。

本任务通过流水灯电路实例来详细介绍自顶向下的层次原理图设计方法，分别将流水灯电路划分为三个电路功能模块：按键控制电路、振荡电路、译码显示电路，如图 4-21 所示。

任 务 实 施

一、新建工程和顶层原理图

(1) 新建 PCB 层次电路工程，点击菜单命令"文件"→"新的"→"项目"，创建一个 PCB 工程并命名为"流水灯层次电路工程 .PrjPCB"。

(2) 新建顶层原理图，点击菜单命令"文件"→"新的"→"原理图"，创建一个原理图并命名为"流水灯顶层原理图 .SchDoc"。

二、绘制顶层原理图

1. 设置原理图模板及标题参数

(1) 在电路原理图编辑器中，执行菜单命令"设计"→"模板"→"Local"→"Choose Another File..."，选择"自定义模板 .SchDot"文件。在"Update Templates"更新模板对话框中，点击"替代全部匹配参数"，再点击"确定"。

(2) 点击右侧"Properties"面板，在"Parameters"页面将"Title"的参数修改为"流水灯顶层电路原理图"，修改完成的标题栏如图 4-27 所示。

4-6 绘制流水灯顶层原理图

标题	流水灯顶层电路原理图		
图纸	第 1 张，共 1 张		
制图人	姓名	学号	123456
班级	电信23-1	组别	第1组
单位	四川××××技术学院		

图 4-27　流水灯顶层原理图的标题栏

2. 放置页面符（方块电路）

单击工具栏中的放置页面符按钮 或单击菜单命令"放置"→"页面符"，这时光标变成"十"字形状并带有一个方块图状态，如图 4-28(a) 所示。单击左键放下页面符，取消放置可单击右键或按 Esc 键。

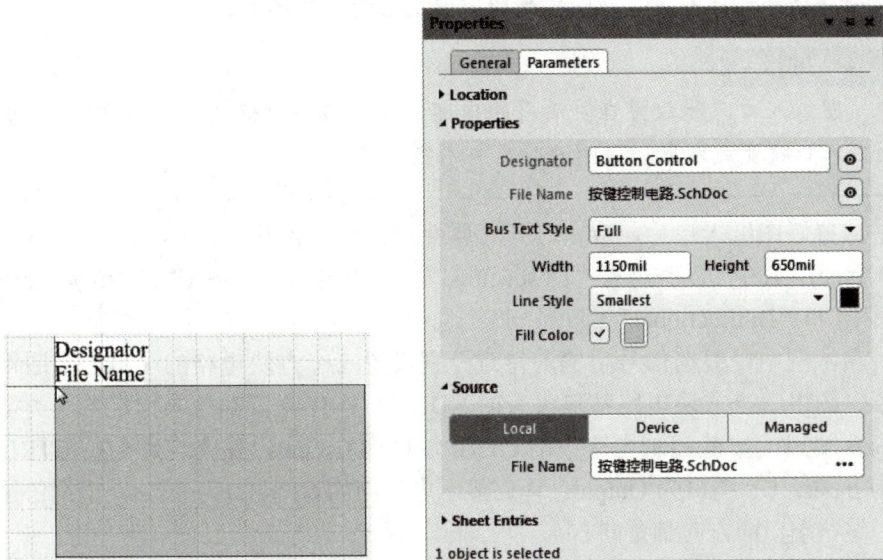

(a) 放置页面符的光标状态　　　　　(b) 页面符属性设置对话框

图 4-28　方块页面符的放置及其属性设置

放置好一个页面符后，双击打开其属性对话框，如图 4-28(b) 所示。其主要参数如下：

(1) Location(位置)：设置方块符号的左上角坐标。

(2) Designator(标识)：在文本框中设置方页面符的名称。

(3) File Name(文件名)：可在 Sourse 中设置该页面符所代表的下层子电路图文件名。

(4) Width、Height：设置方块符号的宽度和高度。

(5) Line Style(线类型)：设置页面符边框线的宽度。

(6) Fill Color(填充色)：勾选复选框，则设置方块符号的填充色为当前颜色，取消勾选则没有填充色。

本例中，分别设置三个方块电路的名称及文件名，如图 4-29 所示。

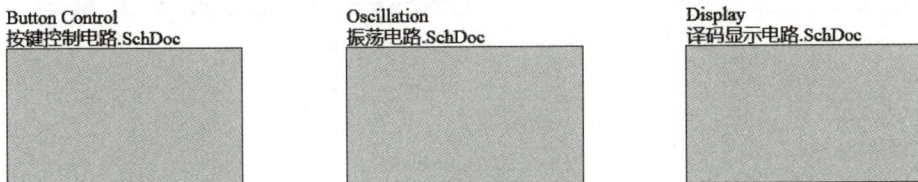

Button Control
按键控制电路.SchDoc

Oscillation
振荡电路.SchDoc

Display
译码显示电路.SchDoc

图 4-29　设置好的方块电路

3. 放置图纸入口（方块电路的端口）

单击工具栏中的添加图纸入口按钮█或单击菜单命令"放置"→"添加图纸入口"，这时光标变成"十"字形状并带有一个图纸入口状态，移动光标到页面符内部的合适位置单击左键，放置一个图纸入口。此时光标还附有一个图纸入口，可以继续放置方块符号，要取消放置可以单击右键或按 Esc 键。

> ☆技巧提示
>
> 图纸入口只能放置在页面符的内部，如果移动光标到方块电路外部，则图纸入口将变成灰色，说明此时单击不能放置。

放置好图纸入口后，双击打开其属性对话框设置其名称 (Name) 和 I/O 类型 (I/O Type)，其中 I/O 类型有"Unspecified"（未指定）、"Output"（输出）、"Input"（输入）和"Bidirectional"（双向）四个选项。

在本例中，根据信号传输的特点分别设置三个方块电路的端口，如图 4-30 所示，图中三个方块电路都包含有的 VDD 和 GND 端口都是未指定电气类型的无箭头端口；按键控制电路中的 CTRL 端口为 Output；振荡电路中的 CTRL 端口为 Input，CP 端口为 Output；译码显示电路中的 CP 端口为 Input。根据信号流向，这些端口的方向都是向右。

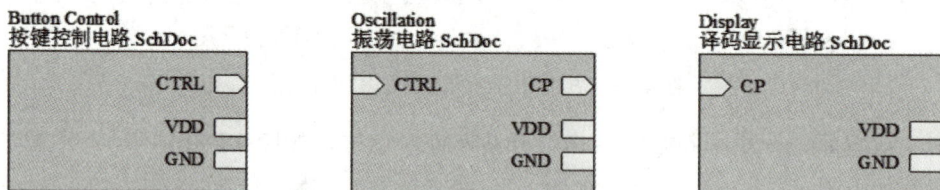

图 4-30　放置好图纸入口的方块电路

4. 完成电气连接

调整好方块电路及其端口位置后，分别用导线、总线或线束等工具将具有电气连接意义的端口连接在一起。本例是采用布线工具栏中的导线工具 ≋ 来连接端口的，完成的流水灯顶层原理图如图 4-31 所示。

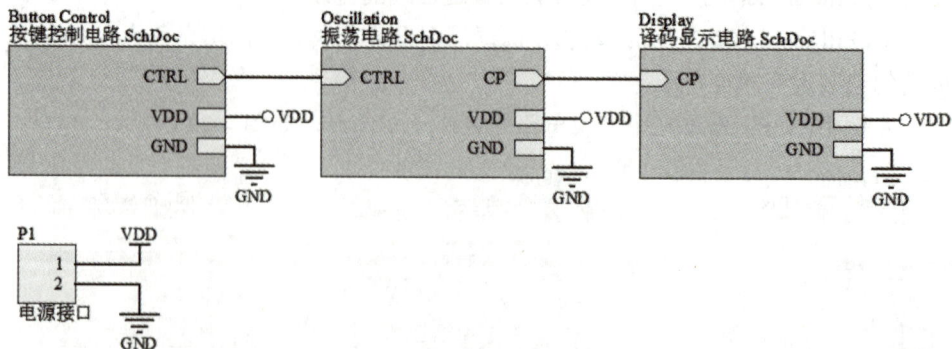

图 4-31　绘制好的流水灯顶层原理图

三、由方块符号生成底层原理图

1. 创建三张子电路图

单击菜单命令"设计"→"从页面符创建图纸",当光标变成"十"字形状,分别左键单击三个页面符,即可生成相应方块图的子图。如左键单击图 4-31 中的振荡电路方块电路,则自动生成"振荡电路 .SchDoc"原理图,如图 4-32 所示。同时在子原理图中生成了与方块电路同名的 4 个 I/O 端口。

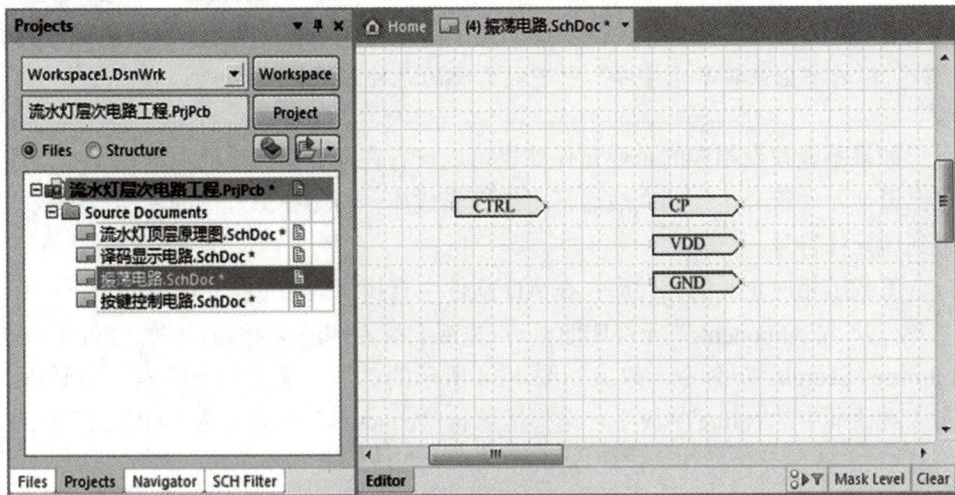

4-7　绘制流水灯子原理图

图 4-32　自动生成的振荡电路子原理图

2. 设置原理图模板及标题参数

在振荡电路子原理图中,分别执行菜单命令"设计"→"模板"→"Local"→"Choose Another File...",选择"自定义模板 .SchDot"文件。点击右侧 Properties 面板,在 Parameters 页面将"Title"的参数分别修改为对应子图的电路名称。

四、振荡电路子图的元件搜索与绘制

打开振荡电路原理图,绘制如图 4-33 所示的子电路原理图。

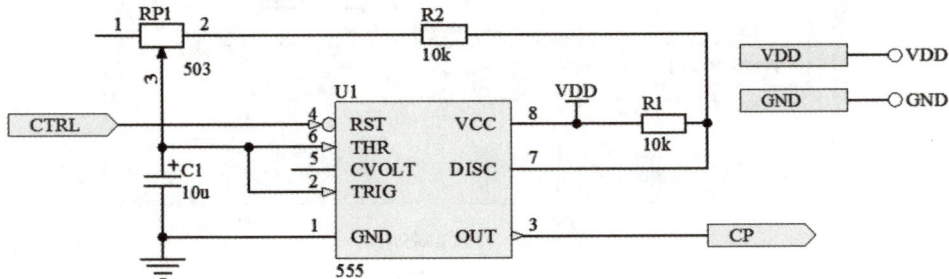

图 4-33　振荡电路子原理图

在导线连接端口的过程中,AD 软件会根据顶层原理图中的方块电路端口属性自动修改匹配子图中的端口类型，如图 4-32 中的 VDD 和 GND 端口会由向右箭头自动变成图 4-33 所示的无箭头类型。

图中电位器 RPI 符号使用自己绘制的元件集成库中的符号，555 元件 U1 在"ST Microelectronics"意法半导体公司的元件库。

☆技巧提示

相应企业的元件库可以在 Altium 官网地址 https:// www.altium.com/ documentation/other_installers 查找到 Altium Designer 10 Libraries，下载完整的元件库。也可以登录"学银在线"或"学习通"App 中加入本课程，在"资料"栏的"企业共享元件库"中下载需要的元件库。

如果不能找到相应的企业元件库也可以自行在元件集成库的原理图库中按图自己设计元件符号，绘制完成后记得编译集成库，否则在原理图的库面板中查找不到该元件符号。

下载了相应企业的元件库，在 AD 软件中查找这些元件符号的方法如下：

打开"Components"元件库面板，点击库名称右侧的 ☰ 按钮，选择"File-based Libraries Search..."命令，弹出如图 4-34 所示的"基于文件的库搜索"对话框。在该对话框中的 Name 字段中，选择运算符"contains"包含值为"NE555"或者"4017"字符的元件，在指定的库路径中进行搜索。

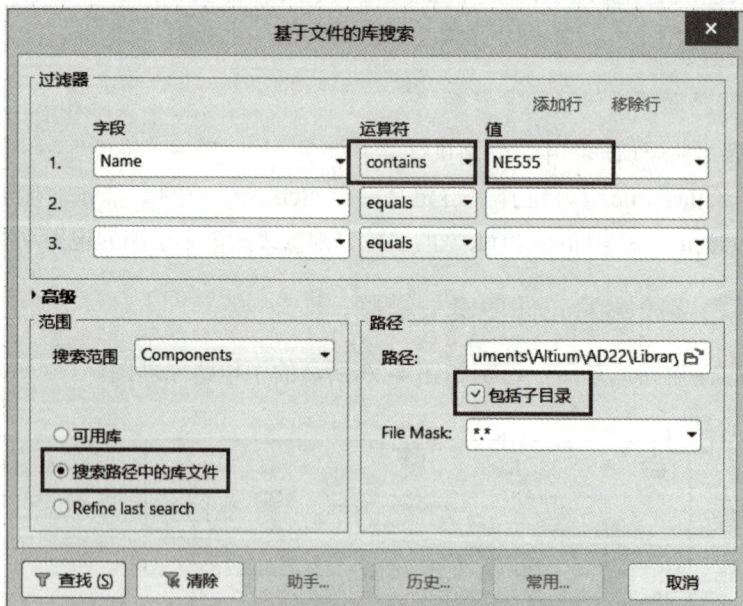

图 4-34　库搜索对话框

以 555 元件为例，查找到元件后，在图 4-35 所示的元件库面板中会列出元件的全名、所在的元件库，以及搜索到的符号预览和封装预览。在元件列表区中双击"NE555N"元件即可将元件放置在图纸中。如果搜索的元件所在的元件库没有安装过，则软件会弹出一个对话框，提示安装该元件库，如图 4-36 所示，单击"Yes"按钮就可以安装该元件库。

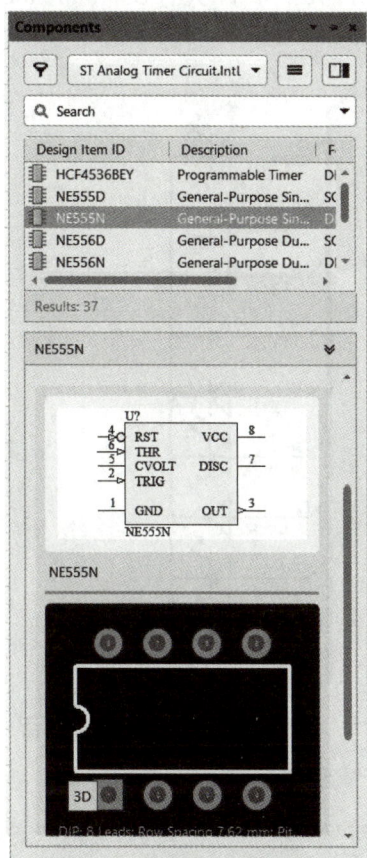

图 4-35　元件搜索结果

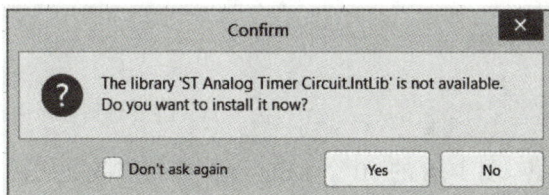

图 4-36　提示安装元件库

五、绘制按键控制电路子图

按图 4-37 绘制按键控制电路的子图，其中按键及 74HC74 的元件符号使用元件集成库中的符号，保存电路原理图。

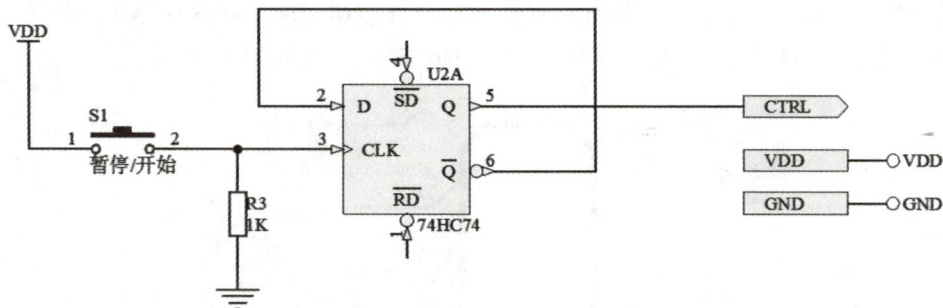

图 4-37　按键控制电路子原理图

六、绘制带总线的译码显示子原理图

按图 4-38 绘制 LED 显示译码电路的子电路图，其中 4017 元件在 "Fairchild Semiconductor" 飞兆半导体公司元件库。

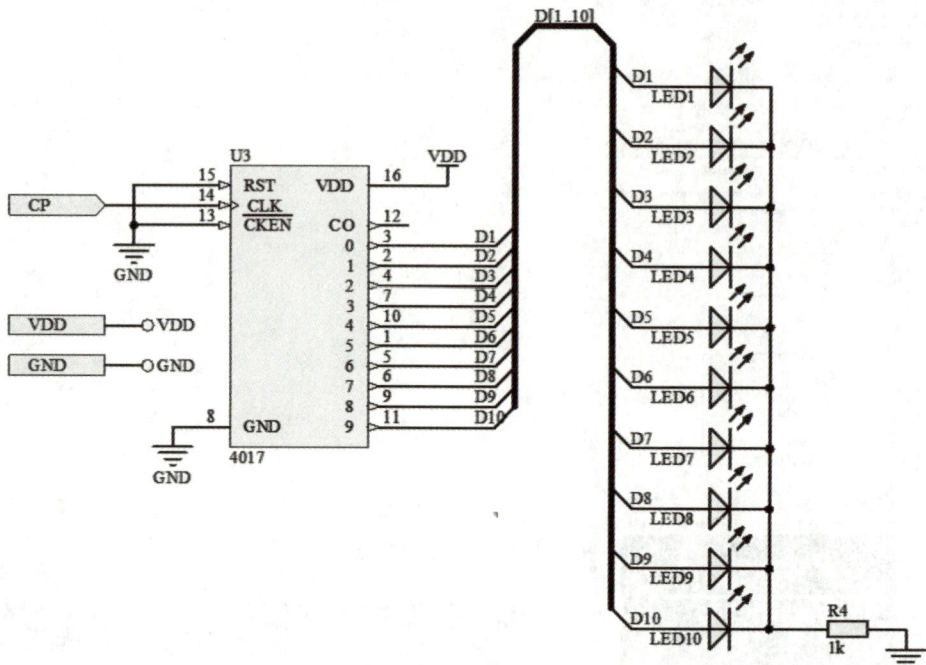

图 4-38   LED 译码显示电路子原理图

图 4-38 的 10 个 LED 元件使用修改过的国标符号，它们通过总线与 4017 芯片相连，该线条比导线要粗。总线是一组具有相同性质的并行线的集合，是连接各个部件的一组信号线，如数据总线、地址总线和控制总线等。在大规模的电子系统设计中，存在着大量的连线，其中对于相同性质的信号线如果采用总线连接，可以使原理图更加整洁、美观。

总线是通过总线入口与导线相连的，但是总线和总线入口都没有实质上的电气连接意义，只是让图纸看起来更规范，真正具有电气连接意义的是每根连线上的网络标签，它们至少是成对出现的，AD 软件会将同名的网络标签在后台进行电气连接。总线、总线入口与网络标签之间的连接关系如图 4-39 所示。

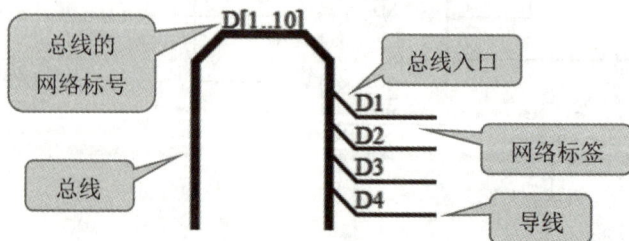

图 4-39   总线、总线入口与网络标签

1. 绘制总线

用鼠标右键点击工具栏中的 ≋ 按钮，选择 ⅲ 总线 (Bus) 按钮，或者选择菜单命令"放置"→"总线"，当光标出现一个"十"字形状即可绘制总线，总线的绘制方法与导线相同，单击右键或者按"Esc"键退出绘制总线的状态。

☆技巧提示

绘制总线过程中，按下"Shift + 空格键"可切换放置模式，放置总线和放置导线一样也有四种模式：90°（默认模式）、45°、任意角度和自动布线模式。注意：总线不能直接与元件的引脚相连接，必须经过总线入口才能与元件引脚相连。

2. 放置总线入口

在工具栏 ≋ 按钮上右键选择 ⅲ 总线入口 (Bus Entry) 命令，或者点击菜单命令"放置"→"总线入口"，当光标出现一个"十"字形状且出现有一段斜线时，如图 4-40 所示。按空格键可改变总线入口的方向，移动光标到总线入口和元件引脚上，当总线入口的灰色"×"形标记变成红色时，单击鼠标左键可完成一个总线入口的放置。

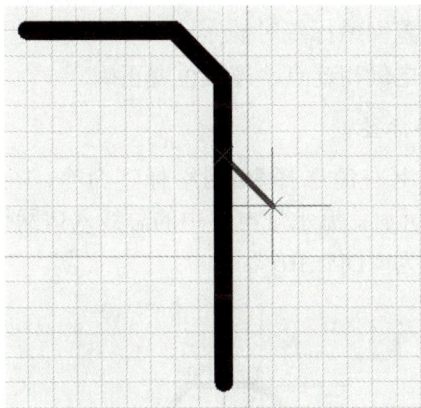

图 4-40　放置总线入口状态

多个对象的复制粘贴，可以采用橡皮图章工具。例如选中一个总线入口和对应的连接导线组合，单击菜单命令"编辑"→"橡皮图章"（快捷键"Ctrl"+"R"），移动光标到合适的位置，单击左键即放置一个副本，单击右键退出当前状态。

3. 设置网络标签

1) 放置总线入口的网络标签

在工具栏 ≋ 按钮上右键选择 Netl 网络标签 (Net Labels) 命令，或者选择菜单命令"放置"→"网络标签"，在流水灯控制电路中，通过总线及总线入口连接的 4017 译码器和 10 个 LED 器件的引脚连线上分别放置网络标签 D1～D10，以及其他的网络标签 CP、CTRL，如图 4-38 所示。

当网络标签连续放置时，系统会自动递增序号，所以在放置第一个网络标签时，应按下"Tab"键设定最小的序号，再逐一放置。

在带总线的原理图中放置网络标签时，要注意图 4-41 所示的几种情况。

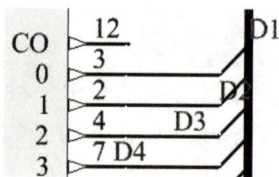

图 4-41　网络标签放置的几种情况

(1)"D1"放置在总线入口与总线的交点上，此时网络标签"D1"的电气点与元件引脚的电气点没有任何电气连接，所以是一个错误的放置位置。另外，系统禁止将网络标签放置在总线上，否则编译时会出错。

(2)"D2"放置在总线入口靠近元件引脚的端点上，此时导线的端点与总线入口的端点和网络标签"D2"的电气连接点重合，所以电气连接时没有错误，但是网络标签与总线入口重叠在一起，不易分辨，所以不建议这样放置。

(3)"D3"放置在导线上，与网络标签连接正确，位置合适，是最好的一种放置位置。

(4)"D4"放置在元件引脚上，此时网络标签的电气点没有与元件引脚的电气点相连，所以也是一个错误的放置位置。如果一定要将网络标签放置在元件引脚位置，则要确保在放置网络标签时的光标"×"形标记刚好在引脚的端点，且变成红色，说明接在了电气相连点，连接位置正确。

2) 放置总线的网络标签

在工具栏 ⬚ 按钮上右键选择 ⬚ 网络标签命令，在总线上放置网络标签"D[1..10]"，如图 4-42 所示。流水灯电路中的总线入口网络标签为 D1～D10，因此总线的网络标签格式为"D[1..10]"。

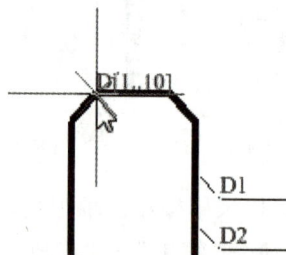

图 4-42　放置总线的网络标签

注意：方括号里必须为 2 个点，名称和方括号里面的数字必须和出口、入口的标签一一对应。

七、修改元件封装信息

单击菜单命令"工具"→"封装管理器"，在弹出的"Footprint Manager"对话框中将所有封装按表 4-5 设置正确。

表 4-5　流水灯控制电路元器件表

位号	注释	封装	数量	库引用名称	元件所属元器件库名
C1	10u	RB.1/.2(自制)	1	Cap Pol2	Miscellaneous Devices.IntLib
LED1-10	LED	LED5.0(自制)	10	LED0	Miscellaneous Devices.IntLib
P1	电源接口	BAT-2	1	Header 2	Miscellaneous Connectors.IntLib
R1, R2	10k	AXIAL-0.3	2	Res2	Miscellaneous Devices.IntLib
R3, R4	1k	AXIAL-0.3	2	Res2	Miscellaneous Devices.IntLib
RP1	503	POT(自制)	1	POT	自己制作
SW1	暂停/开始	SW-P4(自制)	1	SW-4PB	自己制作
U1	555	IC8(自制)	1	NE555N	ST Analog Timer Circuit.IntLib
U2	74HC74	IC14(自制)	1	SN74HC74AN	自己制作
U3	4017	DIP-16-KEY	1	CD4017BCN	FSC Logic Counter.IntLib

八、验证工程并自动编号原理图

(1) 验证工程。单击菜单命令"工程"→"Validate PCB Project 流水灯层次电路工程 .PrjPcb",如弹出"Messages"面板有错误需修改的信息。其中 U2 元件 74HC74 的 1 号和 4 号引脚是输入端,悬空未接所以报警,这里修改引脚的电气类型为"Passive"即可。再次验证工程直至无误。

(2) 图纸自动编号。单击菜单命令"工具"→"标注"→"图纸编号",弹出图 4-43 所示的对话框。勾选左下方的"自动图纸编号"复选框,系统会自动给所有层次原理图进行图纸编号;或者单击"自动图纸编号"按钮,系统会自动给所有图纸进行文档编号;单击"更新原理图数量"按钮,系统会更新图纸总张数的信息。单击"确定"按钮完成图纸自动编号。

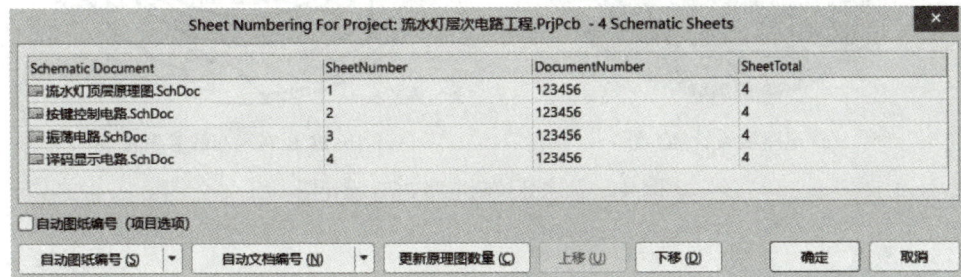

图 4-43　"图纸编号"设置对话框

(3) 输出原理图的 PDF 文件,包括材料清单,选择"Legacy Local Templates" 传统本地模板的路径文件夹中的"BOM Default Template 95.xlt"模板。

学习笔记

4-9　自动编号原理图

任务4.3 设计流水灯的圆形双面PCB

任务单

任务要求

流水灯的 PCB 设计要求如下：

(1) 板框：圆形，直径 70 mm。

(2) 元件布局：10 个 LED 围绕电路板边缘呈圆形排列，其余元件在内部，参考图 4-44(a)。

(3) 布线规则：双面板；安全间距为 0.5 mm；GND 和 VDD 的线宽都是 0.8 mm，其余走线为 0.6 mm；焊盘孔径为 0.9 mm，直径为 1.8 mm；金属化过孔孔径 0.5 mm，直径为 1.0 mm。PCB 布线参考图 4-44(b)。

(4) 输出电路板的 PDF 文件和制造文件。

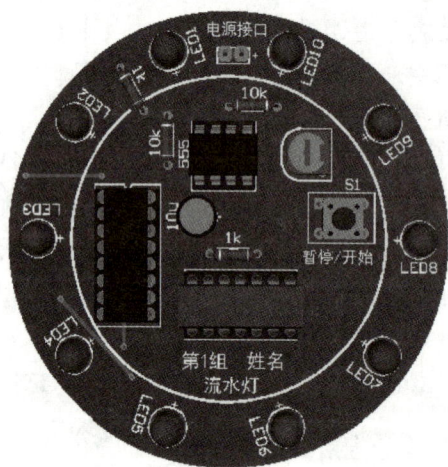

(a) 电路板设计 3D 图   (b) PCB 布局布线参考图

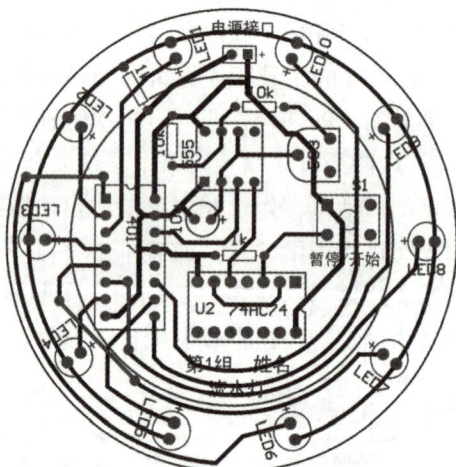

图 4-44 流水灯控制电路 PCB 设计图

学习目标

(1) 熟悉使用 AD22 软件进行 PCB 设计的流程。

(2) 会正确设计流水灯的圆形 PCB 板框，并标注尺寸。

(3) 能采用特殊阵列粘贴法或极坐标布局法对 LED 进行圆形布局。

(4) 会设置双面电路板的布线规则，包括进行圆弧布线，添加过孔，规范布线。

(5) 会进行 DRC 检查，能修改电路板的错误。

(6) 会输出 PCB 的 PDF 文件和制造文件。

任 务 实 施

一、设计圆形电路板框

流水灯圆形板框如图 4-45 所示，板框设计要求如下：

(1) 板框形状与尺寸：圆形，直径 70 mm，尺寸标注在机械层 1。

(2) 边框线宽：0.3 mm，设置在禁止布线层。

(3) 在顶层丝印层绘制一个半径为 25 mm 的参考圆形，线宽为 0.3 mm。

圆形板框设计的操作步骤如下：

1. 新建 PCB 文件及设置参数

(1) 在 Project 面板中选择"流水灯层次电路工程 .PrjPcb"，点击右键菜单命令"添加新的…到工程"→"PCB"，为工程添加 PCB 板，命名为"流水灯圆形 PCB.PcbDoc"。

图 4-45　流水灯圆形板框

(2) 选择菜单命令"编辑"→"原点"→"设置"，在黑色的 PCB 绘图区域中间位置放置原点。按下快捷键"Q"，修改单位为"mm"。按下快捷键"G"，设置栅格大小为 1 mm，在"栅格属性"中设置为线性栅格，使边框绘制更准确。

(3) 按下快捷键"L"，在弹出的"View Configuration"对话框中设置只显示顶层和底层的信号层、丝印层、禁止布线层、多层 (焊盘层)，其他层隐藏。

2. 绘制圆形板框并放置尺寸线

(1) 绘制圆形板框。在绘图区下方的层标签中选择禁止布线层"Keep-Out Layer"。点击常用工具栏中的 图标，点击右键选择 圆弧 (中心) 命令，或者点击菜单栏的"放置"→"Keepout"→"圆弧 (中心)"命令。以参考原点为圆心绘制圆弧，双击圆弧修改属性，如图 4-46 所示，X/Y 圆心坐标在 (0 mm，0 mm)，所在层为"Keep-Out Layer"，线宽 Width 为 0.3 mm，半径 Radius 为 35 mm。

(2) 裁剪圆形 PCB 板。选中圆形，按下快捷键"D"→"S"→"D"，完成板框剪裁。

(3) 放置尺寸线。在绘图区下方的层标签中选择机械层"Mechanical1"。右键

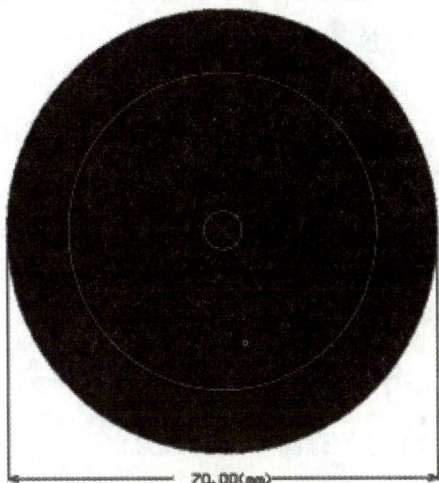

点击常用工具栏中的倒数第三个图标选择 放置线性直径尺寸，或者点击菜单"放置"→"尺寸"→"线性直径尺寸"命令。点击圆形边框的左侧顶点，再向外移动到不遮挡边框的位置，再次点击完成尺寸标注的放置。

双击尺寸标注弹出的属性面板，修改单位为"Millimeters"（毫米），格式选择"70.00(mm)"。

3. 放置参考圆形

层标签中选择"Top Over Layer"顶层丝印层。右键点击常用工具栏最右侧的图标，选择 圆命令，或者点击菜单栏的"放置"→"圆弧"→"圆"命令，然后与绘制板框的方法一样，在原点开始绘制圆形，双击设置其半径为 25 mm，线宽为 0.3 mm。

二、导入 LED 元件进行圆形排列

1. 从原理图中导入 LED1

单击菜单命令"设计"→"Import Changes From 流水灯层次电路工程 .PrjPcb"，在"工程变更指令"对话框中点击右键，选择"禁用所有"命令，去掉所有对象的导入勾选框。然后只勾选"Add LED1"的复选框，如图 4-47 所示。单击"验证变更"和"执行变更"按钮，单击"关闭"按钮关闭对话框。

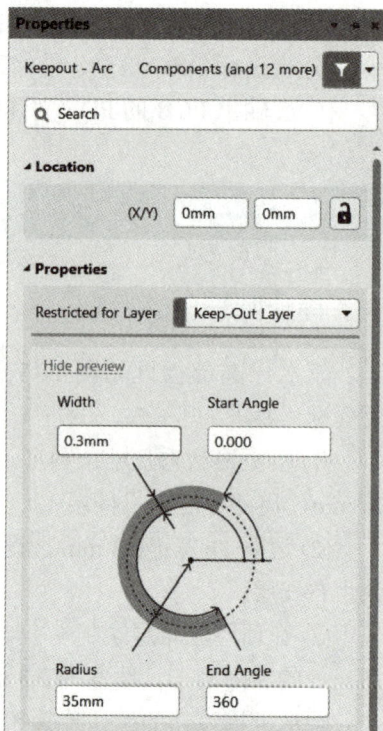

图 4-46　圆形板边框的属性面板

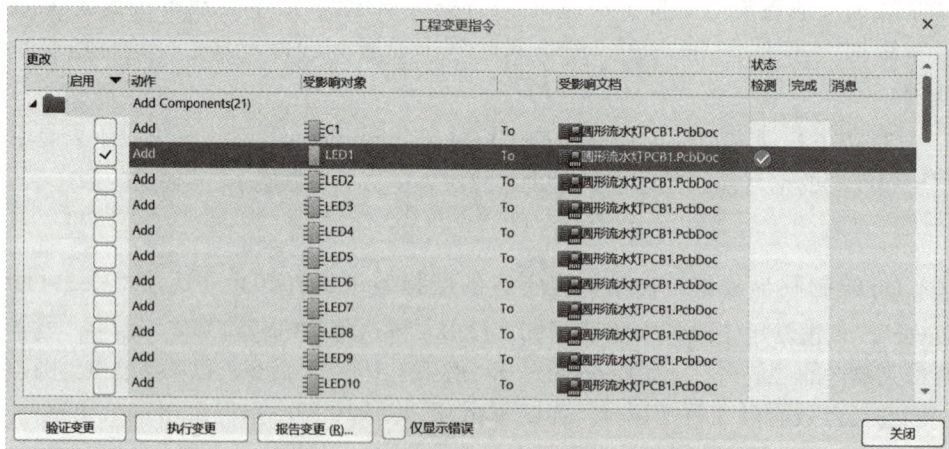

图 4-47　导入设计的"工程变更指令"对话框

2. 放置、剪切 LED1 元件

将导入的 LED1 放置在板框和参考圆中间，如图 4-48 所示，同时将 LED1

的位号文字放置在元件下方。

点击选中 LED1 元件，单击右键选择"剪切"命令或按下快捷键"Ctrl"+"X"，此时光标变成"十"字形状，移动光标到圆心的参考点，单击左键，确定剪切的基准点为参考原点。

3. 粘贴 10 个 LED 元件呈圆形排列

将 10 个 LED 元件粘贴成圆形排列 (如图 4-49 所示)，有两种方法，分别是特殊粘贴法和极坐标粘贴法，下面将分别介绍这两种方法。

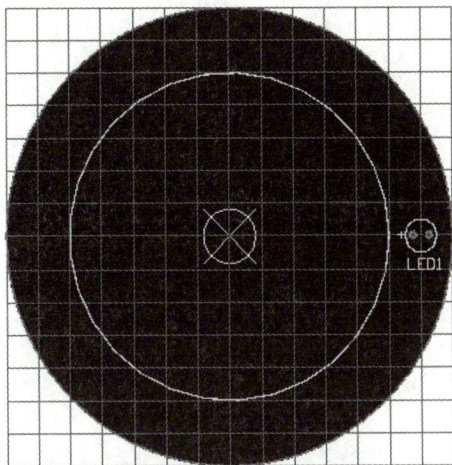

图 4-48   放置 LED1 元件

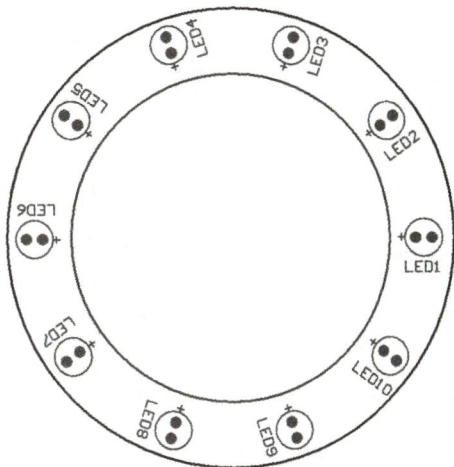

图 4-49   圆形排列 LED 元件

1) 特殊粘贴法实现圆形排列 LED 元件

单击菜单命令"编辑"→"特殊粘贴"，弹出"选择性粘贴"对话框，如图 4-50 所示，单击"粘贴阵列 ..."按钮，弹出图 4-51 所示的"设置粘贴阵列"对话框，在布局变量区内设置粘贴 LED 元件的个数为 10 个，在阵列类型区内选择为"圆形"阵列，在环形阵列区内设置每两个 LED 之间的夹角间距为"36"度。

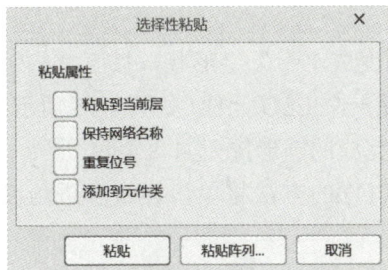

图 4-50   "选择性粘贴"对话框

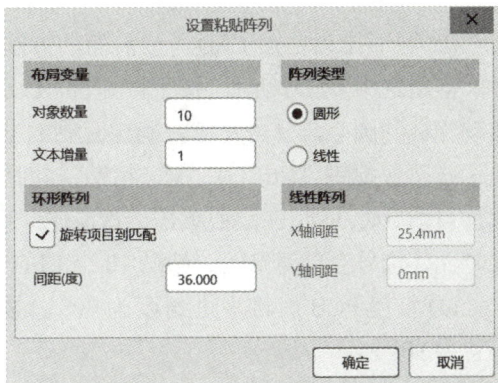

图 4-51   "设置粘贴阵列"对话框

设置完成后，点击"确定"按钮。此时，移动"十"字光标到原点，单击左键两次，确定阵列粘贴的基准点在原点并粘贴，得到 LED 元件的圆形阵列如图 4-49 所示。

2) 用普通粘贴法布局圆形排列 LED 元件

(1) 设置 PCB 单步旋转角度。点击 AD 软件界面右上角的"⚙"设置系统参数按钮，或在 PCB 编辑区点击右键，选择"优先选项"命令，弹出"优选项"对话框，如图 4-52 所示。在右侧下方"其它"选项中设置"旋转步进"为"36.0"度。此时放置 LED 元件，每按下一次空格键，元件会旋转 36°，方便进行圆形粘贴。

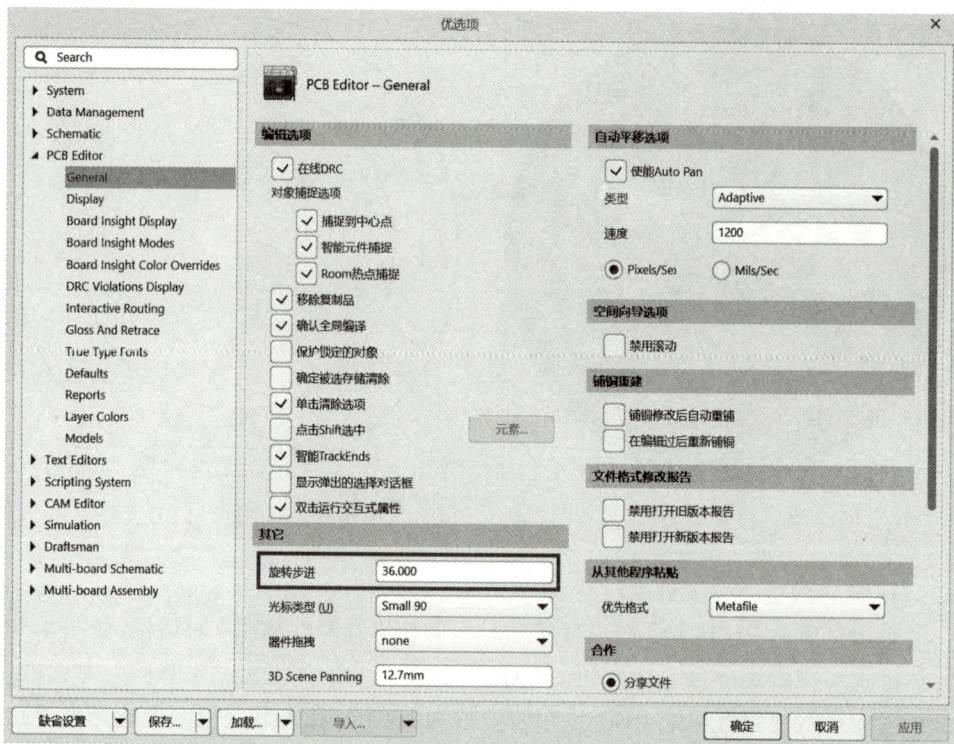

图 4-52　在优选项对话框中设置旋转步进角度

(2) 圆形排列粘贴 LED。按前面的方法以基准点为原点复制或剪切 LED1 元件。点击选中 LED1 元件，按下快捷键"Ctrl"+"C"，此时光标变成"十"字形状，移动光标到圆心，单击左键，确定复制的基准点。

按下快捷键"Ctrl"+"V"粘贴，此时光标变成"十"字形状，按下空格键元件自动旋转 36°，在圆心单击一次左键即可粘贴一个 LED 元件，如图 4-53 所示，同时元件位号会自动修改。粘贴 10 个 LED 元件完成的圆形排列如图 4-49 所示。

(3) 重置 PCB 旋转步进角度为 90°。按步骤 (1) 的方法将单步旋转步进角度重置为 90°。

4. 修改 LED 位号的排列顺序

将图 4-49 所示的 LED4 元件位号改为 LED1，并以逆时针顺序修改所有 LED

元件位号的排列顺序，如图 4-54 所示，以方便后续的布线。

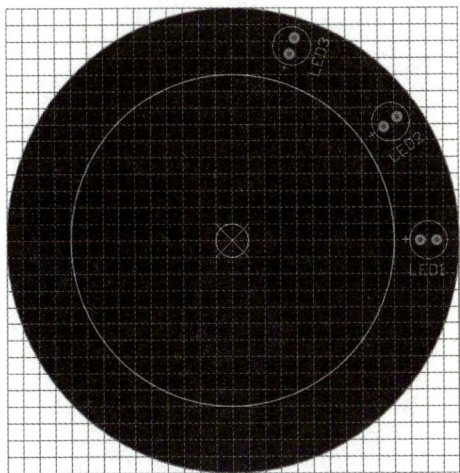

图4-53　单个粘贴圆形排列的LED元件

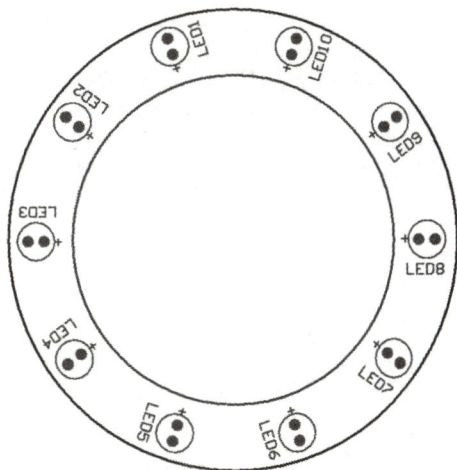

图4-54　修改LED元件位号的排列顺序

三、复位元件 ID 并再次导入元件

单击"设计"→"Import Changes From 流水灯层次电路工程 .PrjPCB"菜单命令，弹出图 4-55 所示的元件链接对话框，提示有 20 个元件的唯一标识符未能匹配。该对话框中有两个选项："Automatically Create Component Links"自动产生元件链接；"Manual Component Links"手动设置元件的链接。

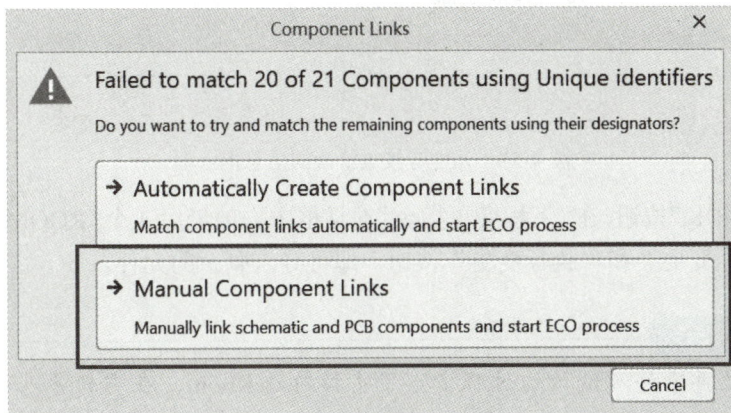

图 4-55　元件链接对话框

这里选择手动设置元件链接，弹出如图 4-56 所示的在原理图和 PCB 中编辑元件链接的对话框。在对话框右侧的"已匹配元件"中发现除了 LED1 与 LED8 匹配不正确外，其余 LED 都能正确匹配，同时还缺少了 LED8 的匹配。

因此选择右侧的 LED1 与 LED8 匹配选项，点击中间的"<"按钮，撤消匹配。然后在左侧重新选择原理图的 LED1 和 PCB 的 LED1，点击中间的">"按钮，

重新匹配。用同样方法再匹配原理图和 PCB 的 LED8。

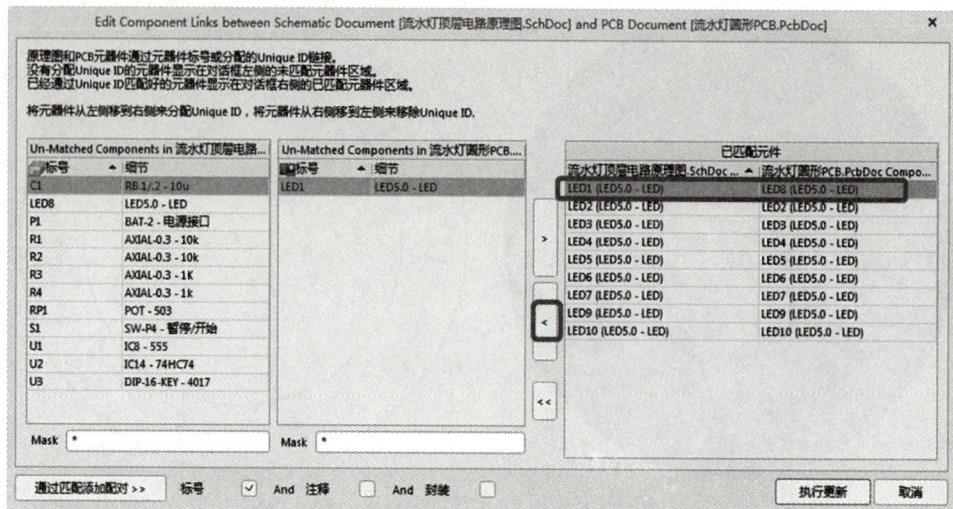

图 4-56 在原理图和 PCB 中编辑元件链接的对话框

最后点击"执行更新"，弹出图 4-57 所示的信息提示框，提示 10 个元件的链接被修改了，即可完成 LED 的元件标号重置。

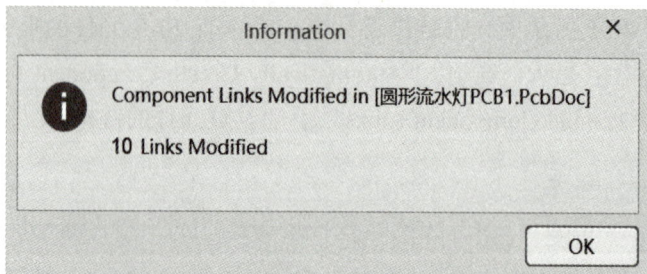

图 4-57 元件链接被修改的信息提示框

点击"OK"按钮，在"工程变更指令"对话框中去掉最后 4 个"ROOM"的勾选，单击"验证变更"和"执行变更"按钮，即可导入剩余的元件。

☆技巧提示

如果再次导入设计的过程中忘了去掉勾选 Room，在重新导入设计后，则所有元件都会变成高亮绿色。此时需要缩小编辑区，找到左下角位置的红色布线框 Room，删除即可。

四、元件布局及修改焊盘

手工布局剩余元件参考图 4-58，除了 LED 以外的其余元件，只显示注释不显示位号。

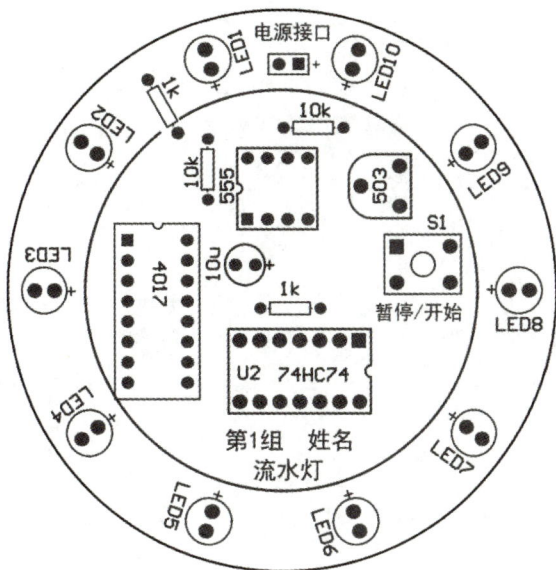

图 4-58 PCB 布局参考图

放置中文文字：选中层标签"Top Overlay"，单击工具栏中的放置文本字符串按钮 **A**，设置字体为"True Type"，字体名为"黑体"，字体高度 (Height) 为 2.5 mm，并在电路板的空白位置放置自己的姓名。同时将 SW1 和 P1 的中文注释字体"暂停 / 开始"和"电源接口"设置正确显示。

修改所有焊盘孔径为 0.9 mm，直径为 1.8 mm，详见任务 3.6 的操作方法。

五、设置布线规则

单击菜单命令"设计"→"规则"，打开"PCB 规则及约束编辑器"对话框，设置布线规则如下：

(1) 安全间距设置为 0.5 mm。在对话框左侧的设计规则中双击"Electrical"(电气规则) 类，展开项目后双击"Clearance"(安全间距规则)，在右侧出现的图中将"最小间隔"默认值修改为 0.5 mm。

(2) 多种铜箔走线线宽设置。GND 和 VDD 线宽设置为 0.8 mm，其余走线设置为 0.6 mm。多种线宽及优先级的设置，详见任务 3.6 的多种线宽规则设置及手工布线操作。

(3) 金属化过孔的孔径设置为 0.5 mm，直径设置为 1.0 mm。在对话框左侧的设计规则中展开"Routing Via Style"类，选择"RoutingVias"规则，如图 4-59 所示。在对话框右侧设置"过孔直径"的最小值和优先值为 1.0 mm，最大值为 1.8 mm；"过孔孔径大小"的最小值和优先值修改为 0.5 mm，最大值设置为 0.9 mm。

为制板方便统一使用的 0.9 mm 钻头，也可以设置过孔直径优先值为 1.8 mm，过孔孔径大小设置为 0.9 mm。

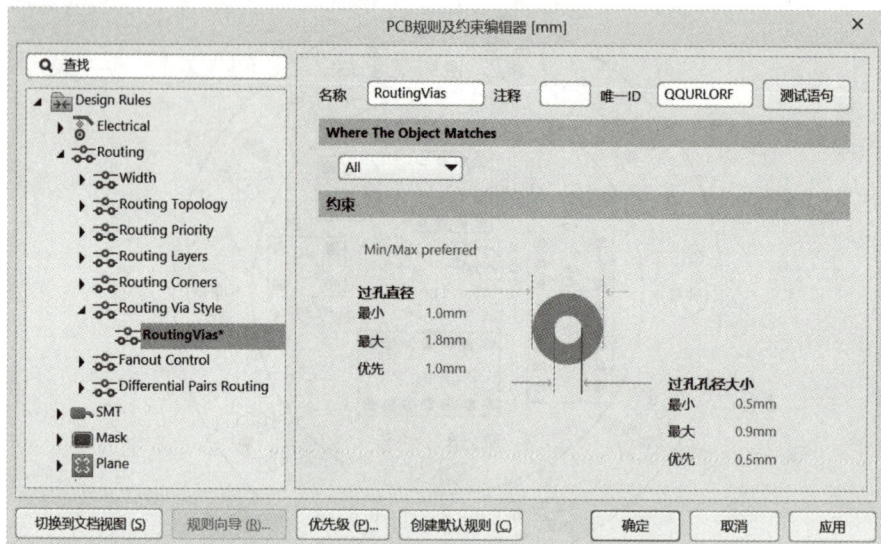

图 4-59 "RoutingVias"金属化过孔规则设置

4-12 手工
圆弧布线

六、手工圆弧布线与放置过孔

1. 手工圆弧布线

要绘制图 4-44(b) 中的 LED 负极引脚所示的圆弧走线，需要用放置圆弧的方法实现。

下面以 LED5 到 LED6 的负极焊盘圆弧走线为例，介绍其设置步骤。

(1) 在底层布线，要选中层标签的"Bottom Layer"(底层)。

(2) 右键单击工具栏的最后一个图标，选择 ⌒ 圆弧 (中心) 按钮，或者选择菜单命令"放置"→"圆弧"→"圆弧 (中心)"。此时光标出现一个"十"字形状，移动光标到原点处，单击左键，确定圆弧的中心。再移动光标到 LED5 的负极焊盘上，当光标出现一个带圈的十字"⊕"符号时，如图 4-60(a) 所示即为捕捉到焊盘中心，此时单击左键确定圆弧的起点位置。

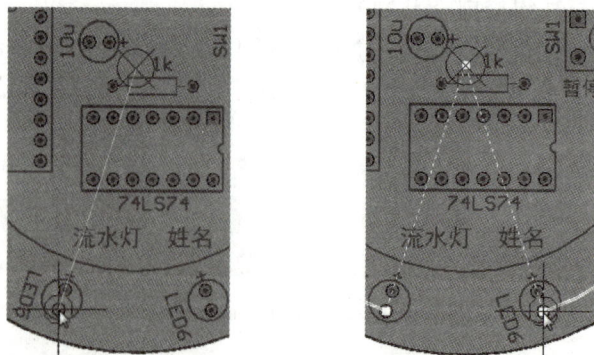

(a) 确定圆弧的起点　　　　　(b) 确定圆弧的终点

图 4-60　放置圆弧走线时的光标状态

然后移动光标到 LED6 的负极焊盘上，此时光标出现"⊕"符号，如图 4-59(b)所示，如果发现圆弧的走向不正确，可单击空格键进行调整。最后单击左键确定圆弧的终点位置，完成一个圆弧走线的放置。此时光标仍是"十"字形状，可直接进行下一个圆弧走线的放置，点击右键可退出绘制圆弧的状态。

(3) 绘制圆弧过程中按住"Tab"键，或者绘制完成后双击圆弧，在圆弧属性对话框中设置 Width 线宽为 0.6 mm，确认圆弧放置在"Bottom Layer"底层，Net 网络为"NetLED1_2"，如图 4-61 所示。

绘制好的圆弧走线如图 4-62 所示。

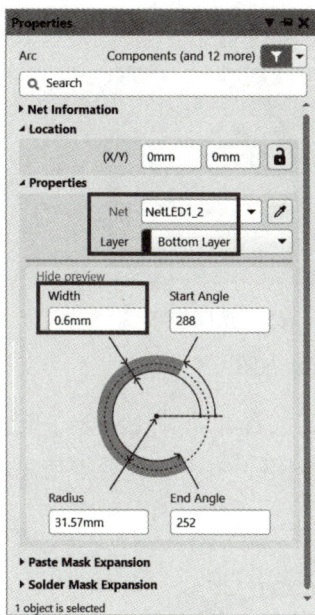

图 4-61　圆弧属性对话框　　　　图 4-62　绘制好的圆弧走线

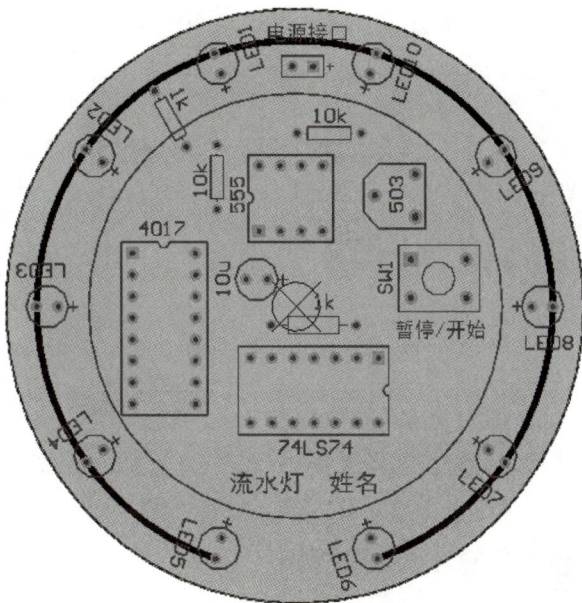

☆技巧提示

如果圆弧变成高亮绿色，可以检查圆弧的线宽 Width 是否设置为 0.6 mm，是否在布线规则范围内。也有可能是放置圆弧时没有点击焊盘，而是任意放置的，因此无法捕捉到焊盘的网络，双击圆弧在图 4-61 的属性对话框内设置 Net 与相应的焊盘网络一致即可。

2. 双面布线放置过孔

双面电路板是在电路板顶层和底层的信号层同时进行布线的。当有导线从顶层穿到底层，就需要钻一个孔来连通两个层的导线，这个孔的内壁需要做金属化处理，例如电镀铜才能实现 PCB 层与层之间的导通，这就是金属化过孔。

放置过孔的方法有两种：直接放置过孔和布线过程中快速放置过孔。下面分别介绍这两种放置过孔的方法。

(1) 直接放置过孔：点击工具栏中的放置过孔按钮，会在光标上附着一个过孔，移动光标到要放置过孔的信号线上，点击左键，即可放置一个过孔。

(2) 布线过程中快速放置过孔：

① 先选择布线层标签，点击工具栏中的交互式布线按钮，移动光标到一个焊盘上，当光标出现一个带圈的十字"⊕"符号时，如图 4-63(a) 所示即为捕捉到焊盘中心，此时单击左键确定布线的起点。

② 交互式布线过程中，按下数字键"2"可添加一个过孔在信号线上，如图 4-63(b) 所示。

③ 按下键盘的 L 键可以切换布线层继续布线，如图 4-63(c) 所示。

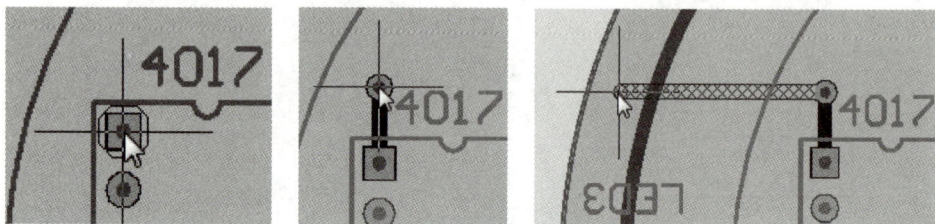

(a) 捕捉焊盘   (b) 放置过孔   (c) 切换图层布线

图 4-63   布线过程中快速放置过孔光标状态图

④ 在放置过孔的过程中按下"Tab"键，或者双击放置好的过孔，会打开过孔属性对话框，如图 4-64 所示，可以设置过孔的连接网络、直径、孔径等信息。

将流水灯所有布线完成，可参考图 4-65。

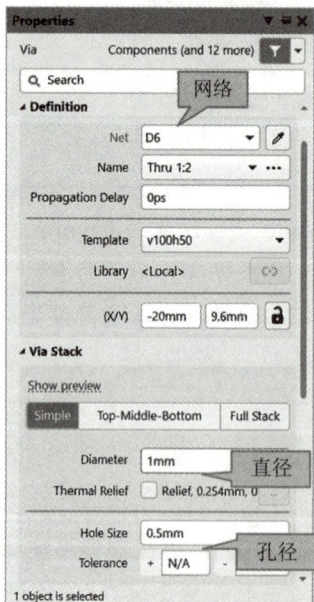

图 4-64   过孔属性对话框

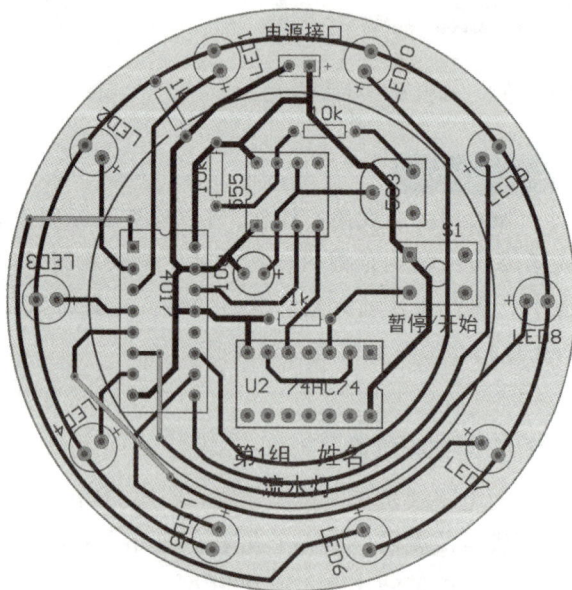

图 4-65   流水灯布线完成图

布线过程中如果有不合理的地方需要修改，点击"布线"→"取消布线"→"连接"或者"元件"菜单命令，来撤销某条网络连接线或者某个元件的连线。

☆技巧提示

点击工具栏中交互式布线图标 ✎，然后按住"Ctrl"键，单击要布线的焊盘，可以快速自动点到点布线，用于短距离的交互式布线。

七、添加泪滴和覆铜

(1) 添加泪滴。点击菜单命令"工具"→"泪滴"，弹出如图 3-111 所示的泪滴设置对话框，在"工作模式"栏中选择"添加"泪滴，对象是"所有"焊盘，泪滴形式选择"Curved"（圆弧形）或者"Line"（直线形）。

(2) 添加覆铜。在层标签中选择"Bottom Layer"底层布线层，点击选中圆形边框，执行菜单命令"工具"→"转换"→"从选择的元素创建覆铜"，即可按照圆形板框生成覆铜。要修改覆铜类型为实心或网格，可以双击覆铜，在图 3-113 所示的覆铜属性面板中切换覆铜类型，最后点击右上角的"Repour"按钮重新覆铜即可。图 4-66 所示为底层实心覆铜的效果。

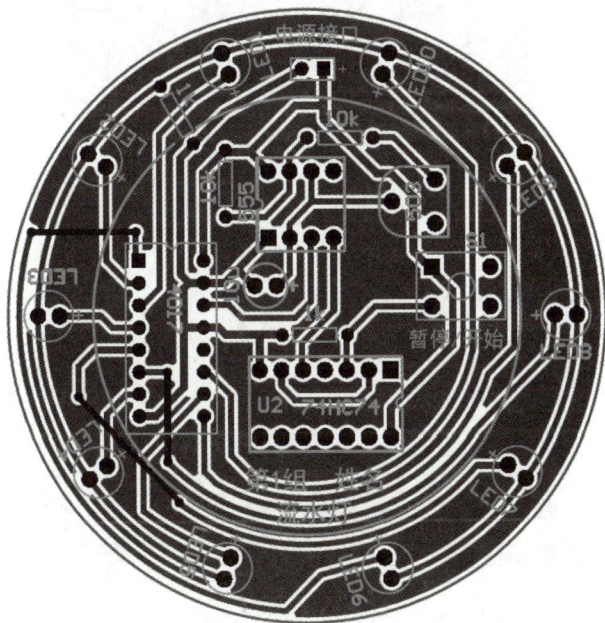

图4-66 为底层实心覆铜的效果

八、设计规则检查并输出文件

(1) 设计规则检查：执行菜单命令"工具"→"设计规则检查"，点击"运行DRC"按钮，进行 PCB 检查，如果有错误则修改。

(2) 输出制造文件。

① 因为制板需要，应先将参考原点设置在 PCB 的左下角，如图 4-67 所示才能输出制造文件。按下快捷键"G"，设置栅格为 1 mm，出现线状栅格后，点击菜单命令"编辑"→"原点"→"设置"，在电路板左下角点击左键设置原点。

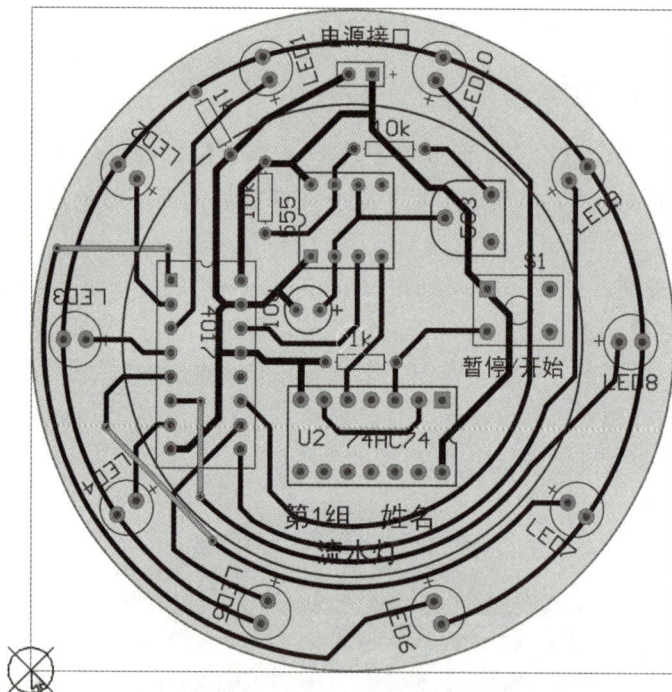

图 4-67　设置原点在 PCB 左下角

② 输出 Gerber Files 和 NC Drill Files 制造文件。

(3) 输出 PCB 的 PDF 文件：除了输出默认的 PCB 复合打印图层，还要输出底层线路层、顶层线路层 (镜像)、顶层丝印层 (镜像)。设置页面如图 4-68 所示。

Printouts & Layers		Include Components		Printout Options			
Name		Surface-m...	Through-h...	Holes	Mirror	TT Fonts	Design Views
顶层丝印层		✓	☐				✓
—Top Overlay					打印"正面丝印层"+"禁止布线层"选择"镜像"		
—Keep-Out Layer							
顶层线路层		✓	✓	☐	✓	☐	✓
—Top Layer					打印"顶层"+"禁止布线层"选择"镜像"		
—Keep-Out Layer							
底层线路层		✓	✓	☐	☐	☐	✓
—Bottom Layer					打印"底层"+"禁止布线层"		
—Keep-Out Layer							
Multilayer Composite Print		✓	✓	☐	☐	☐	✓
—Top Overlay							
—Top Layer							

图 4-68　设置 PDF 文件的输出图层

展示项目、考核评价

按照分组，由项目验收员检查项目完成情况，各组展示设计作品，介绍项目设计过程等。根据考核评价表 4-6 进行小组自评、组间互评、教师评价。

表4-6　考核评价表

姓名		组别		小组成员				
考核项目	考核内容	评 分 标 准			配分	自评 20%	互评 20%	师评 60%
任务 4.1 设计元件符号与封装 25分	绘制元件符号	完成 74HC74 集成元件符号绘制得 5 分；完成按键符号绘制得 5 分			10			
	设计元件封装	完成 LED5.0、IC14、SW-P4 三个元件封装设计及 3D 模型添加，各得 5 分			15			
任务 4.2 绘制层次原理图 25分	绘制层次原理图	四张原理图的模板选用、名称、图纸编号设置正确，图纸绘制正确得 5 分 / 张。如有错误每处扣 2 分，扣完为止			20			
	输出图纸材料清单	正确输出原理图 PDF 文件得 3 分。正确输出材料清单得 2 分，格式不正确扣 1 分			5			
任务 4.3 设计圆形 PCB 25分	设计 PCB 板框、布局、布线	PCB 圆形边框尺寸设置错误、导入封装、标注或网络有错误，元件布局、文字放置及布线明显欠合理的，每处扣 2 分，累计扣完 20 分为止			20			
	输出 PCB 图纸及制作文件	输出 PCB 的四张 PDF、钻孔文件及光绘文件，每错误或缺少 1 个扣 2 分，扣完 5 分为止			5			
职业素养 25分	岗位职责	分工合理，主动性强，能按计划进度完成设计项目，严谨认真地完成岗位职责			10			
	爱岗敬业	遵守行业规范、现场 6S 标准，有安全意识、责任意识、服从意识			5			
	团队协作	互相协作、交流沟通、分享能力			10			
合　计					100			
评价人		时间			总分			

【拓展训练4-1】 制作带子件的集成元件

训练内容：在原理图库中，绘制如图 4-69 所示的带子件的 IC，名称为 74LS00，其中 7 号和 14 号的引脚电气属性设为"POWER"，并将其隐藏连接到相应的网

络。设置其封装为 DIP14。

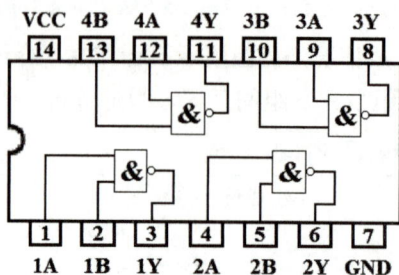

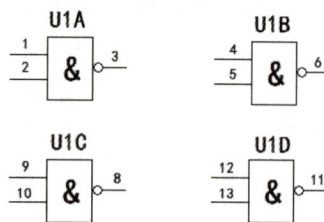

(a) IC 引脚排列图　　　　　　　　(b) 子件电路国标符号

图 4-69　集成电路 74LS00 与非门

【拓展训练4-2】　单片机应用系统电路板的设计

训练内容：绘制图 4-70 所示的单片机应用系统电路原理图，如果图中的元器件符号在 AD 软件库中没有，则需要自行绘制，并设计为双面 PCB。

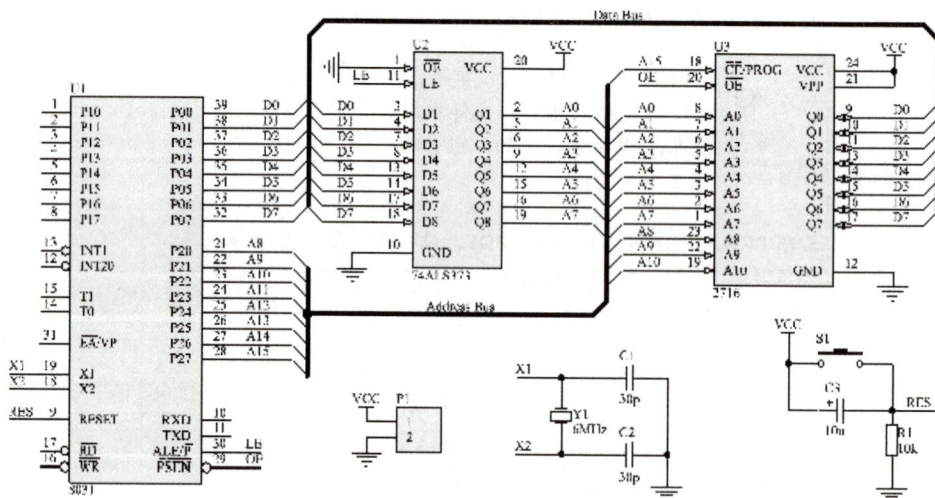

图 4-70　单片机应用系统电路原理图

1. 原理图绘制要求

(1) 模板采用传统本地模板 A4，标题为单片机应用系统电路原理图。

(2) 绘制如图 4-70 所示的单片机应用系统电路原理图。

(3) 电路元件明细如表 4-7 所示，修改元件位号、注释、封装等参数信息。

(4) 输出 PDF 文件，包含带模板的原理图，材料清单选择用"BOM Default Template 95.xlt"模板。

表 4-7　单片机最小应用系统电路元器件表

位号	注释	封装	库引用名称	元件库名
C1, C2	30p	RAD-0.2	Cap	Miscellaneous Devices.IntLib
C3	10u	RB.1/.2	Cap Pol2	Miscellaneous Devices.IntLib
P1	Header 2	BAT-2	Header 2	Miscellaneous Connectors.IntLib
R1	10k	AXIAL-0.4	Res2	Miscellaneous Devices.IntLib
S1	SW-PB	SPST-2	SW-PB	Miscellaneous Devices.IntLib
U1	8031	DIP40	8031	自己制作
U2	74ALS373	N20A	DM74ALS373N	FSC Logic Latch.IntLib
U3	2716	FDIP24W	M2716F1	ST Memory EPROM 16-512 Kbit.IntLib
Y1	6MHz	R38	XTAL	Miscellaneous Devices.IntLib

2. PCB 设计要求

(1) 板框：矩形，80 mm × 70 mm，边框线放置在禁止布线层，尺寸线在机械层 1。

(2) 布线：双面板，安全间距设置为 0.3 mm，GND 线宽为 0.5 mm，其余线宽为 0.3 mm。

(3) PCB 布局参考图 4-71，在右上方的丝印层放置"单片机最小应用系统"的字样。

(4) 晶振 Y1 进入单片机 U1 的导线必须是对称且等长度的。

(5) 输出 PDF 文件和制造文件。

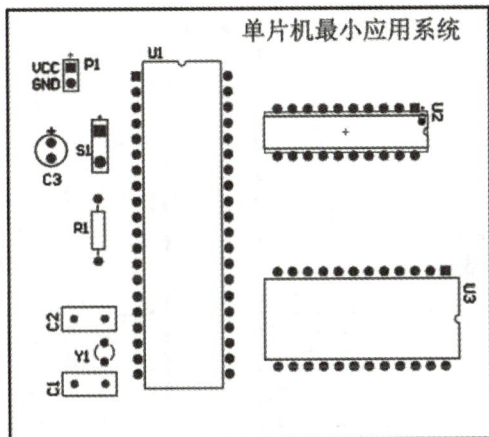

图 4-71　单片机最小应用系统 PCB 布局图

【拓展训练4-3】　幸运转盘电路板的设计

训练内容：绘制如图 4-72 所示的电子幸运转盘电路原理图，如果图中的元器件在软件库中没有则需要自行绘制，并设计为圆形双面 PCB。

1. 原理图绘制要求

(1) 模板采用传统本地模板 A4，标题为电子幸运转盘电路原理图。

(2) 绘制如图 4-72 所示的电子幸运转盘电路原理图。

(3) 电路元件明细如表 4-8 所示，修改元件位号、注释、封装等参数信息。

(4) 输出 PDF 文件，包含带模板的原理图，材料清单选择用"BOM Default Template 95.xlt"模板。

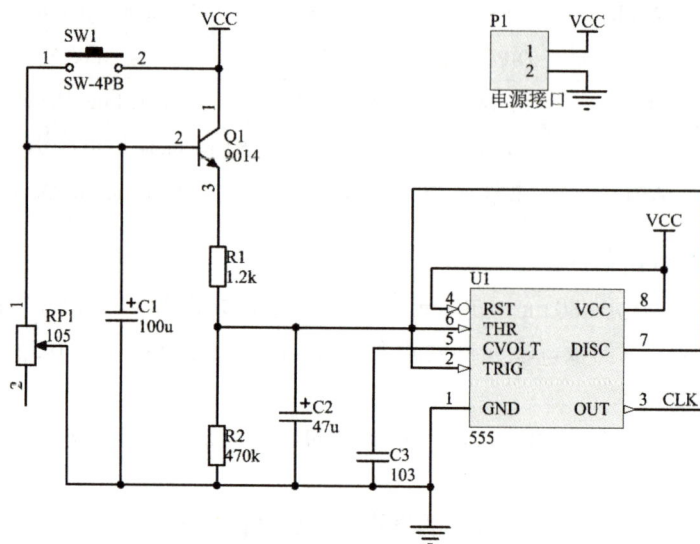

(a) 控制脉冲输出模块

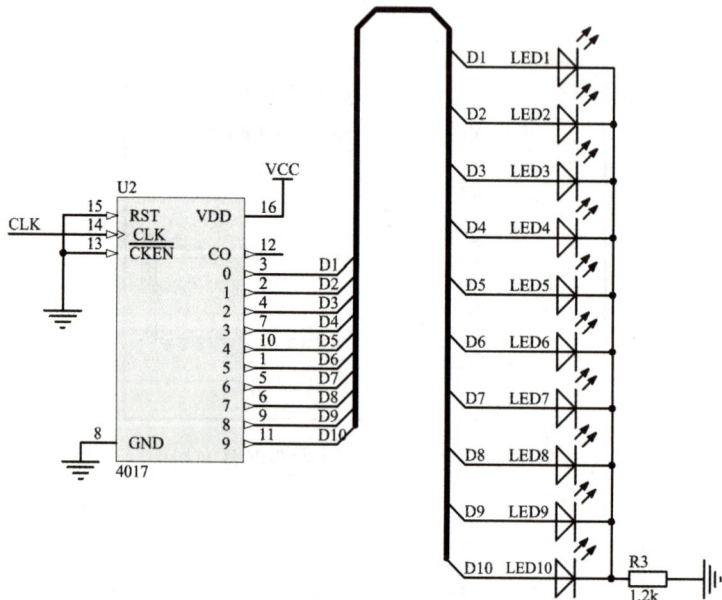

(b) 译码 LED 显示模块

图 4-72　电子幸运转盘电路原理图

表 4-8　电子幸运转盘电路元器件表

位号	注释	封装	库引用名称	元件库名
C1	100u	CAPR2-5x6.8	Cap Pol2	Miscellaneous Devices.IntLib
C2	47u	CAPR2-5x6.8	Cap Pol2	Miscellaneous Devices.IntLib
C3	103	RAD-0.1	Cap	Miscellaneous Devices.IntLib
LED1-10	LED	RB.1/.2	LED0	自己制作
P1	电源接口	BAT-2	Header 2	Miscellaneous Connectors.IntLib
Q1	9014	TO-92W	NPN	Miscellaneous Devices.IntLib
R1, R3	1.2k	AXIAL-0.3	Res2	Miscellaneous Devices.IntLib
R2	470k	AXIAL-0.3	Res2	Miscellaneous Devices.IntLib
RP1	105	POT	POT	自己制作
SW1	SW-4PB	SW-P4	SW-4PB	自己制作
U1	555	DIP-P8	NE555N	ST Analog Timer Circuit.IntLib
U2	4017	DIP-16-KEY	CD4017BCN	FSC Logic Counter.IntLib

2. PCB 设计要求

(1) 板框：圆形，直径 70 mm，设置参考原点在圆形中心。

(2) 布线：双面板，安全间距设置为 0.5 mm，GND 线宽为 0.6 mm，其余线宽为 0.4 mm。也可以设置为单面板，底层布线，采用跳线 (Jumper 组件) 必须为直线。焊盘孔径 0.9 mm，直径 1.8 mm；过孔孔径 0.6 mm，直径 1.0 mm。

(3) PCB 设计参考图 4-73，在顶层丝印层绘制一个圆形，半径为 25 mm，在 PCB 板下方的丝印层放置姓名字样。

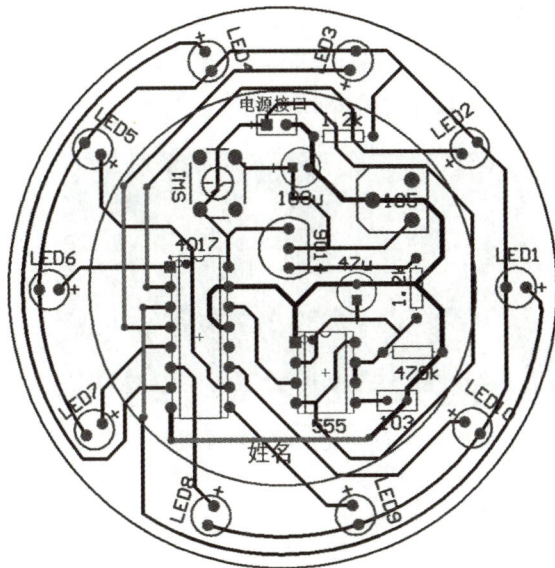

图 4-73　电子幸运转盘电路 PCB 设计参考图

万年历双面异形 PCB 设计

电子万年历的应用

随着科技的发展，人类为了准确观测时间，从观察太阳的日晷、摆钟、石英钟到原子钟，一直在不断地研究与创新。

近代世界钟表业经历了三次发展阶段。第一次发展是摆和摆轮游丝的发明，相对稳定的机械振荡频率源使钟表的走时时差从分级缩小到秒级，代表性的产品就是带有摆和摆轮游丝的机械钟或表。

第二次发展是石英晶体振荡器的应用，当石英晶体受到电池电力影响时，它会产生规律地振动，从而发明了走时精度更高的石英电子钟表，使钟表的走时日差从分级缩小到秒级。

第三次发展就是根据原子的自然共振频率发明的原子钟，这是目前世界上最准确的计时工具，精度可以达到每2000万年才误差1秒。

现在市面上使用最广泛、最具代表性的计时产品就是原子钟（电子万年历，见图5-1）。它是由单片机数码计时技术实现，从传统指针计时方式发展为夜光数字显示方式，并增加了全自动日期、星期、温度以及其他日常附属信息的显示功能，更符合消费者的生活需求。因此，电子万年历的出现带来了钟表计时跨越性的进步。

图 5-1 电子万年历的显示界面

项 目 描 述

某 PCB 设计公司接到订单,要求设计一款电子万年历产品的电路板,如图 5-2 所示。

图 5-2　电子万年历电路板

万年历电路设计主要采用 AT89C51 单片机作为控制核心;采用 LCD1602 液晶显示,DS18b20 温度传感器测温,DC1302 时钟芯片走时。

电子万年历具备显示日期、时间、星期、温度、闹钟、整点报时等功能,可通过按键进行设置;掉电走时,不用重新调时;背光亮度可调节滑动变阻器,实现背光调节。

项目分组

采用随机或扑克牌分组法,4 人一组,确定分工,完成表 5-1 的填写。

表 5-1　项 目 分 组 表

组别			小组 LOGO	
组名				
团队成员	学　号	岗　位	工 作 职 责	
		项目经理	与甲方对接,编写设计方案,填写报价单,统筹计划,安排任务,解决问题	
		PCB 设计工程师	进行原理图绘制,PCB 版图设计,技术指导	
		PCB 测试工程师	负责原理图及 PCB 版图的验证、测试,输出图纸,团队协调工作	
		项目验收员	资料汇总、编制项目报告。根据任务单、考核评价表,对团队成员进行打分评价	

项目分析及评估报价

　　根据客户需求及提供的资料，对项目进行分析，将设计工作流程填入图 5-3 中。根据设计图纸资料，PCB 设计要求、PCB 加工工艺等进行评估报价。填写表 5-2 的元件明细表及报价单和表 5-3 的 PCB 项目报价单。

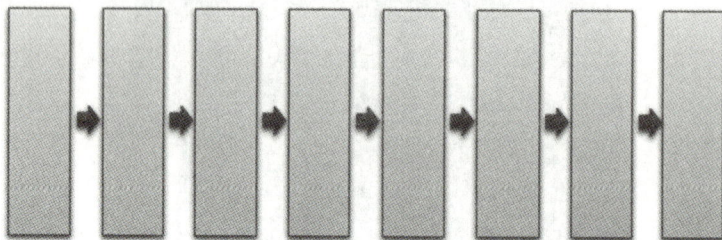

图 5-3　PCB 项目设计流程图

表 5-2　元件明细表及报价单

PCB 名称				报价日期						
序号	名称	具体参数	封装	位号	数量	供应商	单价	合计	备注	
1										
2										
3										
4										
5										
6										
7										
8										
9										
10										
11										
12										
13										
14										
15										
16										
17										
18										
19										
20										
21										
合计金额										

PCB 报价单

尊敬的客户：准确清楚的加工工艺要求和指示是产品成功的保证，请一定认真填写该说明书。

表 5-3　PCB 项目报价单

甲方 (需方)：_____有限公司　　乙方 (供方)：_____

PCB 名称		文件名	
报价日期		资料附件	_____张

☐新投 (新文件)
☐加做 (文件与上一版完全相同，以下内容只需写数量和交货日期)
☐改版 (文件有少许变动)

1. 数量	☐单板____块 ☐拼板连片数____块 　横片数____，纵片数____	11. 过孔是否覆盖阻焊	☐过孔盖油☐过孔开窗 ☐过孔塞孔 (塞油墨) ☐过孔塞孔 (塞树脂)
2. 板型尺寸	单板：长____mm × 宽____mm	12. 工艺边框	☐____mm
3. 材料	☐ FR-4　☐其他材料：____	13.HDI(盲埋孔)	☐有　☐无 (4 层板及以上)
4. 板层	☐ 1　☐ 2　☐ 4　☐其他：____		
5. 板厚	☐ 1.2　☐ 1.6　☐其他：____mm	14. 测试	☐是　☐否
6. 铜箔厚度	外部：☐ 1oz ☐ 2oz ☐ 3oz ☐ 4oz 内部：☐ 0.5oz ☐ 1oz ☐其他____oz	15. 表面处理	☐有铅喷锡　☐沉金 ☐无铅喷锡　☐ OSP
7. 最小线宽	☐ 10 ☐ 8 ☐ 6 ☐ 5 ☐ 4 ☐ 3.5 mil	16. 特殊工艺	☐阻抗　☐金手指斜边 ☐半孔/包边　☐盘中孔
8. 最小孔径	☐ 0.3 mm ☐ 0.25 mm ☐ 0.2 mm		
9. 阻焊颜色	☐绿色　☐其他：____	17. 交货日期	
10. 字符颜色	☐白色　☐黑色	18. 是否加急	☐否　☐是
其他 特殊 说明	(如交付资料要求、交货方式等)		

PCB 设计费用	PCB 制作费用	元件及耗材费用	贴片加工费用	插件加工费用	后续人工费用	邮寄费用

总计金额	¥_____元，(大写)_____元整

学习笔记

任务5.1　绘制万年历电路的层次电路原理图

任 务 单

任务要求

万年历的整机电路原理图如图 5-4 所示，采用自底向上的层次原理图设计方法绘制电子万年历的层次电路原理图，输出 PDF 文件和材料清单。

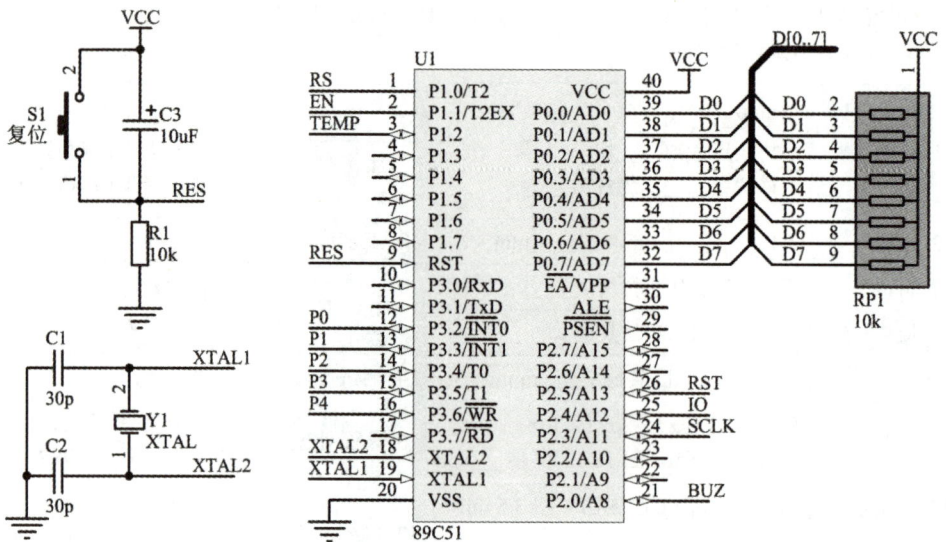

(a) 单片机最小系统电路

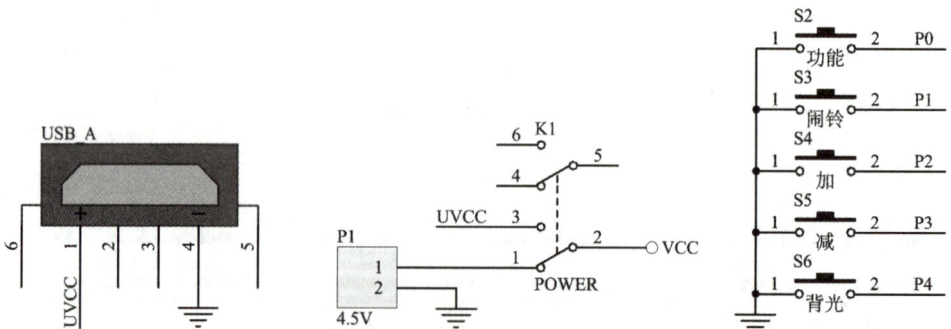

(b) USB 及按键控制模块

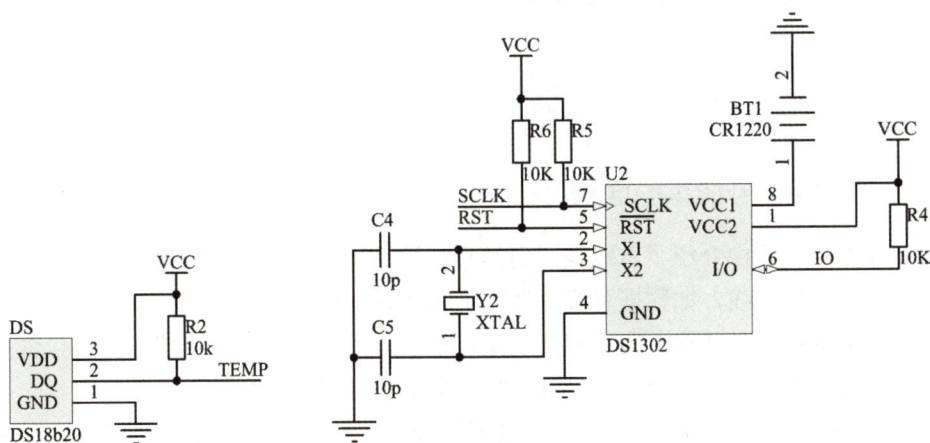

(c) 测温及时钟芯片电路

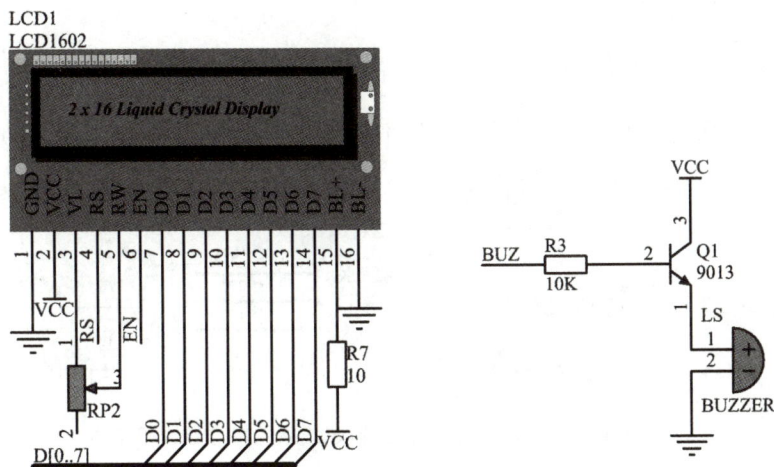

(d) 液晶显示及声音报警电路

图 5-4 单片机万年历整机电路原理图

学习目标

(1) 熟练掌握元件符号的设计方法，能设计液晶显示屏 LCD、排阻 RP1、单片机 89C51 和 USB 插座等元件符号。

(2) 会搜集特殊元件，如 CR1220 型纽扣电池贴片座子的封装尺寸图及其 3D 模型，并设计其封装图形。

(3) 能说出总线和线束的区别，适用的电路范围。

(4) 能采用自底向上的层次原理图设计方法，规范绘制电子万年历的层次电路原理图，并进行图纸验证、编号。

学习笔记

(5) 能按客户要求输出图纸和材料清单文件。

任 务 准 备

一、总线与信号线束的区别

前面项目四中介绍了总线是一组具有相同性质的并行线的集合，是连接各个部件的一组信号线，如数据总线、地址总线和控制总线等。

线束的概念有些像总线，但是线束可以包含的信号线范围更广，可以包含多个不同性质的信号线组合，还可以同时包含多条总线和信号线。

例如，实际中可以将多条信号线捆扎成一组线束，这种多信号连接即称为"Signal Harness"，也就是线束连接器，通过线束及其套件对信号线进行归类分组，可以用更简单的图形展现更复杂的设计。

二、认识线束及其组成

线束包括三个部分：信号线束、线束连接器、线束入口，如图 5-5 所示。

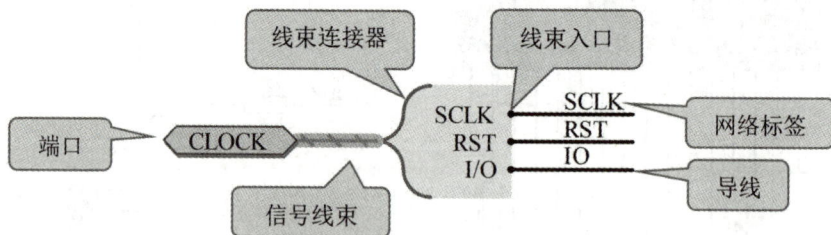

图 5-5　信号线束、线束连接器、线束入口与导线相连

(1) 信号线束是一组信号线的组合，通过信号线束连接到同一个电路图上的另外一个线束接头、电路入口或端口，以使信号连接到另一个原理图。本例就是通过端口与其他图纸相连。

(2) 线束连接器是导线连接端子的一种。在实际电路中连接器又称为线束插接器，可由插头和插座组成。

(3) 线束通过线束入口的名称来识别每个网络或总线。

任 务 实 施

自底向上的层次原理图设计方法是先设计底层原理图，并添加相应的连接端口，再由底层原理图生成方块电路，然后设计顶层原理图，这样层层向上进行设计，最后完成整个原理图设计的方法。注意要确保所有底层原理图和顶层原理图都在同一个工程中。

一、绘制万年历电路元件符号

打开"元件库"文件夹中的"元件集成库.LibPkg"文件，打开"原理图库.SchLib"，按图 5-6 所示绘制元件符号。

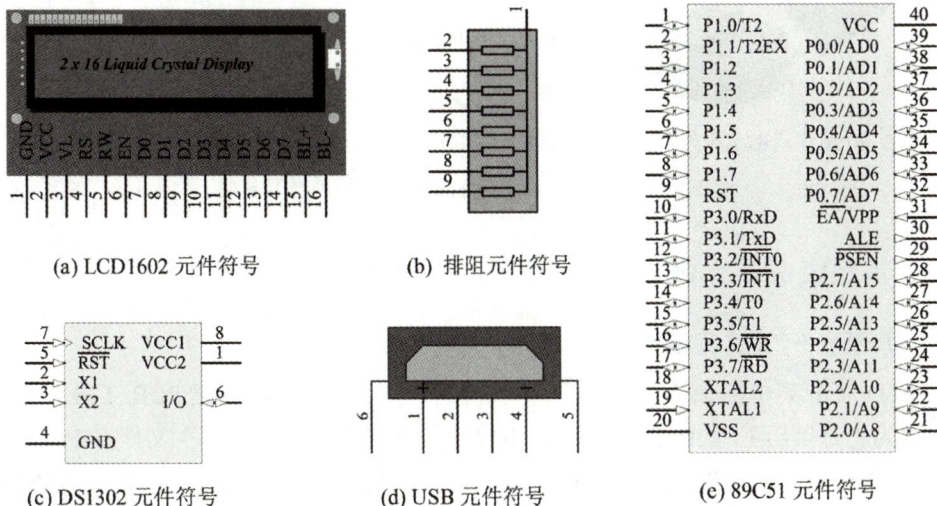

(a) LCD1602 元件符号　　　　(b) 排阻元件符号

(c) DS1302 元件符号　　　(d) USB 元件符号　　　(e) 89C51 元件符号

图 5-6　需要绘制的电子万年历电路元件符号

有些元件可以从库中搜索到相近的元件符号进行复制、粘贴，然后按图示进行修改得到，具体操作方法见项目三的任务 3.1。

(1) Res Pack8 排阻在"Miscellaneous Devices.IntLib"杂项元件库。

(2) DS1302 时钟芯片在 Dallas Semiconductor(达拉斯半导体公司) 的"Dallas Peripheral Real Time Clock.IntLib"实时时钟库。

(3) 89C51 单片机是在 Philips(飞利浦) 的"Philips Microcontroller 8-Bit.IntLib" 8 位微控制器件库。

> ☆技巧提示
>
> 图 5-6 中的 LCD、排阻、USB 等元件符号也可以直接用连接器符号 "Header *"代替，* 号代表该元件引脚的数量，连接时注意对应引脚号即可，这样可以简化元件符号的设计。

二、设计纽扣电池座的元件封装

贴片式 CR1220 型的纽扣电池座的外形如图 5-7(a) 所示。

打开"元件集成库.LibPkg"中的"封装库.PcbLib"，按图 5-7(b) 所示设计 CR1220 型纽扣电池的贴片式座子的 PCB 封装，封装名称为"CR1220"。封装尺寸可以通过网上查找元件数据手册得到，如图 5-7(c) 所示。

学习笔记

5-1　设计液晶显示器的元件符号及封装

5-2　设计其他元件符号及封装

5-3　设计纽扣电池座的符号与封装

(a) 贴片式电池座外形　　　(b) PCB 封装图形　　　(c) 封装图形尺寸

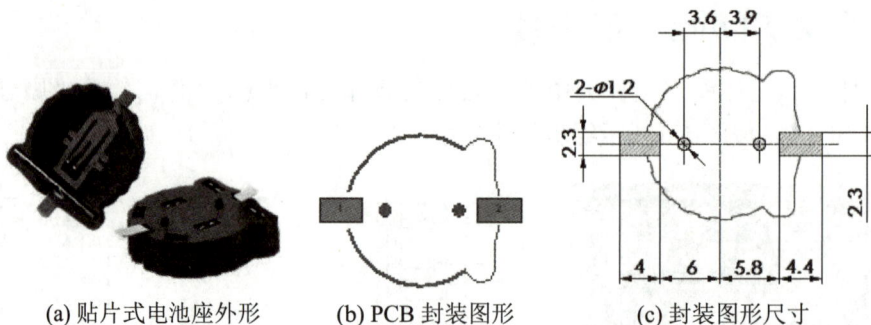

图 5-7　CR1220 型纽扣电池贴片式座子外形及封装

三、放置线束，绘制"单片机最小系统电路"子图

1. 新建 PCB 工程及原理图

(1) 点击菜单栏命令"文件"→"新建"→"项目"，新建 PCB 工程文件，命名为"万年历工程 .PrjPcb"，同时生成并保存在"万年历工程"文件夹中。

(2) 新建底层原理图文件，命名为"单片机最小系统电路 .SchDoc"，设置自定义模板，修改标题名称。

(3) 按照图 5-4(a) 所示，查找相应的元件进行电路绘制。

2. 给总线添加连接端口

要设计成层次原理图，需要在底层电路图中添加连接端口，用于连接顶层总图的图纸入口。单击工具栏中的放置端口按钮 D1 或单击菜单栏"放置"→"端口"命令，这时光标变成"十"字形状并带有一个端口状态。移动光标到总线输出端位置，单击左键，确定端口起始位置；向右移动到端口终点位置，再次点击左键，即可放置一个端口，如图 5-8 所示。此时光标还附有一个端口，可以继续放置，要取消放置可以单击右键或按 Esc 键。

放置好端口，对其双击 (或者在放置状态时按下 Tab 键)，打开"端口属性"设置对话框，设置总线端口名称与总线的网络标签同名为"D[0..7]"，I/O 电气类型为输出"Output"，箭头方向向右，设置对话框如图 5-9 所示。

图 5-8　总线的输出端口　　　　图 5-9　端口属性面板参数

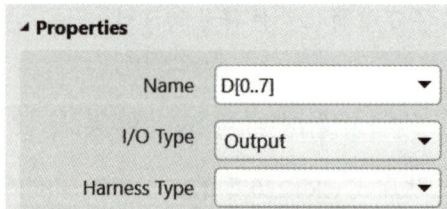

"端口属性"设置面板中的 I/O Type(电气类型) 有 Unspecified(未指定)、Output(输出)、Input(输入) 和 Bidirectional(双向) 四个选项。

3. 放置线束及其组件

(1) 放置线束连接器 (Harness Connector)。单击工具栏中的放置线束连接器按钮 或单击菜单栏"放置"→"线束"→"线束连接器"命令,这时光标变成"十"字形状并带有一个线束连接器状态,按空格键可旋转线束连接器的方向,如图 5-10(a) 所示。单击左键确定起始位置和右下角的终点位置,即可放置一个线束连接器。

放置好线束连接器,双击打开其属性面板,设置线束类型与端口同名即"BUTTON",并隐藏名称,如图 5-10(b) 所示。

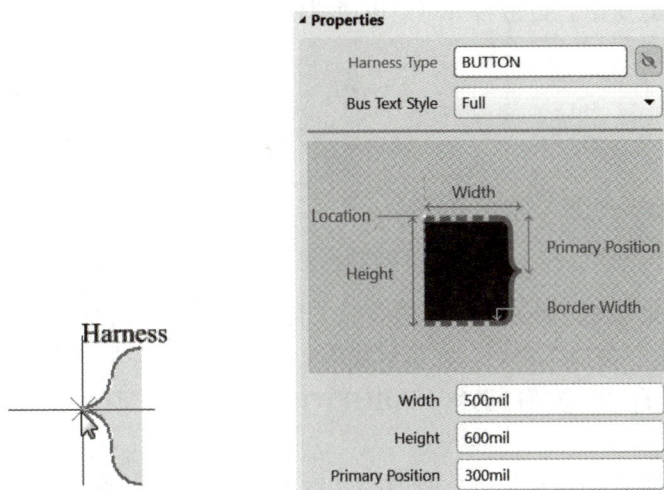

(a) 放置线束连接器的光标状态　　(b) 线束连接器属性面板参数

图 5-10　放置线束连接器的光标状态及属性面板

(2) 放置线束入口 (Harness Entry)。单击布线工具栏中的放置线束连接器按钮 或单击菜单栏"放置"→"线束"→"线束入口"命令,这时光标变成"十"字形状并带有一个线束入口状态,如图 5-11(a) 所示。线束入口只能放置在线束连接器的内部,如果光标在线束连接器的外部,则线束入口将变成灰色,说明不能放置。

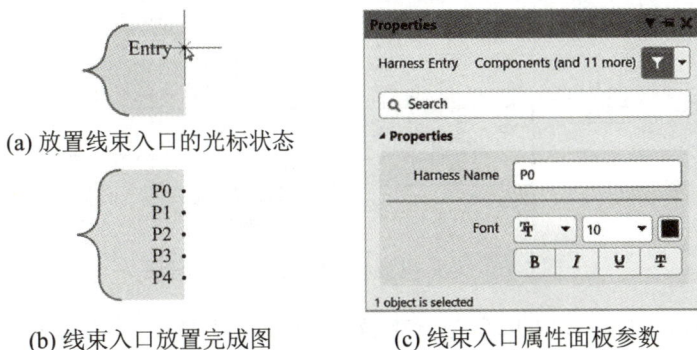

(a) 放置线束入口的光标状态

(b) 线束入口放置完成图　　(c) 线束入口属性面板参数

图 5-11　放置线束入口的光标状态及设置对话框

打开"线束入口"的属性设置对话框，如图 5-11(c) 所示，设置线束入口的名称为"P0"，点击确定按钮，退出对话框。移动光标到线束连接器内部的合适位置，单击鼠标左键即可放置一个线束入口，此时鼠标还附有一个线束入口，可以继续放置，最终放置完 P0～P4 的五个端口，如图 5-11(b) 所示。要取消放置可以单击右键或按 Esc 键。

(3) 放置信号线束 (Signal Harness)。单击布线工具栏中的放置信号线束按钮 或单击菜单栏"放置"→"线束"→"信号线束"命令，光标变成"十"字形状，移动光标到线束连接器的前端，点击鼠标左键确定起始点和终止点，绘制信号线束如图 5-12(a) 所示。点击右键可退出放置信号线束状态。

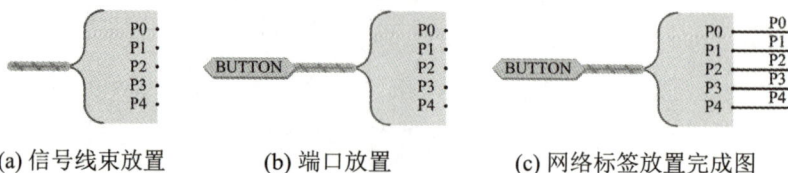

(a) 信号线束放置　　　　(b) 端口放置　　　　(c) 网络标签放置完成图

图 5-12　线束套件放置图

(4) 给线束添加连接端口。单击布线工具栏中的放置端口按钮 或单击菜单栏"放置"→"端口"命令，在信号线束前端位置，单击左键放置一个端口，如图 5-12(b) 所示。设置端口名称为"BUTTON"，I/O 电气类型为"Unspecified"（未指定）。

(5) 给线束添加导线及网络标签。按图 5-12(c) 所示在 P0～P4 的线束入口位置连接导线，在导线上依次放置网络标签，最终完成线束及其套件的连接。

重复以上线束套件及端口的设置方法，完成单片机最小系统电路子图与其余子图的线束连接端设置，最终完成状态如图 5-13 所示。

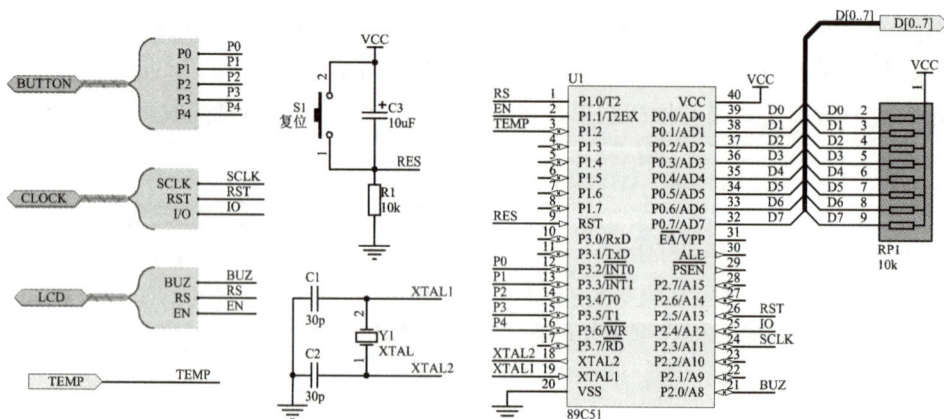

图 5-13　单片机最小系统电路底层原理图

其中端口"TEMP"的 I/O 电气类型为"Input"（输入）。所有线束端口的 I/O 电气类型都是"未指定"(Unspecified)。

四、绘制 USB 及按键控制电路子图

新建底层原理图文件，命名为"USB 及按键控制电路 .SchDoc"，设置自定义模板，修改标题名称。

按图 5-14 所示绘制电路原理图。其中，要添加前面设置过的"BOTTON"线束组件，可以通过菜单命令"放置"→"线束"→"预定义的线束连接器"，选择"BOTTON"直接快速放置该线束，设置隐藏线束连接器的名称即可。

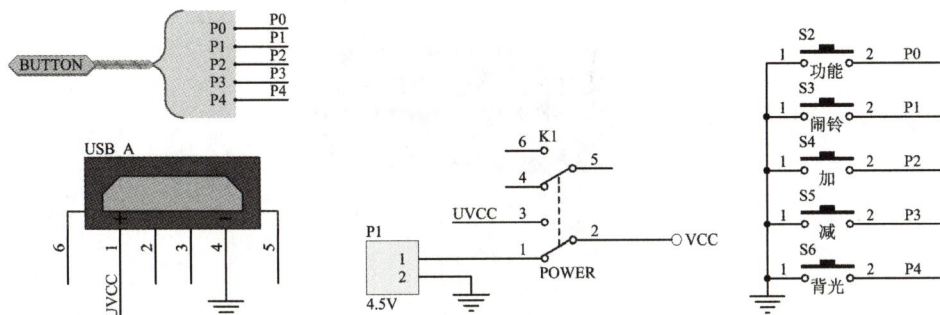

图 5-14　USB 及按键控制电路底层原理图

五、绘制测温及时钟芯片电路子图

新建底层原理图文件，命名为"测温及时钟芯片电路 .SchDoc"，设置自定义模板，修改标题名称。

按图 5-15 所示绘制电路原理图,并添加时钟芯片电路的"CLOCK"线束套件，因为前面设置过该线束，所以可通过菜单命令"放置"→"线束"→"预定义的线束连接器"，选择"CLOCK"线束直接放置。

测温模块端口"TEMP"的 I/O 电气类型为"Output"（输出）。

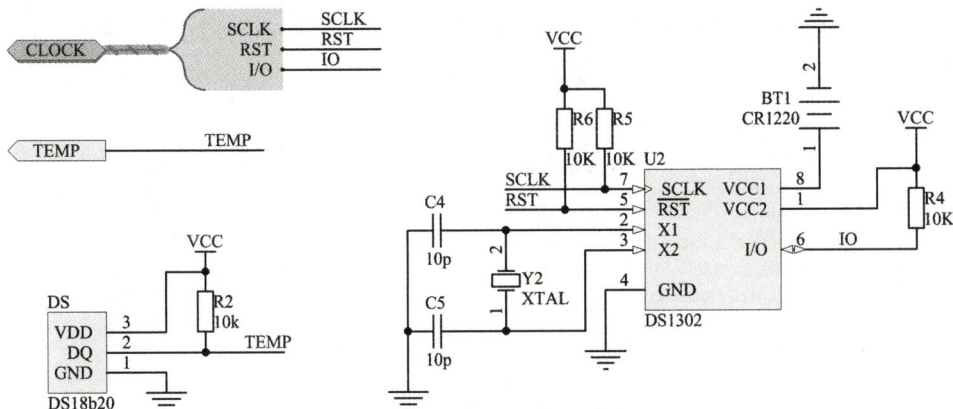

图 5-15　测温及时钟芯片电路的底层原理图

六、绘制液晶显示及声音报警电路的底层原理图

新建底层原理图文件，命名为"液晶显示及声音报警电路 .SchDoc"，设置自定义模板，修改标题名称。

按图 5-16 所示绘制电路原理图，并添加"LCD"线束套件，点击菜单命令"放置"→"线束"→"预定义的线束连接器"，选择"LCD"线束直接放置。总线端口"D[0..7]"的 I/O 电气类型为"Input"（输入）。

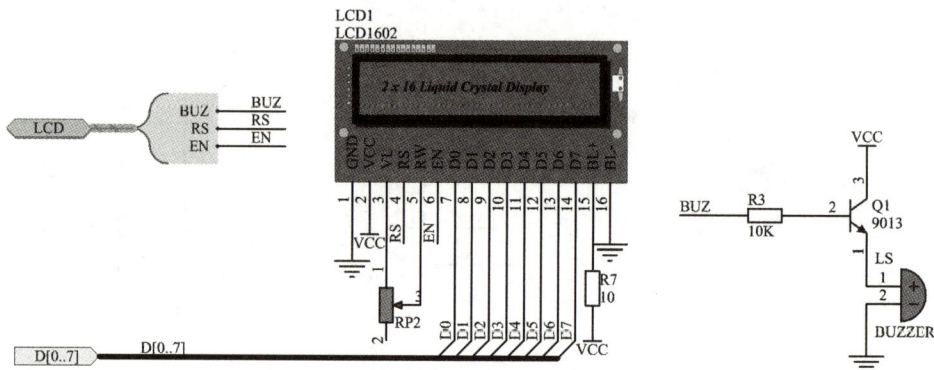

图 5-16　液晶显示及声音报警电路

七、设计万年历顶层电路的原理图

(1) 新建顶层原理图文件，命名为"万年历顶层电路 .SchDoc"，设置自定义模板，修改标题名称。

(2) 单击菜单栏命令"设计"→"Create Sheet Symbol From Sheet"（从图纸生成图表符），打开"Choose Document to Place"对话框，如图 5-17 所示。在该对话框中列出了除当前工作窗口"主图"外的同一个工程所有的原理图文件。

(3) 选择"单片机最小系统电路 .SchDoc"文件，单击"OK"按钮，这时软件会关闭对话框，并在变成"十"字形状的光标上出现一个浮动的方块图表符，如图 5-18 所示。

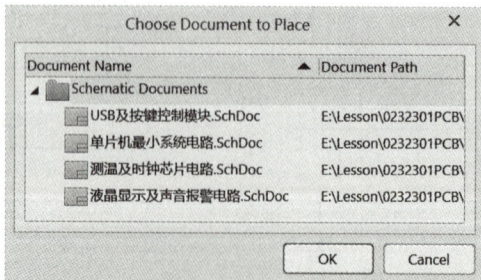

图 5-17　"Choose Document to Place"对话框

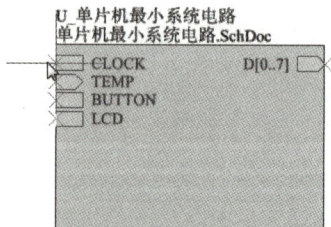

图 5-18　附有图表符的光标状态

移动光标到图纸中央位置，单击左键放置图表符，按图 5-19 所示调整图表

符内部的端口位置。

(4) 重复上述步骤，放置所有子图的方块图表符，并调整图表符内部的端口位置，如图 5-19 所示。

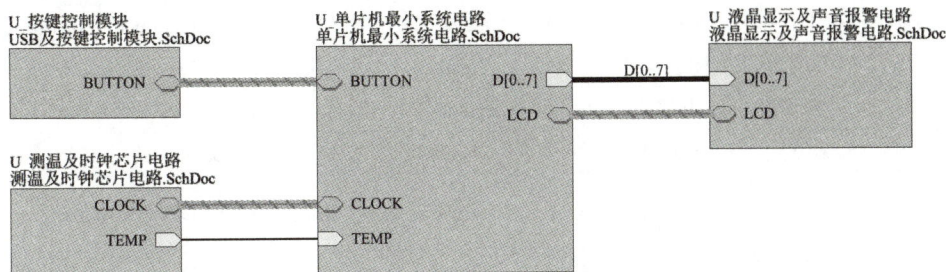

图 5-19　单片机万年历顶层电路完成图

(5) 根据各个端口的不同信号性质，分别用信号线束、总线及导线来连接各方块电路图，完成顶层电路原理图的绘制，如图 5-19 所示。

八、修改元件封装、图纸自动编号、验证工程

1. 批量修改元件封装

单击"工具"→"封装管理器"命令，在弹出的"Footprint Manager"对话框中将所有封装按表 5-4 设置正确。

(1) 除时钟芯片 DS1302 需用的备用电池 CR1220 为贴片式纽扣座子外，其余元件均为直插式元件。

(2) 为使 PCB 面积小型化，电阻和瓷片电容的直插式封装都选用最小规格的封装。电解电容选用常见的径向小规格 5 mm × 11 mm。RP1 为单列的直插式排阻，RP2 为蓝白卧式封装电位器。

(3) 温度传感器 DS18b20 及三极管都是 TO-92 封装。液晶显示器封装采用 1 × 16 的连接器封装。两个直插式（时钟芯片、单片机）集成芯片封装采用常见的 DIP 封装。

(4) POWER 电源开关采用 7 mm × 7 mm 的六脚自锁按键开关，S1～S6 采用四脚轻触式开关。USB 接口采用 A 型座子，4.5 V 的电池接口排针必须带"+"号标注极性。

表 5-4　单片机万年历电路元器件表

元件位号	元件注释	元件封装	数量	库引用名称	元件（封装 F）所属元器件库名
BT1	CR1220	CR1220（自制）	1	Battery	Miscellaneous Devices.IntLib
C1, C2	30p	RAD-0.1	2	Cap	Miscellaneous Devices.IntLib
C3	10uF	RB.1/.2（自制）	1	Cap Pol2	Miscellaneous Connectors.IntLib
C4, C5	10p	RAD-0.1	2	Cap	Miscellaneous Devices.IntLib
DS	DS18b20	TO-92	1	Header 3	Miscellaneous Connectors.IntLib

元件位号	元件注释	元件封装	数量	库引用名称	元件 (封装 F) 所属元器件库名
K1	POWER	DPDT-6	1	SW DPDT	Miscellaneous Devices.IntLib
LCD1	LCD1602	HDR1 × 16	1	自己制作	(F)Miscellaneous Connectors.IntLib
LS	BUZZER	RB7.6-15	1	Speaker	Miscellaneous Devices.IntLib
P1	4.5V	BAT-2	1	Header 2	Miscellaneous Devices.IntLib
Q1	9013	TO-92A	1	2N3904	Miscellaneous Devices.IntLib
R1-R6	10k	AXIL-0.3	6	Res2	Miscellaneous Devices.IntLib
R7	10	AXIAL-0.3	1	Res2	Miscellaneous Devices.IntLib
RP1	10k	HDR1 × 9	1	自己制作	(F)Miscellaneous Connectors.IntLib
RP2	10k	POT	1	POT	元件集成库 .IntLib (自己制作)
S1	复位	SW-P4	1	SW-4PB	
S2	功能	SW-P4	1	SW-4PB	
S3	闹铃	SW-P4	1	SW-PB	
S4	加	SW-P4	1	SW-4PB	
S5	减	SW-P4	1	SW-4PB	
S6	背光	SW-P4	1	SW-4PB	
U1	89C51	SOT129-1	1	自己制作	(F)Philips Microcontroller 8-Bit. IntLib
U2	DS1302	DIP8	1	DS1302	Dallas Peripheral Real Time Clock.IntLib
USB	USB_A	USB2.5-2H4C	1	自己制作	(F)Con USB.PcbLib
Y1,Y2	XTAL	RAD-0.2	2	XTAL	Miscellaneous Devices.IntLib

2. 图纸自动编号

单击菜单命令"工具"→"标注"→"图纸编号",弹出图 5-20 所示的对话框。勾选其左下方的"自动图纸编号",单击"确定"完成图纸自动编号。

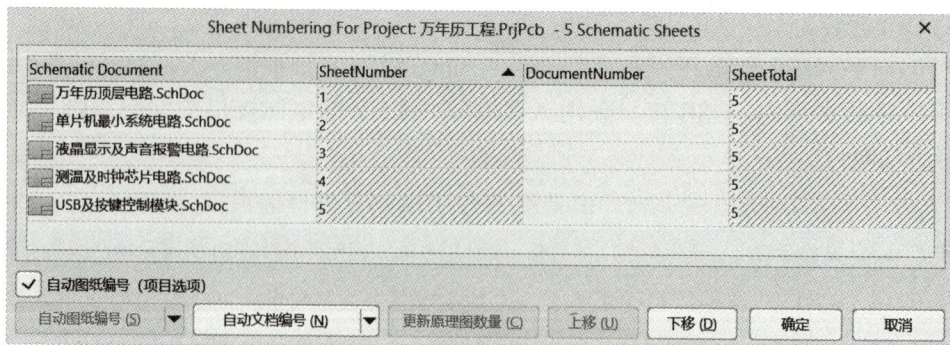

图 5-20　图纸编号对话框

3. 验证工程

单击菜单命令"工程"→"Validate PCB Project 万年历工程 .PrjPcb",对工

程执行验证，如果弹出"Messages"信息面板，说明电路有错误，则需要修改电路再次编译，直至无弹出报警信号为止。

☆技巧提示

顶层原理图和子原理图中的总线上一定要放置与端口同名的网络标签 [D0..7]，否则电路验证会出现错误。

任务5.2 // 设计万年历电路的双面异形PCB

任 务 单

任务要求

万年历的 PCB 设计要求如下：

(1) 板框：圆角矩形，大小为 102.5 mm × 60 mm，圆角半径为 2.5 mm。在 PCB 四角放置安装孔，孔径 2.5 mm，孔心位置距离板边框 2.5 mm。

(2) 参考图 5-21 进行 PCB 布局，并放置"单片机液晶万年历"字样。

(3) 布线规则：双面板；安全间距为 0.3 mm；GND 和 VCC 的线宽都是 0.8 mm，其余走线为 0.5 mm；焊盘孔径 0.9 mm，直径 1.8 mm，布线参考图 5-21。

(4) 添加泪滴焊盘、覆铜。输出电路板的 PDF 文件和制造文件。

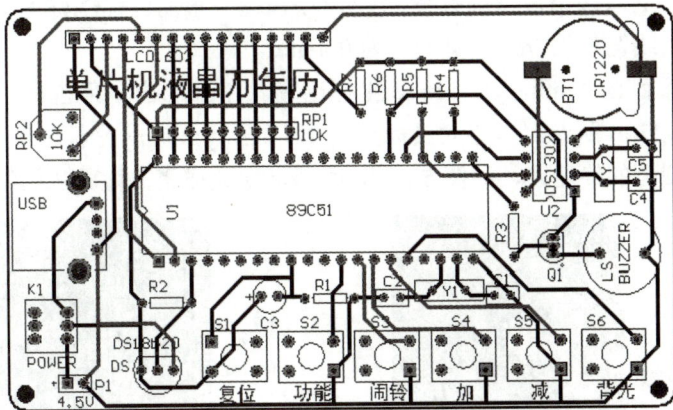

图 5-21　单片机万年历电路 PCB 设计图

学习目标

(1) 熟练掌握圆角矩形双面 PCB 板框的手工设计方法。

(2) 严格按照 PCB 布局布线规范，完成单片机万年历电路的双面 PCB 设计。

(3) 能按客户要求输出图纸和制造文件。

任 务 实 施

一、设计 PCB 的圆角矩形板框

1. 新建 PCB 文件及设置参数

在 Project 面板中选择"万年历工程 .PrjPcb"，点击右键菜单命令"添加新的 ... 到工程"→"PCB"，为工程添加 PCB 板，命名为"万年历 PCB.PcbDoc"。

设置参考原点在 PCB 绘图区域左下角位置。按下快捷键"Q"，修改单位为"mm"。按下快捷键"G"，设置栅格大小为 0.5 mm，在"栅格属性"中设置为线性栅格，使边框绘制更准确。

2. 绘制板框并放置尺寸线

(1) 绘制矩形板框。选择"Keep-Out Layer"禁止布线层，点击常用工具栏中的"🖊"放置禁止布线线径图标，以参考原点为起点绘制直线，双击修改直线长度，首尾连接，最后得到一个 102.5 mm × 60 mm 的矩形板框。

(2) 放置尺寸标注。选择机械层"Mechanical1"。点击常用工具栏中的"🔟"置线性尺寸图标，放置边框下方和左侧的尺寸标注，修改尺寸标注单位为"Millimeters"（毫米），并显示后缀"mm"。

(3) 设计 PCB 的矩形圆角。

① 在 PCB 四角放置 1/4 圆弧。选择禁止布线层标签"Keep-Out Layer"。点击布线工具栏的从边沿放置圆弧按钮🌙，该按钮放置的圆弧刚好为 90°，按 Tab 键设置圆弧的线宽与板框的线宽一致为 0.3 mm。

移动鼠标到 (x:0 mm，y:2.5 mm) 坐标位置，点击左键，确定第一段圆弧的起始点，如图 5-22(a) 所示。再移动鼠标到 (x:2.5 mm，y:0 mm) 坐标位置，点击左键，确定第一段圆弧的终止点，如图 5-22(b) 所示，即完成第一段圆弧的绘制。

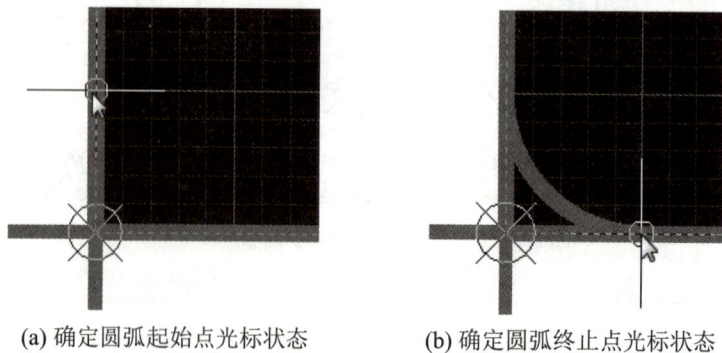

(a) 确定圆弧起始点光标状态　　　　(b) 确定圆弧终止点光标状态

图 5-22　放置 1/4 圆弧的光标状态

用同样的方法，在距离其余三个顶点 2.5 mm 位置的地方分别放置三段 1/4 圆弧，如果发现圆弧的开口方向相反，则按下空格键可以切换圆弧的开口方向。

② 删除多余的矩形边线。选择其中一条边框线，此时边框线上的两边与中间会出现 3 个白色的控制点，将鼠标移动到其中一边的控制点上，光标会变成一个 "↔" 左右箭头符号，如图 5-23(a) 所示。此时按下左键并拖曳边线，使导线刚好与圆弧相割，如图 5-23(b) 所示。

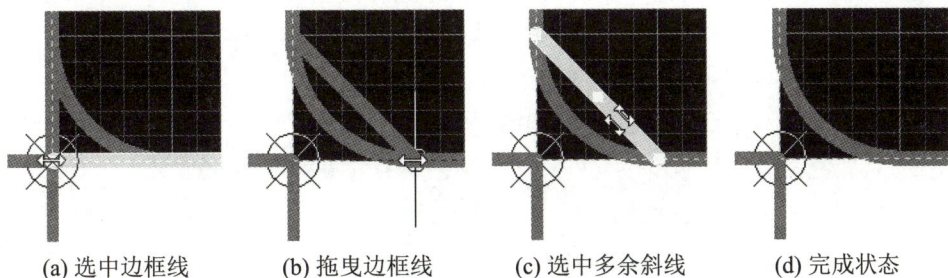

(a) 选中边框线　　(b) 拖曳边框线　　(c) 选中多余斜线　　(d) 完成状态

图 5-23　删除多余边框线的光标状态

由于拖动改变了边框线，此时系统会弹出一个对话框如图 5-24 所示，询问是否删除原始的尺寸线，点击 "Yes" 按钮删除边框尺寸线，点击 "No" 按钮保留尺寸线。选中多余的斜线，如图 5-23(c) 所示，按 Delete 键删除多余的线。最终完成状态如图 5-23(d) 所示。

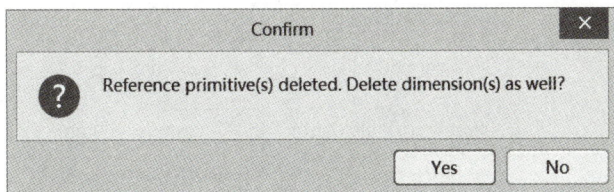

图 5-24　删除边框尺寸线的确认对话框

3. 裁剪圆角矩形板框

选中所有板框线，点击菜单栏命令 "设计" → "板子形状" → "按照选择对象定义"，或者按下快捷键 "D" → "S" → "D"，完成板框定义。

如果按下快捷键后弹出如图 5-25 所示的对话框，说明当前的板框线不能合围形成封闭的形状，无法定义板框，图示中具体的坐标位置是在 (3 mm，0 mm) 处没有封闭。此时可以单击 "No" 按钮，回到 PCB 编辑界面查找该坐标位置，修改边框线为封闭图形。

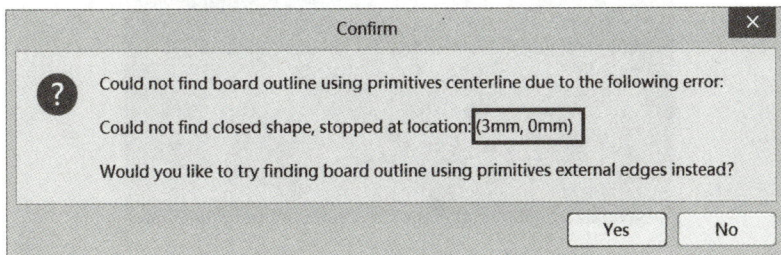

图 5-25　未能正确定义边框的确认对话框

修改完成后再选择所有边框线，按快捷键 "D" → "S" → "D"，重新定义板框。

4. 放置安装孔

在 PCB 板的四角放置安装孔，孔径为 2.5 mm，孔心距离板边间距为 2.5 mm。右键选择工具栏中的放置焊盘按钮 ◉，或者选择菜单命令 "放置" → "焊盘"，单击 Tab 键，修改焊盘的 X、Y 位置 (孔心距离板边界 2.5 mm)，焊盘的外径及孔径都是 2.5 mm，如图 5-26 所示。

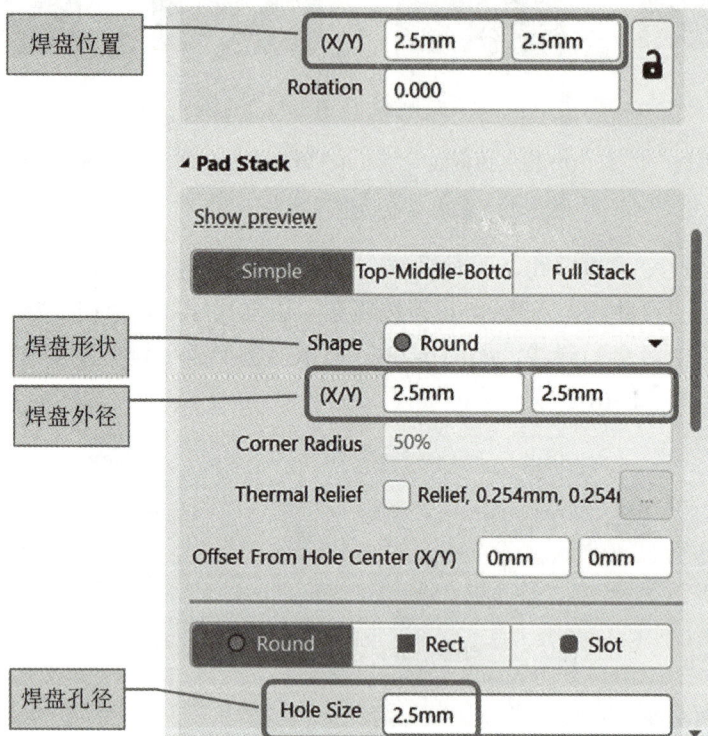

图 5-26　安装孔参数设置

分别在 PCB 板四角依次放下 4 个安装孔，最终的 3D 效果如图 5-27 所示。最后保存 PCB 文件。

图 5-27　安装孔放置完成的电路板 3D 图

二、导入原理图网络并对元器件进行布局

单击"设计"→"Import Changes From 万年历工程 .PrjPcb"（导入"万年历工程 .PrjPcb"的变化）菜单命令，在弹出的"工程更改顺序"对话框中，单击"执行更改 (Validate Changes)"按钮，若没有"⊗"错误标记，则单击关闭按钮关闭对话框。否则需要返回原理图修改，直至无错误为止。

参考图 5-21 所示的 PCB 布局，进行元器件布局，并放置"单片机液晶万年历"字样，显示按键的中文注释。

三、设置布线规则并进行布线

(1) 设置布线规则：双面板；安全间距为 0.3 mm；GND 和 VCC 的线宽都是 0.8 mm，其余走线为 0.5 mm；焊盘孔径为 0.9 mm，直径为 1.8 mm，具体设置可参考项目三的任务 3.6。

(2) 参考图 5-2 所示的 PCB 布线，进行布线。

(3) 设计规则检查：执行菜单命令"工具"→"设计规则检查"，点击"运行 DRC"按钮进行 PCB 检查，如果有错误就修改，方法详见任务 2.2 和任务 3.6。

四、添加泪滴焊盘及覆铜

(1) 点击菜单命令"工具"→"泪滴"，为所有焊盘及过孔添加泪滴。

(2) 在层标签中选择"Bottom Layer"，点击菜单命令"放置"→"覆铜"，或点击工具栏中的▦覆铜按钮。选择"Hatched"网格模式覆铜，网络选项中选择连接到"GND"，线宽为 0.2 mm，网格大小为 0.8 mm。当光标变成十字形后分别点击板框的四个角，再点击右键即可完成覆铜。

五、输出 PDF 文件及制造文件

(1) 输出 PCB 的 PDF 文件：除了输出默认的 PCB 复合打印图层外，还要输出底层线路层、顶层线路层（镜像）、顶层丝印层（镜像）。

(2) 输出 Gerber Files 和 NC Drill Files 制造文件，详见任务 2.3 的操作。

展示项目、考核评价

按照分组，由项目验收员检查项目完成情况，各组展示设计作品，介绍项目设计过程等。根据考核评价表 5-5 进行小组自评、组间互评、教师评价。

表 5-5　考核评价表

姓名		组别		小组成员				
考核项目	考核内容	评 分 标 准			配分	自评 20%	互评 20%	师评 60%
任务 5.1 绘制层次原理图 35 分	元件符号及封装	完成万年历元件符号及封装的绘制			5			
	绘制层次原理图	五张原理图的模板选用、名称、图纸编号设置正确，图纸绘制正确得 5 分 / 张。如有错误每处扣 2 分，扣完为止			25			
	输出图纸材料清单	正确输出原理图 PDF 文件得 3 分。正确输出材料清单得 2 分，格式不正确扣 1 分			5			
任务 5.2 设计圆形 PCB 35 分	设计 PCB 板框	PCB 圆角矩形边框尺寸设置正确，图层放置正确，安装孔设置正确			5			
	PCB 布局、布线	PCB 导入封装、标注或网络有错误，元件布局、文字放置及布线明显欠合理的，每处扣 2 分，累计扣完 25 分为止			25			
	输出 PCB 图纸及制作文件	输出 PCB 的四张 PDF 文件、钻孔文件及光绘文件，每错误或缺少 1 个扣 2 分，扣完 5 分为止			5			
职业素养 30 分	岗位职责	分工合理，主动性强，能按计划进度完成设计项目，严谨认真地完成岗位职责			10			
	爱岗敬业	遵守行业规范、现场 6S 标准，有安全意识、责任意识、服从意识			10			
	团队协作	互相协作、交流沟通、分享能力			10			
合　计					100			
评价人		时间			总分			

【拓展训练5】　数字钟异形电路板的设计

训练内容：绘制数字钟电路的层次原理图，共 6 张图纸，如图 5-28 所示。可以采用自顶向下的方法绘制，也可以采用自底向上的方法绘制，将电路设计为双面 PCB。

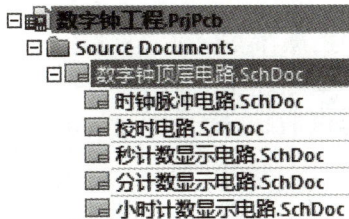

图 5-28　数字钟电路树状目录

1. 原理图绘制要求

(1) 模板采用自定义模板，设置电路标题。

(2) 绘制如图 5-29 所示的数字钟顶层电路及图 5-30 至图 5-34 所示的数字钟子电路原理图。如果图中的元器件符号或封装在软件库中没有，则自行绘制。其中各端口的电气属性可以根据端口的箭头方向来确定，如输出或输入，自动图纸编号。

(3) 电路元件明细如表 5-6 所示，修改元件位号、注释、封装等参数信息。

(4) 输出原理图 PDF 文件，包含材料清单。

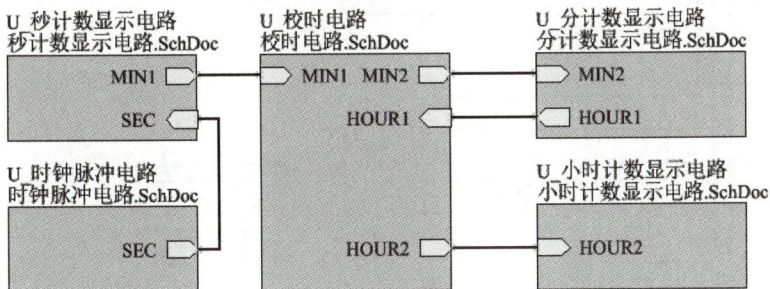

图 5-29　数字钟顶层电路

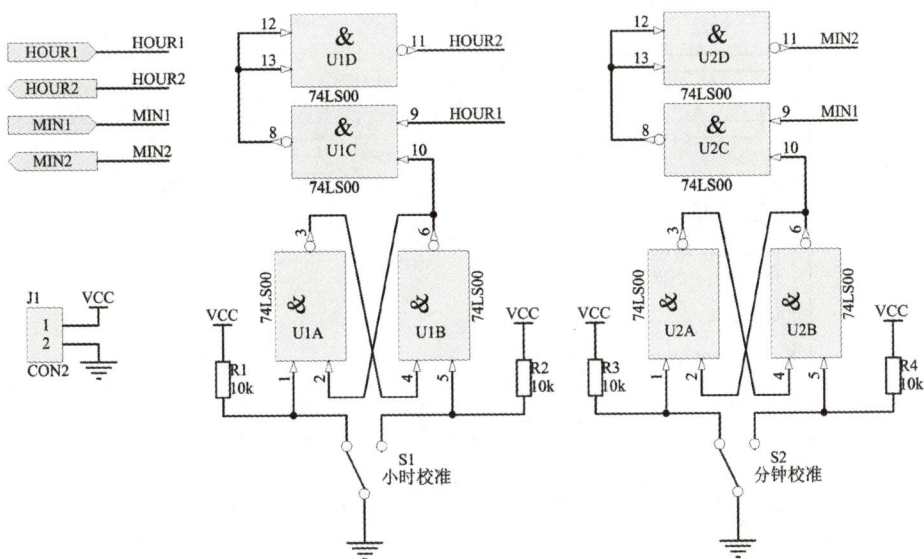

图 5-30　校时电路 (子图 1)

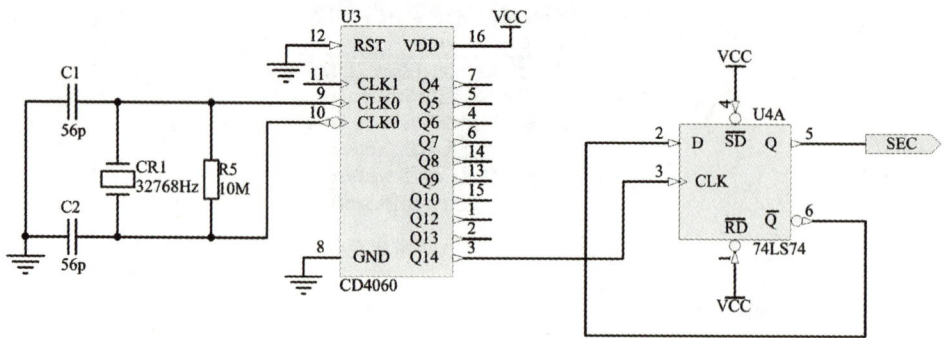

图 5-31　时钟脉冲电路（子图 2）

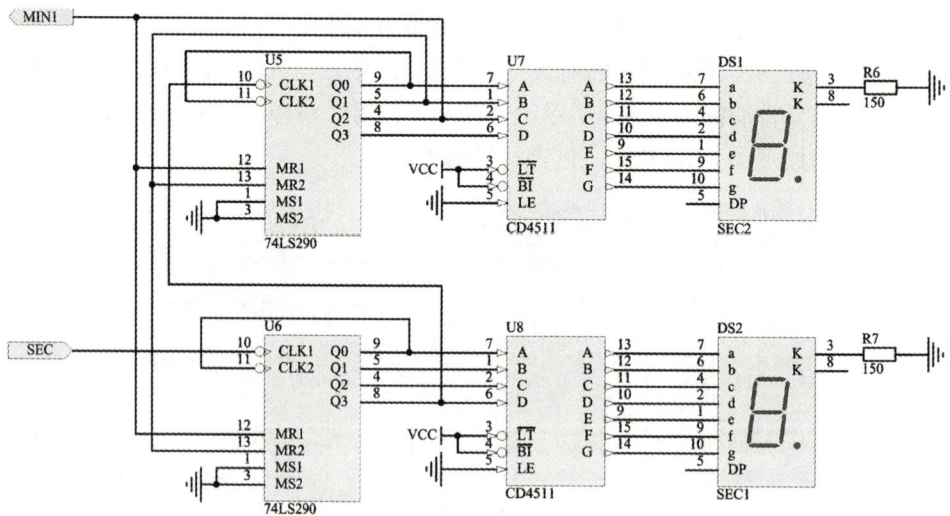

图 5-32　秒计数器显示电路（子图 3）

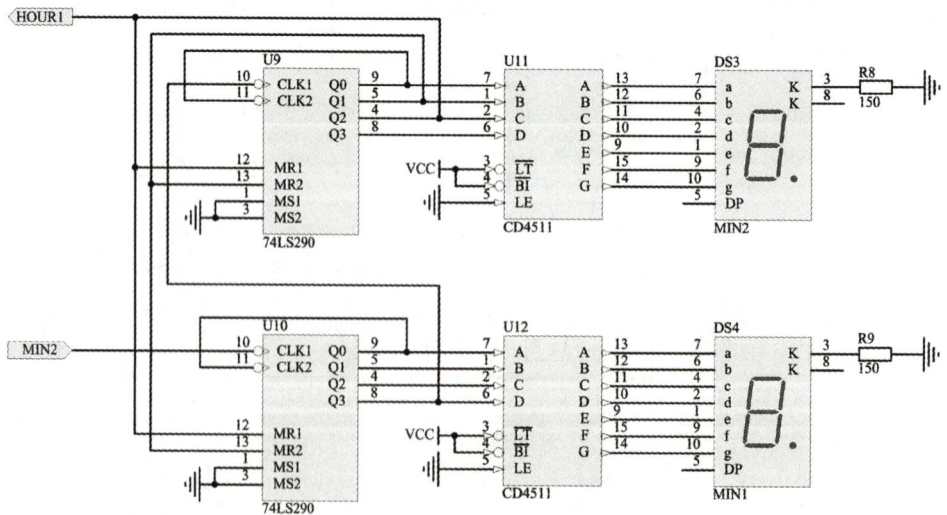

图 5-33　分计数器显示电路（子图 4）

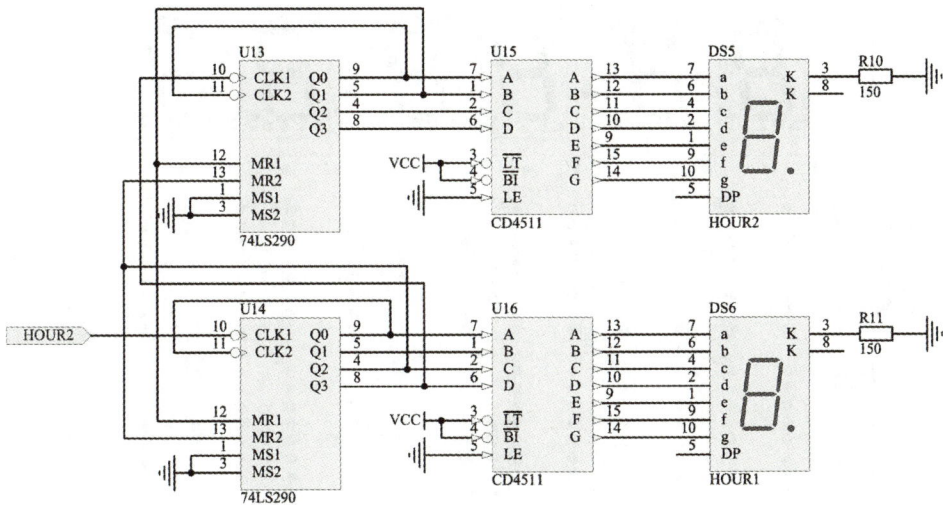

图 5-34 小时计数器显示电路 (子图 5)

表 5-6 数字钟电路元器件表

位号	注释	封装	位号	注释	封装
C1, C2	56p	RAD-0.1	S1	小时校准	SW-P4
CR1	32768Hz	SPST-2	S2	分钟校准	SW-P4
DS1, DS2	SEC2, SEC1	H	U1, U2	74LS00	DIP-14
DS3, DS4	MIN2, MIN1	H	U3	CD4060	DIP-16
DS5, DS6	HOUR2, HOUR1	H	U4	74LS74	DIP-14
J1	CON2	BAT-2	U5,U6,U9,U10, U13, U14	74LS290	DIP-14
R1-R4	10k	AXIAL-0.3			
R5	10M	AXIAL-0.3	U7,U8,U11, U12,U15,U16	CD4511	DIP-16
R6-R11	150	AXIAL-0.3			

2. PCB 设计要求

(1) 板框：圆角矩形，尺寸为 120 mm × 90 mm，圆角半径 2.5 mm，安装孔直径 2.5 mm，距离板边界 2.5 mm。边框线放置在禁止布线层，尺寸线在机械层 1。

(2) PCB 布局参考图 5-35。

(3) 布线：双面板，安全间距设置为 0.3 mm，GND 线宽为 0.5 mm，其余线宽为 0.3 mm。

(4) 双面覆铜，栅格状覆铜。

(5) 输出 PDF 文件和制造文件。

学习笔记

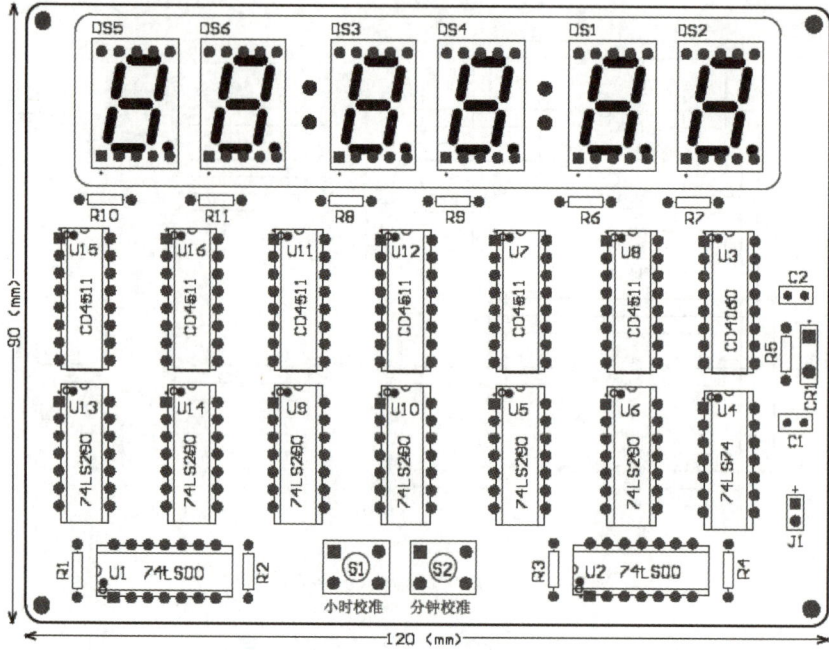

图 5-35　数字钟 PCB 布局参考图

项目六

无线鼠标四层异形 PCB 设计

PCB 四层板的特点

在所有多层 PCB 中，最常见的是四层印制电路板。四层 PCB 的堆叠非常坚固，它包括顶层、内层 1、内层 2 和底层，两个内层位于顶层和底层之间，如图 6-1 所示。因此，四层 PCB 意味着两个信号层加上一个正电压 (VCC) 层加上一个接地 (GND) 层或三个信号层加上 GND 层。在四层 PCB 设计中，有更多的表面可用于走线，因此，四层 PCB 被广泛用于许多现代电子设备中，例如智能手机、平板电脑和笔记本电脑等。

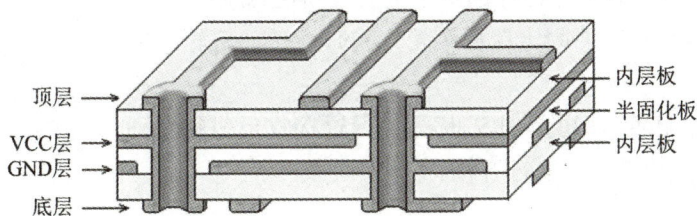

图 6-1 四层 PCB 的内部结构

项目描述

某 PCB 设计公司接到订单，要求根据客户提供的原理图资料，设计一款无线鼠标产品，如图 6-2 所示。

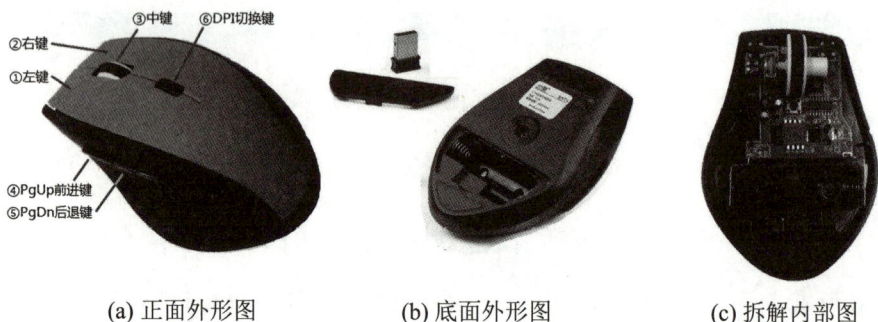

（a）正面外形图   （b）底面外形图   （c）拆解内部图

图 6-2   无线鼠标外形图

该产品的电路板为四层异形电路板，由于要固定在产品外壳中，所以要求严格按照外形尺寸设计异形板框。

（1）通过连接电池座的两个金属极固定电路板。

（2）因为需要固定鼠标滚轮，同时能转动滚轮，所以在滚轮位置需要将电路板开槽。

（3）无线鼠标的光电芯片需要通过接收反射的红外光线来确定光标位置，所以要在光电芯片的底部开槽。

项目分组

采用随机或扑克牌分组法，4 人一组，确定分工，完成表 6-1 的填写。

表 6-1   项目分组表

组别			小组 LOGO	
组名				
团队成员	学 号	岗 位	工 作 职 责	
		项目经理	与甲方对接，编写设计方案，填写报价单，统筹计划，安排任务，解决问题	
		PCB 设计工程师	进行原理图绘制、PCB 版图设计、技术指导	
		PCB 测试工程师	负责原理图及 PCB 版图的验证、测试，输出图纸，团队协调工作	
		项目验收员	资料汇总、编制项目报告。根据任务单、考核评价表，对团队成员进行打分评价	

项目分析及评估报价

根据客户需求及提供的资料，对项目进行分析，将设计工作流程填入图 6-3 中。根据设计图纸资料、PCB 设计要求、PCB 加工工艺等进行评估报价。填写表 6-2 的元件明细表及报价单和表 6-3 的 PCB 项目报价单。

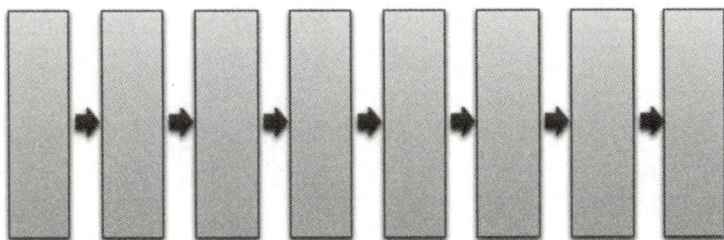

图 6-3　PCB 项目设计流程图

表 6-2　元件明细表及报价单

PCB 名称				报价日期					
序号	名称	具体参数	封装	位号	数量	供应商	单价	合计	备注
1									
2									
3									
4									
5									
6									
7									
8									
9									
10									
11									
12									
13									
14									
15									
16									
17									
18									
合计金额									

学习笔记

学习笔记

PCB 报价单

尊敬的客户：准确清楚的加工工艺要求和指示是产品成功的保证，请一定认真填写该说明书。

表 6-3　PCB 项目报价单

甲方（需方）：＿＿＿＿＿＿＿＿＿＿有限公司　　乙方（供方）：＿＿＿＿＿＿＿＿＿＿

PCB 名称		文件名	
报价日期		资料附件	＿＿＿＿＿张

□新投（新文件）
□加做（文件与上一版完全相同，以下内容只需写数量和交货日期）
□改版（文件有少许变动）

1. 数量	□单板＿＿＿块 □拼板连片数＿＿＿块 　横片数＿＿＿，纵片数＿＿＿	11. 过孔是否覆盖阻焊	□过孔盖油 □过孔开窗 □过孔塞孔（塞油墨） □过孔塞孔（塞树脂）
2. 板型尺寸	单板：长＿＿＿mm × 宽＿＿＿mm	12. 工艺边框	□＿＿＿mm
3. 材料	□ FR-4 □其他材料：＿＿＿	13. HDI（盲埋孔）	□有 □无 （4 层板及以上）
4. 板层	□1 □2 □4 □其他：＿＿＿		
5. 板厚	□1.2 □1.6 □其他：＿＿＿mm	14. 测试	□是 □否
6. 铜箔厚度	外部：□1oz □2oz □3oz □4oz 内部：□0.5oz □1oz □其他＿＿＿oz	15. 表面处理	□有铅喷锡 □沉金 □无铅喷锡 □OSP
7. 最小线宽	□10 □8 □6 □5 □4 □3.5 mil	16. 特殊工艺	□阻抗 □金手指斜边 □半孔/包边 □盘中孔
8. 最小孔径	□0.3 mm □0.25 mm □0.2 mm		
9. 阻焊颜色	□绿色 □其他：＿＿＿	17. 交货日期	
10. 字符颜色	□白色 □黑色	18. 是否加急	□否 □是
其他特殊说明	（如交付资料要求、交货方式等）		

PCB 设计费用	PCB 制作费用	元件及耗材费用	贴片加工费用	插件加工费用	后续人工费用	邮寄费用

总计金额	￥＿＿＿＿元，（大写）＿＿＿＿＿＿＿＿元整

任务6.1 // 绘制无线鼠标的电路原理图

任 务 单

任务要求

(1) 创建无线鼠标工程，绘制无线鼠标的电路原理图，如图 6-4 所示，元件信息如表 6-4 所示。

(2) 部分 AD 软件库里没有的元件符号，按图自行创建。

(3) 特殊元件封装需要搜索封装尺寸图，按图设计封装图形。

(4) 输出原理图 PDF 文件以及材料清单。

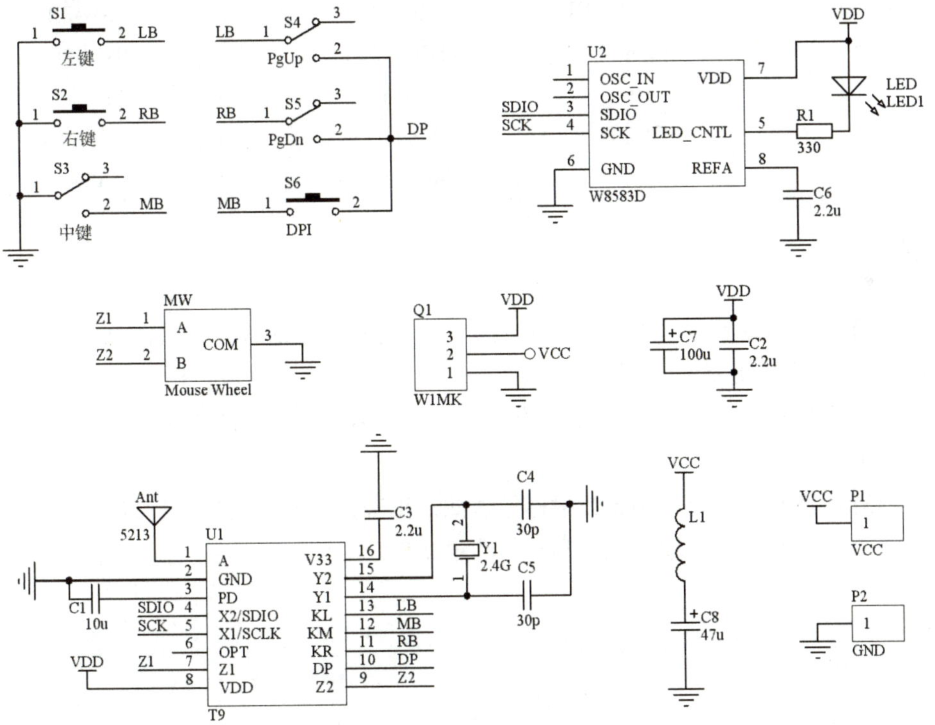

图 6-4　无线鼠标的电路原理图

图 6-3 所示的无线鼠标电路由按键控制模块、鼠标控制主体电路和光电感应模块三部分组成。其中按键控制电路由 6 个按键和鼠标滚轮编码器构成；光电感应模块主要由无线鼠标光电芯片和红外 LED 构成；鼠标控制主体电路主要由 T9 型号无线鼠标芯片和 2.4 GHz 接收天线构成。无线鼠标电路所采用的电源为一节 1.5 V 干电池。

表 6-4　无线鼠标控制电路元器件表

元件位号	元件注释	元件封装	数量	库引用名称
Ant	5213	Antenna(自制)	1	Antenna
C1	10u	1608[0603]	1	Cap
C2、C3、C6	2.2u		3	
C4、C5	30p		2	
C7	100u	cap2.5-4(自制)	1	Cap Pol2
C8	47u	cap2.5-4(自制)	1	Cap Pol2
L1		L2.5-4(自制)	1	Inductor
LED	LED1	LED-1	1	LED1
MW	Mouse Wheel	TENFE11-SS(自制)	1	自己制作
P1、P2	VCC, GND	PIN1	2	自己制作
Q1	W1MK	SOT-23B_N	1	Header 3
R1	330	6-0805_N	1	Res2
S1、S2、S6	左键、右键、DPI	B2(自制)	3	SW-PB
S3、S4、S5	中键、PgUp、PgDn	B3(自制)	3	SW-SPDT
U1	T9	SO-16_M	1	自己制作
U2	W8583D	ADIP8(自制)	1	自己制作
Y1	2.4 G	XTAL1.5(自制)	1	XTAL

学习目标

(1) 熟练掌握元件符号的两种设计方法，这两种方法分别是修改 AD 软件库中的元件符号和自行绘制元件符号。

(2) 会搜集特殊元件如鼠标滚轮编码器和鼠标微动开关的封装尺寸图，并设计其封装图形。

(3) 能按制图规范绘制无线鼠标原理图，正确设置元件信息及封装。

(4) 能按客户要求输出图纸和材料清单文件。

任 务 实 施

一、新建工程、原理图及元件库文件

(1) 新建 PCB 工程文件，命名为"鼠标工程 .PrjPcb"。

(2) 新建原理图文件，命名为"无线鼠标电路原理图 .SchDoc"，保存添加到工程中。

(3) 新建原理图库、封装库，命名为"鼠标元件符号库 .SchLib"和"鼠标元件封装库 .PcbLib"。

6-1　绘制无线鼠标原理图

二、创建元件符号及绘制电路原理图

(1) 打开电路原理图文件，设置图纸为传统本地 A4 模板，输入标题栏信息。

(2) 绘制无线鼠标电路原理图如图 6-4 所示，对于元件库中没有的元件符号需要自行绘制，如 U1、U2 和 MW 等元件的符号。

(3) 按表 6-4 设置元件位号、注释等参数。

三、设计元件封装

(1) 设计天线和晶振的封装，如图 6-5 所示，命名为"Antenna"和"XTAL1.5"。其中，天线的封装为贴片式，晶振的 2 个焊盘间距就是 1.5 mm。

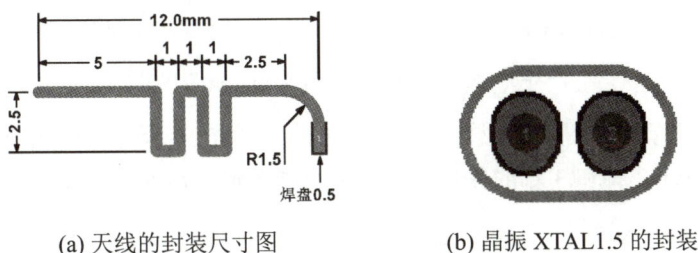

(a) 天线的封装尺寸图　　　　　(b) 晶振 XTAL1.5 的封装

图 6-5　天线和晶振的封装

(2) 设计极性电容和电感的封装图形如图 6-6 所示，根据封装名的参数可知：焊盘间距为_____mm，外形直径为_____mm，可用元件封装向导进行设计。

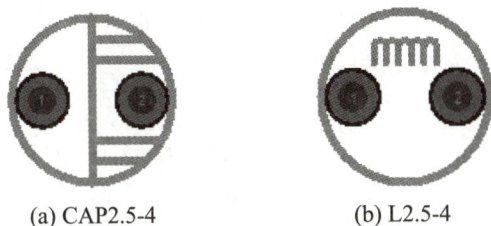

(a) CAP2.5-4　　　　　　　(b) L2.5-4

图 6-6　极性电容和电感的封装图形

(3) 设计鼠标滚轮编码器的封装，实物如图 6-7(a) 所示。按图 6-7(b) 所示的安装孔尺寸图设计其封装图形，如图 6-7(c) 所示，封装命名为"TENFE11-SS"。两个方形焊盘的通孔采用"Rect"模式，设置焊盘与孔径一样大，即不需要焊盘铜膜。

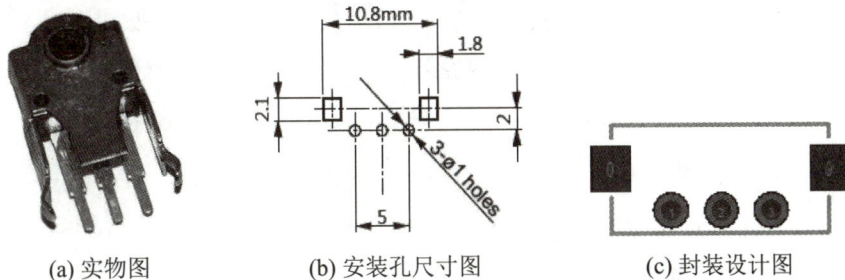

(a) 实物图　　　　(b) 安装孔尺寸图　　　　(c) 封装设计图

图 6-7　鼠标滚轮编码器

(4) 设计无线鼠标光电芯片 W8385D 的封装，芯片实物如图 6-8(a) 所示。根据图 6-8(b) 所示的尺寸参数，设计无线鼠标光电芯片的封装，命名为"ADIP8"。注意左右两侧的焊盘上下错位，刚好为两个焊盘中心位置的一半。

(a) 光电芯片 W8385D 实物图 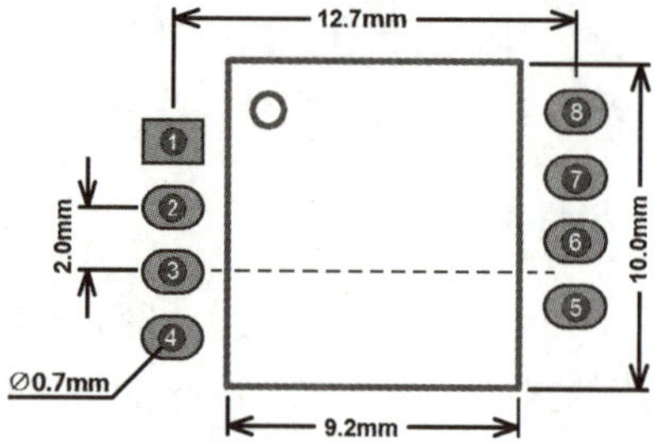　　　　(b) 光电芯片封装尺寸图

图 6-8　无线鼠标光电芯片实物及封装尺寸图

(5) 设计鼠标按键的封装。根据图 6-9、图 6-10 所示的实物图及安装孔尺寸图，分别设计 2 脚和 3 脚的鼠标微动开关封装图形，命名为"B2"和"B3"。

(a) 2 脚微动开关实物图 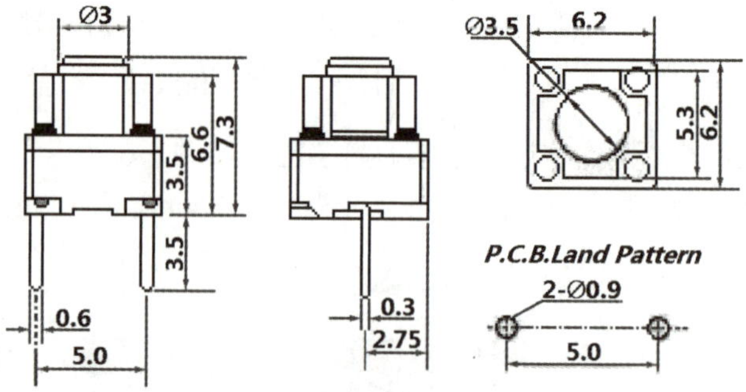　　　　(b) 2 脚微动开关封装尺寸图

图 6-9　两脚的鼠标微动开关

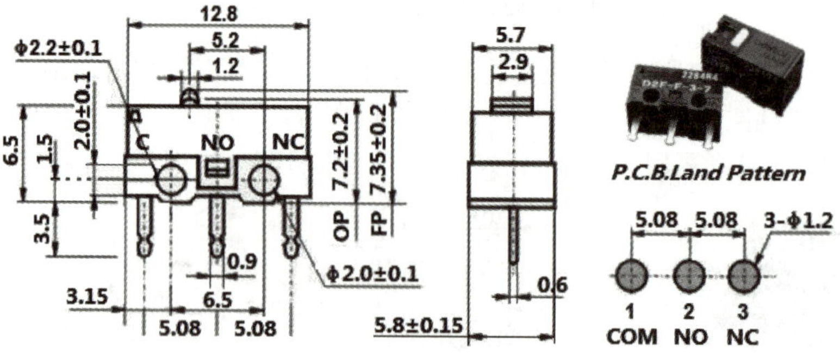

图 6-10　鼠标微动开关 (3 脚) 的实物及封装尺寸图

(6) 设计电池连接器的封装，命名为"PIN1"。新建一个封装，因为只有一个引脚，所以封装设计为一个直插式焊盘即可，焊盘形状为椭圆形，中间开槽，焊盘长宽为 4 mm × 1.5 mm，中间开槽宽 0.9 mm、长 3 mm，如图 6-11 所示，焊盘

参数设置如图 6-12 所示。

(a) 2D 封装设计图　　　　(b) 3D 封装模型图

图 6-11　PIN1 封装设计图及 3D 模型图

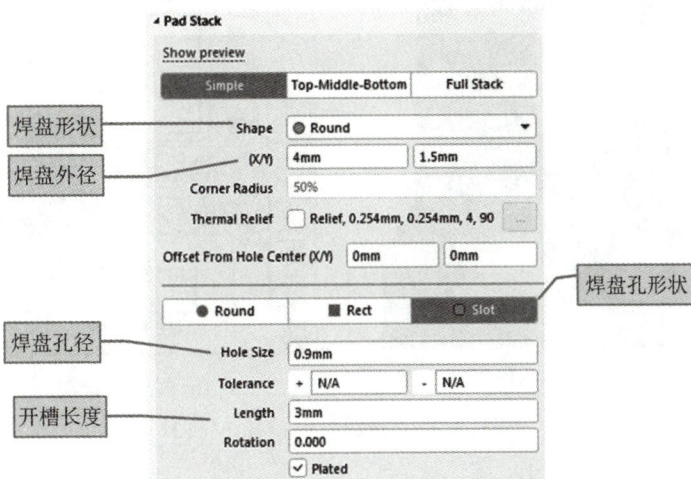

图 6-12　PIN1 封装的焊盘参数设置对话框

四、验证电路原理图、检查封装并输出材料清单

(1) 验证工程。单击菜单命令"工程"→"Validate PCB Project 无线鼠标工程 .PrjPcb"，对原理图进行验证，若有错误及时修改。

(2) 检查封装。单击"工具"→"封装管理器"，在"Footprint Manager"对话框中将所有封装按表 6-4 设置正确。

(3) 输出图纸及材料清单。单击"文件"→"智能 PDF"，输出原理图的 PDF 文件，包括材料清单。

任务6.2 // 设计无线鼠标的四层异形PCB

任 务 单

任务要求

无线鼠标 PCB 的设计要求如下：

(1) 板框：异形，大小为 45 mm × 46 mm，要求 PCB 上边切角，内部开两个方形槽，如图 6-13(a) 所示。

(2) PCB 布局：参考图 6-13(b) 进行。

(3) 布线规则：设计电路板为四层板；VDD 与 GND 的线宽为 0.3 mm，其余线宽为 0.2 mm；布线参考图 6-13(b)。

(4) 输出电路板的 PDF 文件和制造文件。

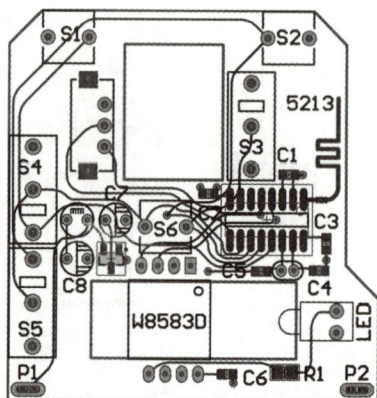

(a) PCB 电路板　　　　　　　　　　　　(b) PCB 设计图

图 6-13　无线鼠标电路 PCB 设计图

学习目标

(1) 熟练掌握异形 PCB 板框的手工设计方法，能对电路板进行内部开槽、开孔操作。

(2) 严格按照 PCB 布局布线规范，完成无线鼠标的四层 PCB 设计。

(3) 能按客户要求输出图纸和制造文件。

任 务 实 施

一、设计异形 PCB 板框

根据图 6-14 所示的 PCB 板框尺寸，采用手工绘制的方式设计异形 PCB 板框。

1. 新建 PCB 文件并设置参考点

在无线鼠标工程中添加 PCB 文件，命名为"无线鼠标四层异形 PCB.PcbDoc"。设置参考原点在 PCB 绘图区域内左下角位置。设置栅格大小为 1 mm，线性栅格。

2. 绘制异形板框

(1) 绘制矩形板框。选择"Keep-Out Layer"禁止布线层，点击常用工具栏中

的 "🖊" 放置禁止布线线径图标，以参考原点为起点，绘制宽 45 mm、高 46 mm 的矩形板框。

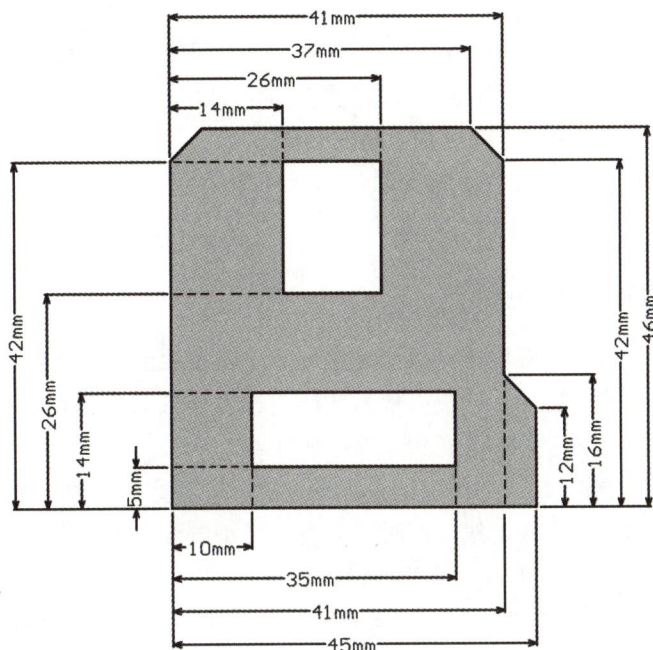

图 6-14 鼠板 PCB 板框尺寸图

(2) 绘制板框切角。在板框内部右侧绘制 4 mm 的辅助线，然后在上方两个直角位置绘制边长为 5 mm 切角线 (x 宽 4 mm，y 高 3 mm，斜边 5 mm)，同样在右侧 12 mm 高度位置绘制边长 5 mm 切角线，得到图 6-15(a) 所示的图形。

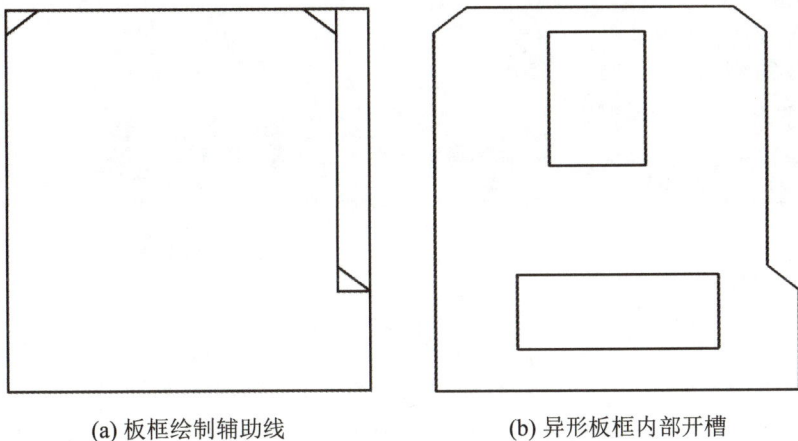

(a) 板框绘制辅助线   (b) 异形板框内部开槽

图 6-15 鼠板 PCB 异形板框设计

(3) 删除多余辅助线，裁板。选中多余的边框线，通过拖动拐角点，将多余的线删除后，得到图 6-15(b) 所示的异形板框，按快捷键 "D" → "S" → "D" 进行裁板。

(4) 绘制内部开槽的矩形。根据图 6-14 所示尺寸，在电路板上方放置一个宽 12 mm、高 16 mm 的矩形，在下方放置一个宽 25 mm、高 9 mm 的矩形，绘制完成的 PCB 如图 6-15(b) 所示。

(5) 对电路板内部进行开槽。分别选中板框内部的矩形，点击菜单命令"工具"→"转换"→"以选中的元素创建板切割槽"，或者按下快捷键"T"→"V"→"B"，可以根据选择的闭合图形对电路板开槽。

(6) 查看 3D 视图并保存。按下数字键 3，查看板框设计完后的 3D 视图是否设置正确。保存 PCB 文件。

二、设置四层板的内电层

多层板相对于普通双层板和单层板的一个非常重要的优势就是信号线和电源可以分布在不同的板层上，以提高信号的隔离程度和抗干扰性能。一般信号层用于信号走线，内电层专用于电源和地网络的连线。

内电层为一铜膜层，各内电层的铜膜通过过孔与特定的电源或地线网络相连，从而简化电源和地网络的走线，同时可以有效减小电源内阻。本例中设置了两个内电层分别与 VDD 和 GND 网络相连，设置步骤如下：

(1) 点击菜单命令"设计"→"层叠管理器"(Layer Stack Manager)，打开如图 6-16 所示的页面。除了丝印层和阻焊层，还有两个信号层 Top Layer 和 Bottom Layer，以及中间层"Dielectric 1"，基板材料为"FR-4"。

+ Add	✎ Modify	🗑 Delete				Features ▾
#	Name	Material	Type	Weight	Thickness	Dk	Df
	Top Overlay		Overlay				
	Top Solder	Solder Resist	Solder Mask		0.01016mm	3.5	
1	Top Layer		Signal	1oz	0.03556mm		
	Dielectric 1	FR-4	Dielectric		0.32004mm	4.8	
2	Bottom Layer		Signal	1oz	0.03556mm		
	Bottom Solder	Solder Resist	Solder Mask		0.01016mm	3.5	
	Bottom Overlay		Overlay				

Stackup | Impedance | Via Types

图 6-16 层叠管理器页面

这里的 FR-4 是一种耐燃材料等级的代号，它不是一种材料名称，一般电路板所用的 FR-4 等级材料的种类非常多，但是多数都是以环氧树脂加上填充剂以及玻璃纤维所做出的复合材料。其中的玻璃纤维是电子级玻璃纤维，被编织成一种薄薄的像布一样的材料，这个玻璃纤维布被有阻燃添加剂的环氧树脂所包围和束缚。玻璃纤维使 FR-4 具有必要的结构稳定性，树脂使材料具有刚性，以及其他物理特性。

（2）添加内电层。选择中间的"Dielectric 1"层，右键点击选择"Insert Layer Above"或"Insert Layer Below"命令→"Plane"内电层，这时会在顶层和底层中间增加 2 个内电层"Layer 1"和"Layer 2"，以及信号层和内电层之间的绝缘层"Dielectric 2"和"Dielectric 3"。

（3）修改内电层名称。选择"Layer 1"双击修改层名称为"VDD"，选择"Layer 2"双击修改层名称为"GND"，如图 6-17 所示。

#	Name	Material		Type	Weight	Thickness	Dk	Df
	Top Overlay			Overlay				
	Top Solder	Solder Resist	...	Solder Mask		0.01016mm	3.5	
1	Top Layer			Signal	1oz	0.03556mm		
	Dielectric 2	PP-006	...	Prepreg		0.07112mm	4.1	0.02
2	VDD	CF-004	...	Plane	1oz	0.035mm		
	Dielectric 1	FR-4	...	Dielectric		0.32004mm	4.8	
3	GND	CF-004	...	Plane	1oz	0.035mm		
	Dielectric 3	PP-006	...	Prepreg		0.07112mm	4.1	0.02
4	Bottom Layer			Signal	1oz	0.03556mm		
	Bottom Solder	Solder Resist	...	Solder Mask		0.01016mm	3.5	
	Bottom Overlay			Overlay				

图 6-17　添加了内电层 VDD 和 GND 的层叠管理器页面

（4）设置完成后点击保存。在 PCB 编辑器下方的层标签中，可以看到在顶层和底层信号层中间出现了 VDD 和 GND 两个内电层，同时 PCB 边框外边界围绕着一圈 Pullback 线（粗线绿色或深红色），如图 6-18 所示，说明含有内电层。

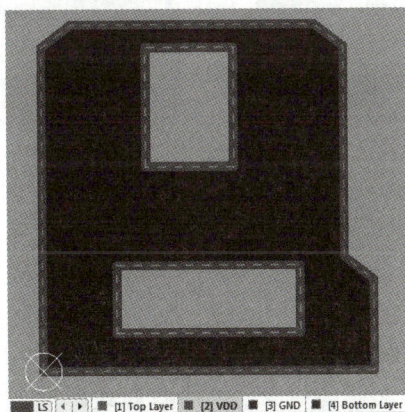

图 6-18　添加了内电层的鼠标 PCB

三、导入原理图进行元件布局

单击"设计"→"Import Changes From 鼠标工程.PrjPcb"菜单命令，先点

击生效更改按钮，检测没有错误再点击执行更改按钮，导入原理图网络及封装。导入的元器件封装模型将出现在 PCB 板框右下方的深红色布线框内，此时可以选中深红色布线框，将其删除。

将元件如图 6-19 所示进行布局。

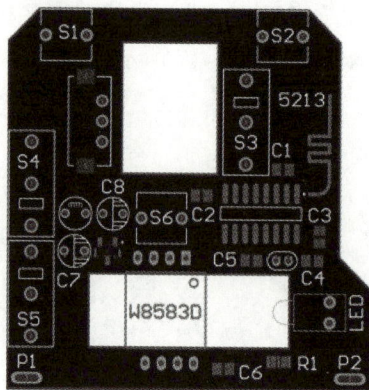

图 6-19　元件布局参考图

布局完成后，放大某个 VDD 或 GND 焊盘，可以看到该焊盘上出现了一个"+"号标识，如图 6-20 所示，表示该焊盘已经和内电层连接，不需要再用导线相连接。

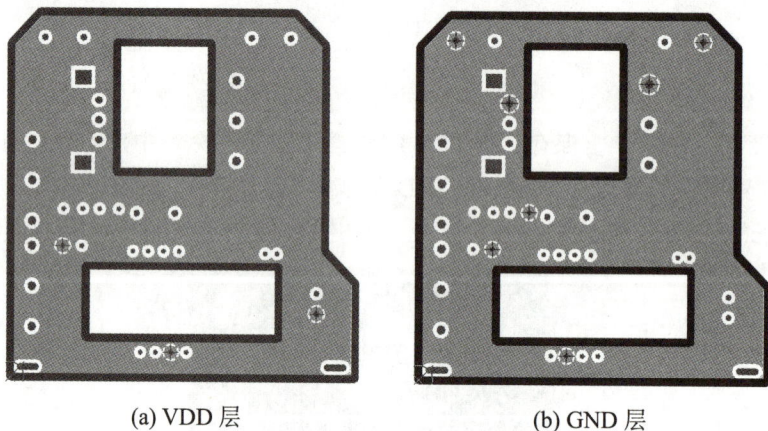

(a) VDD 层　　　　　　　　　　(b) GND 层

图 6-20　内电层视图

四、设置布线规则及手工布线

单击菜单命令"设计"→"规则"，设置布线规则如下：

(1) 安全间距：铜箔走线与焊盘（包括贴片式焊盘与直插式焊盘）之间的安全间距为 0.25 mm，其余的安全间距为 0.2 mm。设置方法如图 6-21 所示。

(2) 线宽：VDD 与 GND 为 0.3 mm，其余线宽为 0.2 mm。

对鼠标 PCB 进行双面布线，参考图 6-22 所示。布线可采用圆弧拐角形式，按下"Shift"＋空格键，可以设置布线模式为直线拐角 45°、90°、任意直线模式和圆弧拐角 45°/90°模式，图 6-22 中采用的布线模式是圆弧拐角 45°/90°模式。

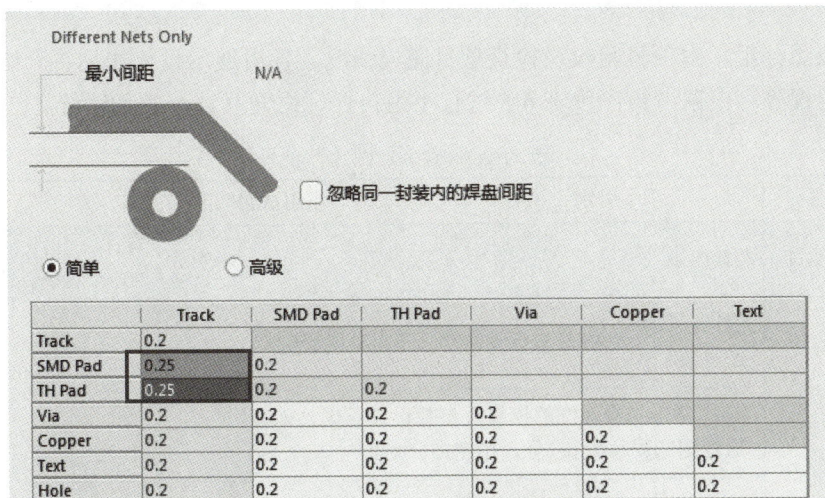

图 6-21　安全间距设置

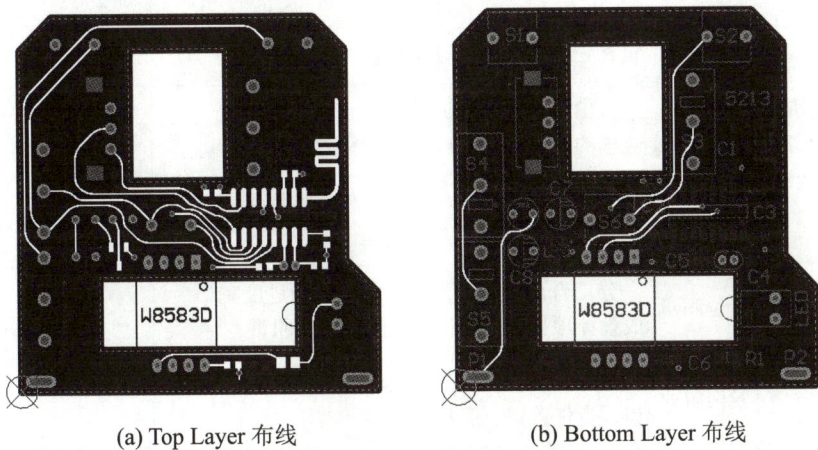

6-5　无线鼠标手工布线

(a) Top Layer 布线　　　　　　(b) Bottom Layer 布线

图 6-22　鼠标 PCB 布线参考图

☆技巧提示

　　布线时可设置视图模式为单层显示：选中布线层后，按下"Shift"+"S"键可以只突出显示当前层的元素，再次按下"Shift"+"S"键可以取消单层显示模式。

五、输出制造文件

　　(1) 输出 PCB 的 PDF 文件：除了输出默认的 PCB 复合打印图层外，还要输出底层线路层、顶层线路层 (镜像)、顶层丝印层 (镜像)。

　　(2) 输出 Gerber Files 和 NC Drill Files 制造文件，详见任务 2.3 的操作。

展示项目、考核评价

按照分组，由项目验收员检查项目完成情况，各组展示设计作品，介绍项目设计过程等。根据考核评价表 6-5 进行小组自评、组间互评、教师评价。

表6-5　考核评价表

姓名		组别		小组成员				
考核项目	考核内容	评 分 标 准		配分	自评 20%	互评 20%	师评 60%	
任务6.1 绘制原理图 35分	元件符号及封装	完成万年历元件符号及封装的绘制		15				
	绘制层次原理图	原理图的模板及参数设置正确，如有错误每处扣2分，扣完15分为止		15				
	输出图纸材料清单	正确输出原理图PDF文件得3分；正确输出材料清单得2分，格式不正确扣1分		5				
任务6.2 设计四层异形PCB 35分	设计PCB板框	PCB异形边框尺寸设置正确，开槽位置设置正确，四层板设置正确		10				
	PCB布局、布线	PCB导入封装、元件布局及布线明显欠合理的，每处扣2分，累计扣完为止		20				
	输出文件	输出PDF、钻孔、光绘文件，每错误或缺少1个扣2分，扣完5分为止		5				
职业素养 30分	岗位职责	分工合理，主动性强，能按计划进度完成设计项目，严谨认真地完成岗位职责		10				
	爱岗敬业	遵守行业规范、现场6S标准，有安全意识、责任意识、服从意识		10				
	团队协作	互相协作、交流沟通、分享能力		10				
合　计				100				
评价人		时间		总分				

【拓展训练6】　U盘的异形四层电路板的设计

训练内容：绘制 U 盘电路的层次原理图，如果图中的元器件在软件库中没有的需要自行绘制，并设计为四层 PCB。

1. 原理图绘制要求

(1) 模板采用自定义模板，设置电路标题。

(2) 绘制如图 6-23 所示的顶层电路及图 6-24～图 6-26 所示的 U 盘子电路原

理图。其中各端口的电气属性可以根据端口的箭头方向来确定，如输出或输入，自动图纸编号。

(3) 电路元件明细如表 6-6 所示，修改元件位号、注释、封装等参数信息。

(4) 输出原理图 PDF 文件，包含材料清单。

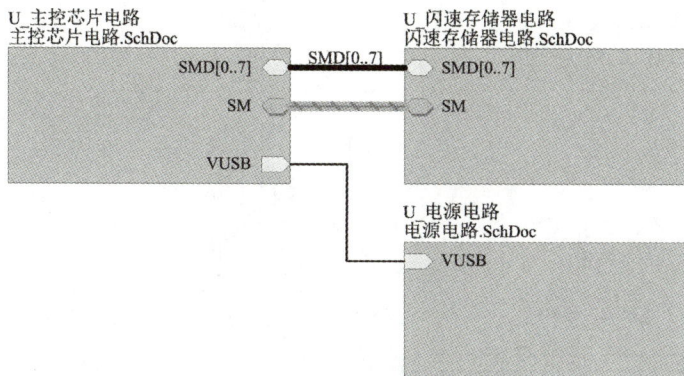

图 6-23　U 盘顶层电路原理图

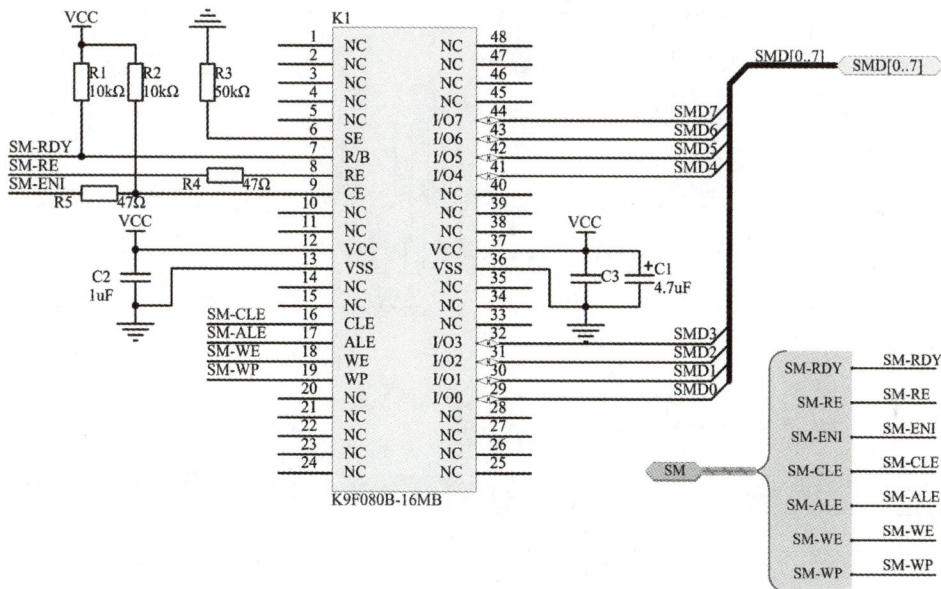

图 6-24　闪速存储电路原理图

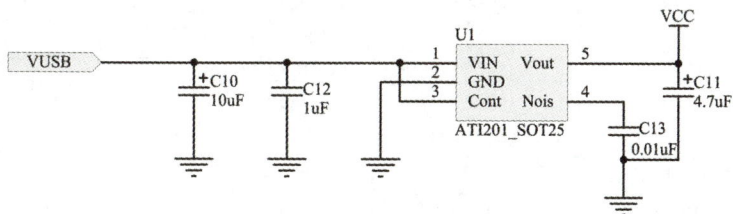

图 6-25　电源电路原理图

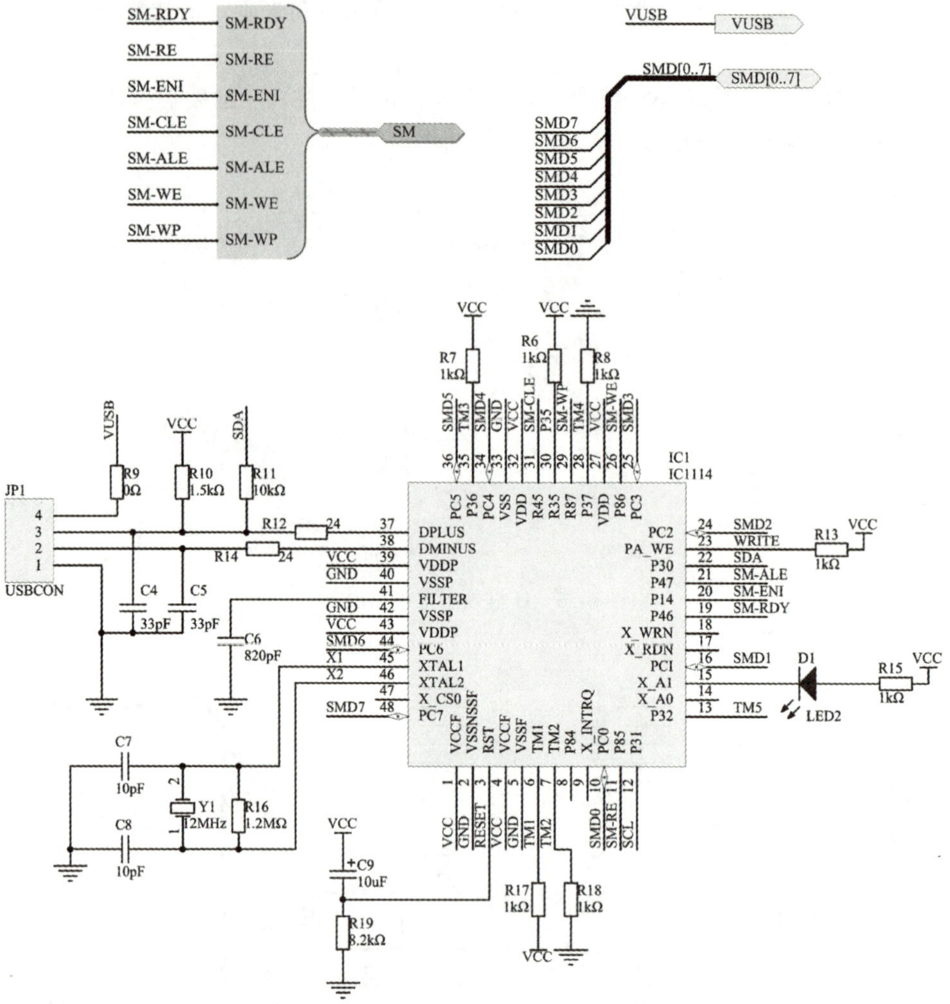

图 6-26　主控芯片电路原理图

表 6-6　U 盘电路元器件表

位号	注释	封装	数量	位号	注释	封装	数量
C1, C11	4.7uF	0402	2	D1	LED2	3.2 × 1.6 × 1.1	1
C2, C12	1uF	0402	2	IC1	IC1114	SQFP7X7-48	1
C3-C5	33pF	0402	3	R1, R2, R11	10 kΩ	0402	3
C6	820pF	0402	1	R3	50 kΩ	0402	1
C7, C8	10pF	0402	2	R4, R5	47 Ω	0402	2
C9, C10	10uF	0402	2	R6~R8, R13, R15,R17,R18	1 kΩ	0402	7
C13	0.01uF	0402	1	R9	0 Ω	0402	1
JP1	USBCON	USB/SM2.5-4H4	1	R10	1.5 kΩ	0402	1
K1	K9F080B-16 MB	TSOP48	1	R12,R14	24	0402	2
U1	ATI201_SOT25	SOT95P250-5N	1	R16	1.2 MΩ	0402	1
Y1	12 MHz	CAPC3225L	1	R19	8.2 kΩ	0402	1

2. PCB 设计要求

(1) 根据图 6-27 所示的 U 盘 PCB 实物图，进行异形板框的设计，具体参数如图 6-28 所示。

(2) PCB 布局参考图 6-29 和图 6-30 所示，主控芯片 IC1、USB 接口和电源电路放置在顶层，闪速存储 K1 电路放置在底层。

(3) 布线规则：四层板，内电层分别连接 VCC 和 GND 网络，信号线宽 0.2 mm。其中，晶振 Y1 采用差分布线，要求 Y1 进入 IC1 的导线必须是对称等长度的。

(4) 输出 PDF 文件和制造文件。

图 6-27　U 盘 PCB 实物图　　　　图 6-28　U 盘 PCB 板框尺寸示意图

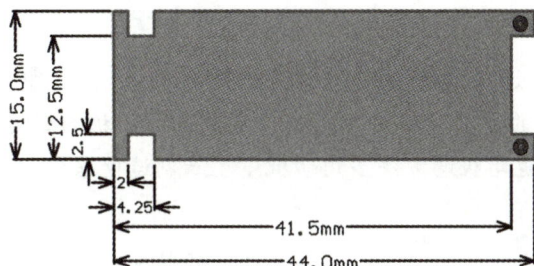

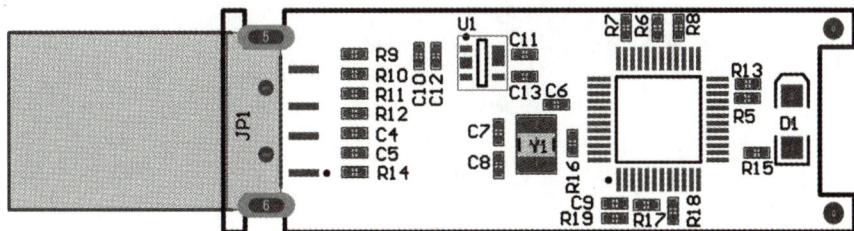

图 6-29　U 盘电路 PCB 顶层布局参考图

图 6-30　U 盘电路 PCB 底层布局参考图

项目七
单面和双面 PCB 的制作

项目导入

PCB 的制作方法

印制电路板的制作方法有很多种，如蚀刻法、热转印法、化学感光法和雕刻法等。手工制作电路板的方法多使用蚀刻法，有激光打印机的还可以采用热转印法；化学感光和激光雕刻制作电路板的方法多用于批量生产制造电路板。图 7-1 所示为制作印制电路板的工艺。

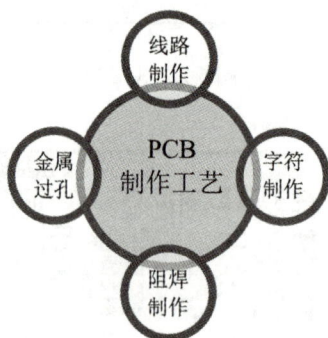

图 7-1　制作印制电路板的工艺

项目描述

根据前面接到的 PCB 设计订单以及设计完成的 PCB，试制样机。分别采用三种不同的制板方法制作闪烁灯、呼吸灯、流水灯的电路板，如热转印法、蚀刻法、化学感光法及激光雕刻法。

项目分组

采用随机或扑克牌分组法，4 人一组，确定分工，完成表 7-1 的填写。

表 7-1　项目分组表

组别			小组 LOGO	
组名				
团队成员	学　号	岗　位	工　作　职　责	
		项目经理	编写 PCB 制板工艺方案，统筹计划，安排任务，解决问题	
		PCB 制板工程师	负责 PCB 拼板设置、制造文件的输出、PCB 的制作等	
		PCB 装配工程师	负责元件装配、焊接调试电路板	
		项目验收员	资料汇总、编制项目报告。根据任务单、考核评价表，对团队成员进行打分评价	

安全生产要求

PCB 的制作是在实训室完成的，该加工过程比较复杂，既有机械加工，也有化学作业，操作失误容易造成人身安全受损和环境污染，所以在 PCB 制作过程中必须严格遵守安全操作规程。在实训操作过程中，应从以下几个方面遵守执行安全操作规程。

(1) 必须穿好工作服，扎紧袖口才能进入实训场地。

(2) 开机工作前首先要观察设备外部的完整情况，如设备有破损或缺少部件等不完整现象，应及时向老师反映。在确认原因并确保安全的情况下才能开机工作。

(3) 每次开机前应检查水、电的供应和加注情况是否在规定的范围内，操作过程中，确保用水用电安全，水电同时使用时要保持一定的安全距离，避免漏电和火灾的发生。

(4) 如有外接辅助设备设施的要确定辅助设备的运转正常后再开启设备。

(5) 使用腐蚀剂等有化学液体的设备时，必须戴手套和口罩，杜绝不戴手套接触化学药品的现象。

学习笔记

(6) 使用电钻或数控钻孔机时，不要戴手套或披散长发操作钻床。

(7) 工作进行中要随时注意观察，有无异常声音、异味和不正常动作的出现。如发现有异常现象，应及时关闭电源，停止设备的运转并报修，避免事故的发生。

(8) 禁止将杂物放入设备的配电柜和控制箱内，保持配电柜和控制箱内部的环境整洁干燥，避免内部电路发生短路漏电现象。

(9) 烙铁通电前应将烙铁的电线拉直并检查电线的绝缘层是否有损伤，不能用力拉扯电线或敲打烙铁。使用烙铁时，为了避免烫坏其他东西，在焊接间隙都应将烙铁放在烙铁架上。在焊接时应将长发扎到脑后，防止烙铁烧伤头发。

(10) 工作过程中和制板完毕后一定要按 5S 要求管理及清理现场。

任务7.1　热转印法制作简易闪烁灯单面PCB

热转印法制作电路板就是使用激光打印机，将设计好的 PCB 线路图形打印在热转印纸上，然后通过热转印设备加热，将热转印纸上的图形转印到覆铜板的铜箔面上，形成腐蚀保护层。然后放入蚀刻液中进行化学反应，将裸露的铜箔腐蚀去掉，最终得到所需的带线路图形的电路板。这种方法操作简单，对工艺设备的要求不高，所以比较容易实现。

任　务　单

任务要求

采用热转印和蚀刻法，手工制作简易闪烁灯的单面电路板，并焊接、调试电路板，达到闪烁灯的电路功能。

制板要求：板材 FR-4、单面板、板厚 1.6 mm。根据 PCB 的热转印制板工艺填写图 7-2 所示的工艺流程图。

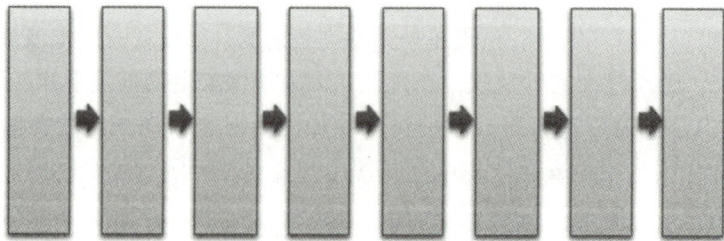

图 7-2　热转印制板工艺流程图

注意：如果有数控钻孔机，可以先钻孔后热转印；如果是小型手工钻孔机，应该先热转印后钻孔。本例中介绍的是使用小型手工钻孔机的制板方法。

热转印 PCB 制板设备及耗材如下：

(1) 制板设备：激光打印机、PCB 手动裁板机、小型台钻、PCB 热转印机 (或熨斗)、蚀刻机。

(2) 制板工具及耗材：覆铜板、热转印纸、剪刀、橡胶手套、护目镜或透明防护面罩、油性 PCB 修补笔、细砂纸、纸胶带等。

(3) 焊接及检修工具：烙铁、镊子、焊锡丝、万用表、电源 (电池) 等。

学习目标

(1) 能说出热转印法和化学蚀刻法制板的工作原理及制板的工艺流程。

(2) 会使用激光打印机打印热转印线路图和丝印图层。

(3) 强调安全意识和防范意识，能按工艺规范手工制作简易闪烁灯的单面电路板，掌握热转印制板设备的使用方法及维护方法，正确佩戴防护护具。

(4) 能使用万用表等工具检测元器件的质量，判别元件引脚、极性等。

(5) 能根据装配图安装、焊接电路板，并调试样机的电路功能。

任 务 实 施

一、裁覆铜板

裁板又称下料，覆铜板出厂的尺寸规格有多种，需要根据设计好的 PCB 尺寸来裁取所需覆铜板的大小。本例制作的简易闪烁灯采用单面覆铜板，裁板时覆铜板的长、宽都要留 20 mm 左右的工艺边，方便粘贴热转印纸和预留放进腐蚀机时夹子固定的位置。

图 7-3 所示为精密手动裁板机的实物图，其组成结构有① 定位尺，② 压杆，③ 上、下刀片，④ 刀片定位螺丝，⑤ 底座。

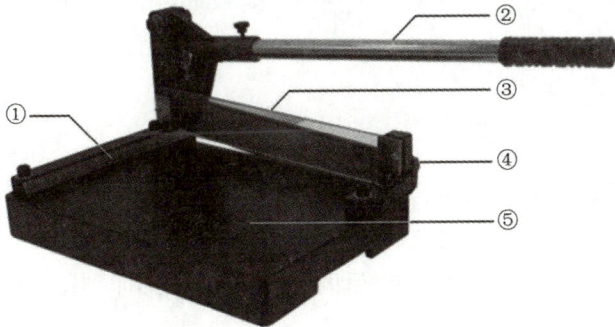

图 7-3　精密手动裁板机

裁板操作步骤为：① 将待裁剪板材放入裁板机的底座平面上，将板材往前移动到与定位尺顶齐；② 根据所需尺寸大小移动板材，通过定位尺来确定裁剪尺寸；③ 左手按住待裁剪板材，右手压下压杆，即完成了一块板材的剪裁。

二、打印热转印图形

热转印就是利用静电成像原理，将 PCB 的线路图形打印在含树脂静电墨粉的热转印纸上，通过静电热转印，将热转印纸上的图案 (其实是碳粉) 转印到覆铜板上，形成电路板的防蚀图层。

打印热转印图纸的具体方法可参考项目二任务 2.3 的内容直接打印 PCB 的操作。在 AD 软件中打开简易闪烁灯的 PCB 文件，执行菜单命令 "文件" → "打印"，打开打印设置对话框，在 "General" 页面设置打印机型号，图纸颜色为 "Mono" (单色)，"Scale Mode" (缩放模式) 设置为 "Actual Size" (实际尺寸)，"Scale" 缩放比例设置为 100%。

在 "Pages" 页面设置中，点击 "Add Page" 按钮，添加 "底层线路层"，点击 "Edit Layers" 按钮，添加 Bottom Layer 和 Keep-Out Layer。正面丝印层添加 Top Overlay 和 Keep-Out Layer 的打印输出，丝印层要勾选 "Mirror Layers" (层镜像)。设置完成后点击 "Refresh" (预览按钮)，在右侧可查看打印效果。

连接好激光打印机，就可以直接点击 "Print" (打印) 按钮打印图纸。激光打印机如图 7-4 所示。

注意：不能使用喷墨打印机，图形要打印在热转印纸的光滑面 (有透明薄膜)，打印完后手指不要摸到图形的油墨上，防止损坏图形。打印完成的图纸如图 7-5 所示。

图 7-4　激光打印机

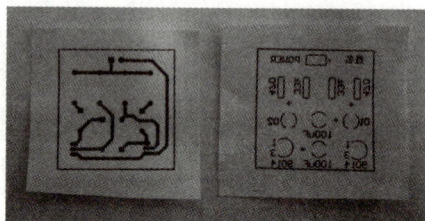

(a) 线路层图　　　(b) 丝印层图

图 7-5　打印的热转印线路图形

三、热转印 PCB 线路图形

将打印有底层线路图的热转印纸平铺在覆铜板上，注意线路层图形要紧贴在铜箔面，并用耐热的纸胶带固定，如图 7-6 所示。

将贴好热转印纸的覆铜板用热转印机加热，将图形印到覆铜板上。具体的操作方法如下：

(1) 开启电源，将热转印机的温度设置在 180～200℃，等待预热温度达到设置温度。

(2) 将贴好热转印纸的覆铜板纸朝上、板在下送入转印机入口，如图 7-7 所示，热转印完成的覆铜板将从机器背部出口自动送出。拿取覆铜板时要注意防止烫伤。为使热转印效果更好可以反复热转印几次。

图 7-6　粘贴线路图到覆铜板　　　　　图 7-7　热转印机

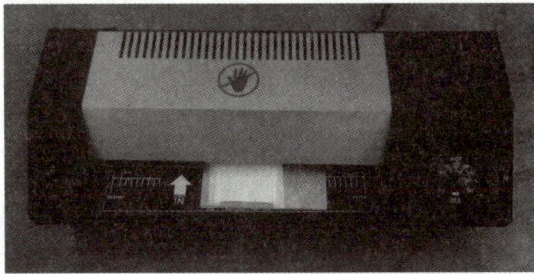

热转印也可以使用熨斗，将贴好热转印纸的覆铜板放置在隔热垫上，如图 7-8(a) 所示，用熨斗热印 2 分钟左右，不要来回搓动熨斗，防止图形错位。熨斗预热时及用完后要直立放置，如图 7-8(b) 所示，防止烫坏其他设备。

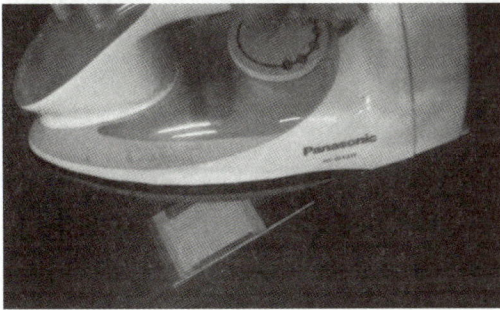

(a) 熨斗热转印 PCB　　　　　　(b) 不用熨斗时要直立放置

图 7-8　用熨斗热转印 PCB

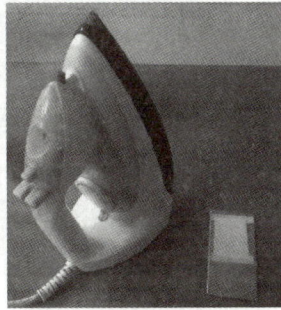

(3) 转印完成待电路板温度下降到室温后，将铜箔面的线路图形转印纸从一边慢慢揭下。如果发现有转印不好的部分可以重新粘上热转印纸，再次热转印。

四、修补防蚀图形

如果转印完成的图形有线路出现断裂或毛刺现象，或焊盘残缺不全，如图 7-9(a) 所示，则可用油性笔进行修补，修补完成的图形如图 7-9(b) 所示。

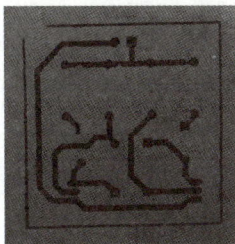

(a) 转印后有缺陷的图形　　　　　(b) 修补完成的图形

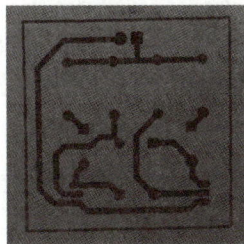

图 7-9　修补 PCB 图形油墨

五、蚀刻电路板

蚀刻电路板是利用蚀刻液通过化学反应去除覆铜板上的未被防蚀刻油墨覆盖的铜箔，最终留下被油墨盖住的线路图形和焊盘。

常用的小型 PCB 蚀刻机如图 7-10 所示。实训室中采用喷淋式蚀刻机，使用前需将腐蚀液预热至 45～55℃。腐蚀时间一般为 10～30 s，如果腐蚀不完全则需要二次腐蚀，二次腐蚀时间设为 10 s 即可。

(a) 台式自动喷淋蚀刻机　　　　　　　(b) 带加热棒的气泡式蚀刻机

图 7-10　小型 PCB 蚀刻机

如果没有电路板蚀刻机，使用塑料盘装蚀刻液也能蚀刻电路板，只是所需时间更长，而且腐蚀反应过程中需要轻轻晃动电路板。

常见的 PCB 蚀刻液主要有以下几种：

(1) 三氯化铁溶液 (酸性)，这是手工制板使用最普遍的腐蚀液，其腐蚀反应强度温和，容易控制，适用于单、双面板的腐蚀。但是液体颜色为茶红色且透明度不高，不适用于小型工业制板。

(2) 盐酸＋双氧水 (酸性)，这种腐蚀液透明，腐蚀反应进度一目了然，蚀刻出来的电路板清洁，腐蚀反应强度温和，容易控制，但不适用于小型工业制板。而且这种液体最好现配现用，因为储存的液体中含有的双氧水会分解失效。操作过程要小心，不管盐酸还是双氧水都对直接接触的皮肤有伤害。

(3) 氨性蚀刻液 (碱性)，主要包括氨水或氯化氨蚀刻液，是普遍使用的化工药液，因为氨水与目前最常用的 PCB 抗蚀层材料锡、铅锡或者油墨都不发生任何化学反应，腐蚀反应速度快，所以适用于小型工业制板。

由于 PCB 腐蚀液都具有一定的腐蚀性，所以尽量不要碰触到皮肤和衣服，操作过程中应该戴工业橡胶手套来操作，如图 7-11 所示。腐蚀完成的闪烁灯电路板如图 7-12 所示。

印制电路板腐蚀后的废液中含铜量是很高的，酸、碱度也很大，这些废液如果未加处理直接排放，则会对人们的生活用水和居住环境造成污染，甚至危害到人们的健康，所以需要对废液进行集中处理后才能排放。

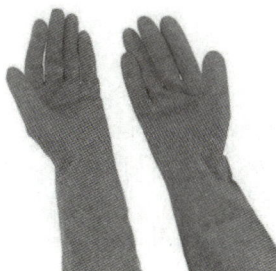

图 7-11　橡胶手套

图 7-12　腐蚀完成的闪烁灯电路板

六、使用小型台钻对电路板钻孔

图 7-13 所示的是小型台钻设备，它是一种非常实用的工具，可以用来进行钻孔、攻丝和装配等工作，它的使用方法如下：

(1) 使用前选择合适的钻头，本例中使用 0.9 mm 的钻头，将钻头固定在台钻上，并按照钻孔的尺寸来调节台钻的深度，以便实现精准的钻孔。检查台钻的控制杆、调速杆，确保它们的工作状态正常，以免发生意外。

(2) 在使用小台钻时，应佩戴护目镜或透明防护面罩，将电路板的铜箔面朝上放在钻台上，操纵控制杆慢慢地将钻头向下，移动电路板使钻头对准焊盘中心，然后下压控制杆，完成钻孔。

图 7-13　小型台钻

注意：确定钻孔位置后，下压和上拉控制杆的速度要快速、平稳，防止带动电路板。在钻孔过程中，要定时停止钻孔，检查钻头的温度是否过高，以免发生意外。

(3) 钻孔完成后，要将钻头从小台钻中取出，并将台钻上的控制杆、调速杆和控制面板拧紧，以便下次使用。

七、热转印丝印字符图形

将热转印纸打印完成的丝印层字符图形使用纸胶带粘贴在覆铜板没有铜箔的一面，通过焊盘孔透光定位字符丝印的位置。用热转印机或熨斗加热将图形印到覆铜板上。热转印完成的电路板字符层如图 7-14 所示。

八、退膜及电路板表面处理

将腐蚀后覆盖在板上的防蚀刻保护层去掉的工序称为退膜。通常可以用专用的退膜剂来去除覆盖的膜；对于热转印的油墨保护层，也可以用细砂纸打磨抛光以去除保护膜，裸露出设计需要的铜箔线路图形。

退膜后的呼吸灯电路板如图 7-15 所示，退膜后的电路板需要水洗干净，并

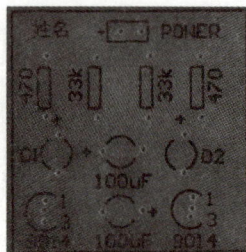

图 7-14　热转印完成的字符层图　　图 7-15　退膜裁边后的闪烁灯电路板

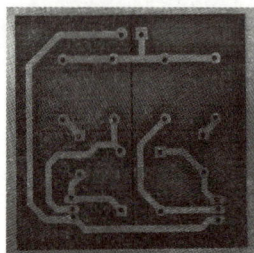

擦干或晾干。

将制作完成的印制电路板沿着边框线用裁板机手动裁剪掉多余的板面，并用砂纸、锉刀或角磨机等工具将边框的毛刺打磨平滑。

最后通过目视法仔细对比 PCB 设计图，检查是否有线路断开或短路的地方，如果有断线的地方，则应该用导线将断开的线路焊接连通；如果有短路的地方，则应该用刀片等尖锐的工具划断被短路的线路。

九、简易闪烁灯电路的装配与调试

1. 根据元器件清单，检测元件质量好坏

对照原理图或元件清单（见表 2-6），认真核对各个元件的型号、参数、数量。用万用表进行初步检测，以确保元器件性能符合要求。

2. 焊接直插式元件

直插式元器件的规格多种多样，引脚长短不一，安装时按照从低到高的顺序，依次安装并焊接元件到电路板上。焊接完成的闪烁电路板如图 7-16 所示。

3. 电路板检测、调试

(1) 裸板外观检测。检查所有的焊盘是否有漏焊、焊料引起导线间的短路（即"桥接"）、元器件绝缘的损伤等。检查时，除目测外还要用手指接触、镊子点拨动、拉线等办法检查有无导线断线、焊盘剥离等缺陷。

(2) 通电功能调试。用杜邦线连接 3～6 V 电源，注意正负极不要接反，观察到两个 LED 灯交替闪烁点亮，如图 7-17 所示。

图 7-16　焊接完成的闪烁灯电路板　　图 7-17　通电调试闪烁灯电路板

任务7.2// 激光雕刻法制作呼吸灯单面PCB

激光雕刻制作电路板就是使用激光通过聚集镜照射到覆铜板上，因为铜层相对较薄，通常为 40～100 μm 厚，通过激光聚集可使该点迅速产生高温而融化或者气化表面铜箔以暴露 FR4 基板，当激光在覆铜板表面经过一定的路径后可以形成 PCB 的电路图案，从而达到雕刻电路板的目的。

任 务 单

任务要求

采用激光雕刻法制作呼吸灯电路板的铜箔信号层，使用热转印法制作呼吸灯的丝印字符层，最后焊接、调试电路板，实现呼吸灯的电路功能后装配产品外壳，得到呼吸灯样机，交付顾客。

制板要求：板材 FR-4、单面板、板厚 1.6 mm。根据制板工艺填写图 7-18 所示的工艺流程图。

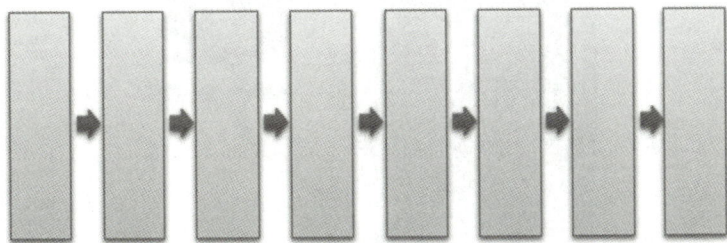

图 7-18 激光雕刻制板工艺流程图

激光雕刻 PCB 制板设备及耗材如下：

(1) 制板设备：Create-DCM3800 钻铣雕一体机、Create-LCM6200 印制电路激光成型机、裁板机、激光打印机、PCB 热转印机（或熨斗）。

(2) 制板工具及耗材：覆铜板、热转印纸、剪刀、细砂纸、纸胶带等。

(3) 焊接及检修工具：烙铁、镊子、焊锡丝、万用表、5 V 电源适配器及 USB 充电线等。

学习目标

(1) 能说出激光雕刻法制板的工作原理及制板的工艺流程。

(2) 正确使用 Create-DCD3800 钻铣雕一体机及 Create-LCM6200 印制电路激

光成型机对电路板进行钻孔和线路雕刻。

(3) 强调安全意识和防范意识，能按工艺规范制作呼吸灯的单面混装电路板，掌握激光雕刻制板设备的使用方法及维护方法。

(4) 能根据装配图安装、焊接电路板，并调试样机的电路功能。

任 务 实 施

一、裁覆铜板

呼吸灯电路板的尺寸为 70 mm × 23 mm。裁板保留 20 mm 左右的工艺边，如果需要拼板，可根据拼板后的大小再预留 20 mm 的工艺边。使用裁板机对单面覆铜板进行裁板，具体操作见任务 7.1。

二、电路板钻孔及割边

图 7-19 所示的是 Create_DCD 3800 钻铣雕一体机设备，它是湖南科瑞特科技有限公司研发的由工控机操作控制的数控钻、铣、雕一体机。本例中使用该设备进行电路板的钻孔和割边操作。

图 7-19　Create_DCD 3800 钻铣雕一体机

1. 电路板钻孔操作

(1) 打开设备电源，开启工控机电脑，按下"照明"和"主轴"按钮。

(2) 打开数控钻铣雕上位机控制软件，设置参数。

① 点击 ▣ 控制手柄按钮，打开图 7-20(a) 所示的控制台"运动控制"对话框。

切换到"取换刀"界面，如图 7-20(b) 所示，选择"_____号刀库"，点击"取刀"，返回"运动控制"页面，点击"回零点"到达电路板的左下角相对零点位置。

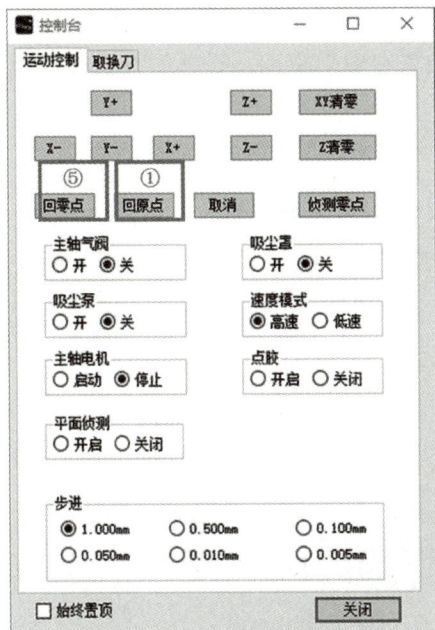

(a) "运动控制" 页面　　　　　　(b) "取换刀" 页面

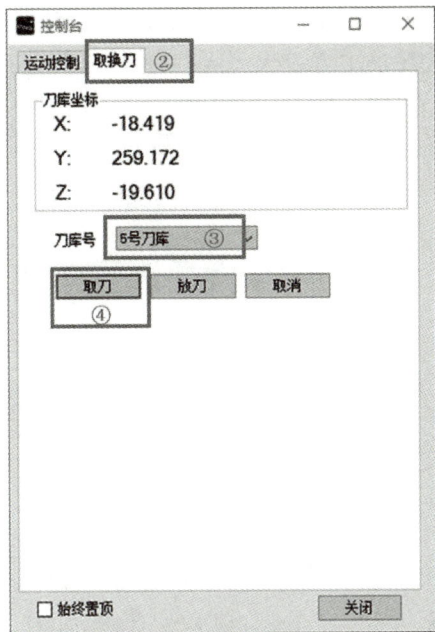

图 7-20　控制台对话框

② 点击菜单命令 "文件" → "打开 Gerber 文件",或点击工具栏的⊟按钮,打开 PCB 输出的 Gerber 文件路径,选择任意 Gerber 文件,点击 "确定",如图 7-21 所示。

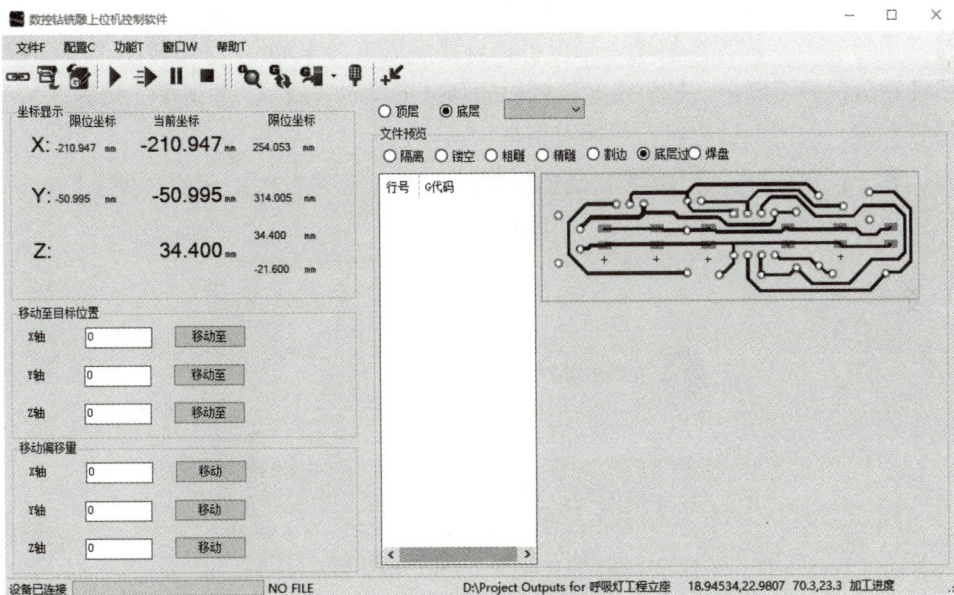

图 7-21　数控钻铣雕上位机控制软件界面

③ 设置加工配置参数。点击菜单命令 "配置" → "加工设置",在图 7-22 所

示的"加工配置"对话框中选择"钻孔配置"页面，配置 0.9 mm 的钻头刀具，选择加工方式为"底层过孔"。然后选择"加工参数"页面，设置的默认板厚为 1.6 mm。

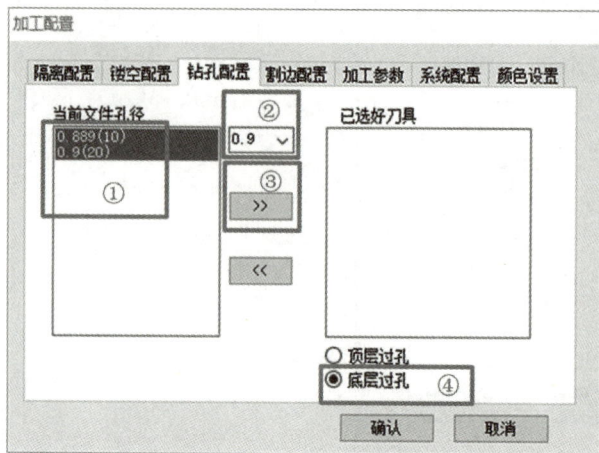

图 7-22 "加工配置"对话框中的"钻孔配置"页面

④ 生成 G 代码。点击菜单命令"功能"→"生成 G 代码"→"锚定点"→"两孔文件"，生成两孔锚定点的 G 代码。再次点击菜单命令"功能"→"生成 G 代码"→"过孔"，生成所有焊盘过孔的 G 代码。

(3) 将电路板的覆铜面朝上，放置在工作台面，用纸胶带粘贴固定。

(4) 取 2.0 mm 钻头 (_____号刀具)，为锚定点钻孔。

② 设置板材加工零点。通过"X+""X-""Y+""Y-"按钮，使钻头对准板材左下角参考点位置。启动主轴电机，设置步进值为 1 mm，手动按下"Z-"按钮使钻头慢慢下降，当钻头正好接触板面刺破铜皮时，按下"Z 清零"键和"XY 清零"键。关闭主轴电机，关闭对话框。

③ 加工锚定点。点击 ▶ 启动加工图标，当出现图 7-23 所示的"提示"对话框提示是否使用向导方式加工时，选择"是"。

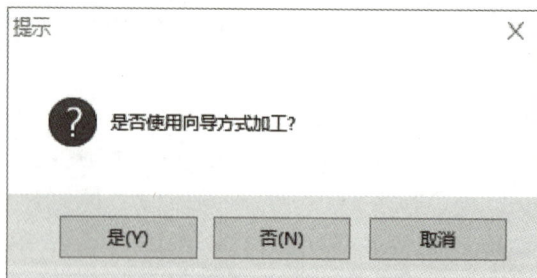

图 7-23　加工"提示"对话框

继续点击"下一步"，出现图 7-24 所示的"过孔"页面，点击"加工锚定点"。加工完成后，关闭对话框。

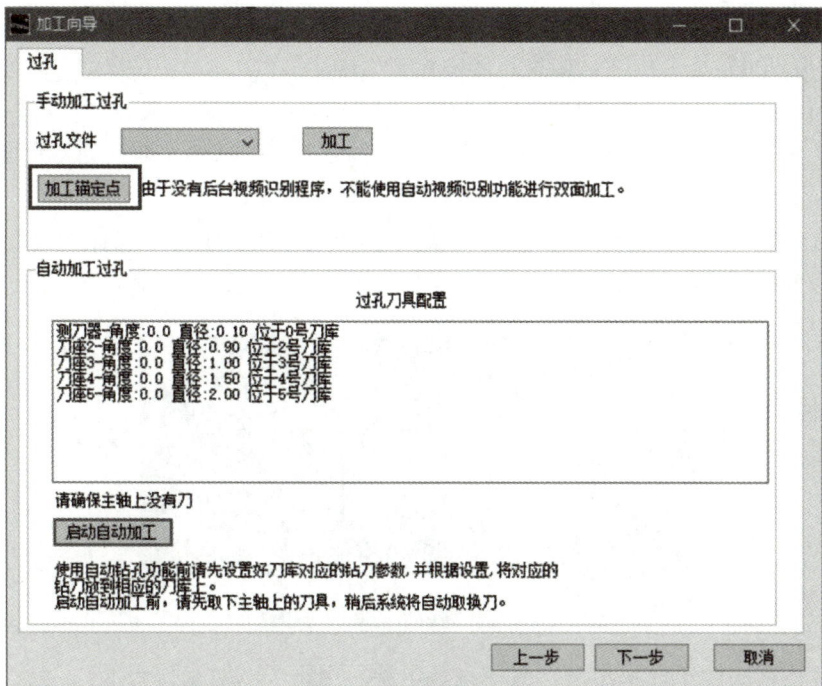

图 7-24　加工向导对话框的"过孔"页面

④ 放置 2.0 mm 钻头刀具。点击控制手柄 ▣，在图 7-20(b) 所示的控制台"换取刀"界面中选择_____号刀库，再点击"放刀"，将刀具放回原来位置。

(5) 启动自动加工钻孔。

点击 ▶ 启动加工图标，当提示是否使用向导方式加工时，选择"是"。继续点击"下一步"，出现图 7-24 所示的"过孔"页面，点击"启动自动加工"进行钻孔加工。等待钻孔完成后关闭对话框。

2. 电路板割边操作

(1) 设置割边配置参数，输出 G 代码。

① 点击菜单命令"配置"→"加工设置"，选择"割边配置"页面，选择 1.0 mm 的镂刀刀具，加工方式选择"底层加工"，进刀深度设置为 0.5 mm。

② 点击"加工参数"，设置默认板厚 (注意：软件有 0.6 mm 的割边补偿。当后期要做激光雕刻时，此处不能完全割断)，最后点击"确认"。

③ 点击菜单"功能"→"生成 G 代码"→"底层割边"，生成 G 代码。

(2) 取 1.0 mm 镂刀 (为_____号刀具)，启动加工。

① 点击 ▣ 控制手柄，在图 7-20(b) 所示的"取换刀"界面，选择_____号刀库点击"取刀"。取刀完成后，点击运动界面的"回零点"。

② 点击 ▣ 图标右侧的三角符号,选择"发送自定义 G 代码"命令,选择"底层割边 1_0.U00"文件。

③ 点击 ▶ 启动加工图标，在图 7-23 所示的对话框中，当提示是否使用向导

加工时，选择"否"。在弹出的确认加工对话框中，再次确认加工文件名"底层割边 1_0.U00"是否正确，如果正确则点击"确定"。

(3) 放刀具，取出覆铜板。

① 加工完成后，点击■控制手柄，在图 7-20(b) 所示的"取换刀"页面中选择_____号刀库，点击"放刀"，将锣刀放回原来位置。

② 在图 7-20(a) 所示"运动控制"页面的"吸尘泵"下方，选择"关"。

③ 取出覆铜板，钻孔割边后的电路板如图 7-25 所示。

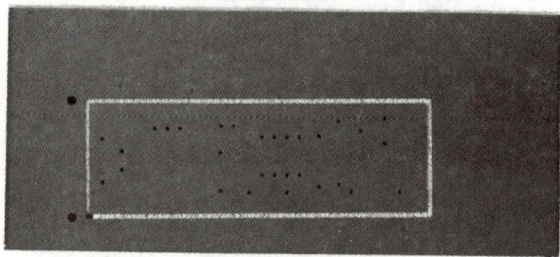

图 7-25　钻孔割边后的呼吸灯电路板

④ 正常关闭工控机电脑，关闭设备电源。用刷子清洁工作台面。

三、激光雕刻电路板线路层

图 7-26 所示的是 Create_DCM6200 印制电路激光成型机，该设备能完成通用 FR-4、柔性板、高频板等板材的高精度线路、阻焊等快速激光成型。本例中使用该设备进行线路层铜箔的激光雕刻，操作步骤如下。

图 7-26　印制电路激光成型机

1. 开机准备

开启设备前后电源，打开总电源开关和照明，开启工控机及显示器。

在工控机上打开 LCM6200 软件，点击打开 Gerber 图标，或者点击菜单命令"文件"→"打开 Gerber 文件"，找到要加工的文件目录，选择任意 Gerber 文件并打开，如图 7-27 所示，选中"底层"加工板层。

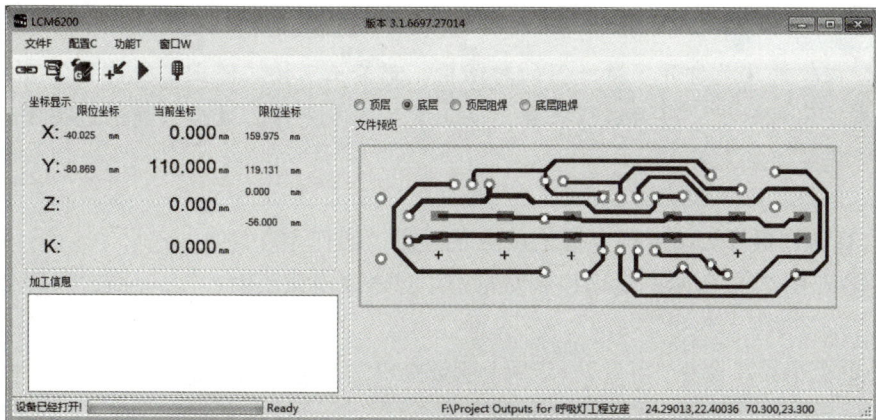

图 7-27　激光雕刻成型机 LCM6200 软件界面

点击软件上的模拟手柄 ▉ 按钮，打开"运动控制"对话框，如图 7-28 所示，点击"回原点"，使激光头返回设备的机械原点。

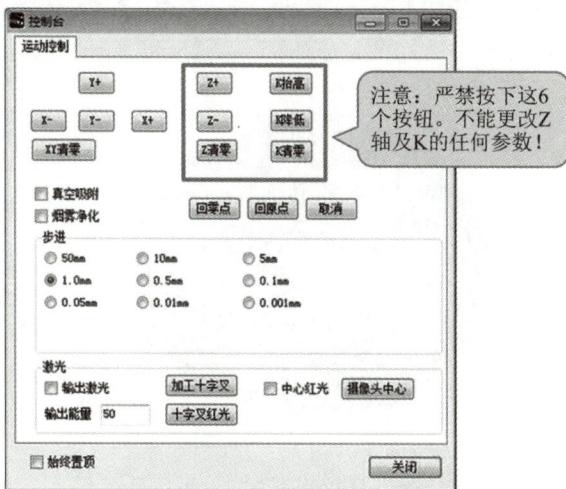

图 7-28　"运动控制"对话框

2. 通过摄像头对准锚定孔确定零点

(1) 将钻好锚定孔的覆铜板铜箔面朝上，用纸胶带贴在工作平台上，注意锚定孔在左侧方向。

(2) 通过模拟手柄操作，将板材左下角的锚定孔 A(A 为下方的锚定孔，B 为上方的锚定孔) 移动到保护罩的中心位置处。操作方法如下：

① 点击软件上的模拟手柄 ▉ 按钮，打开图 7-28 所示"运动控制"对话框，点击"回零点"按钮，切换步进到 10 mm、5 mm 等，点击"X±"和"Y±"按钮，将锚定孔 A 移动到保护罩的中心位置处。

② 点击"十字叉红光"按钮，观察锚定孔是否对准中心红光，点击"停止"关闭激光，再关闭对话框。如果没有对准，可重复上一步操作。

☆技巧提示

　　该软件凡是打开了激光器的对话框，都禁止不按"停止"按键关闭激光就先关闭对话框。因为这样将会无法正常关闭激光器，最后只能通过关闭设备才能关闭激光器。

　　(3) 通过摄像头精准确定锚定点 A 的坐标，操作方法如下：

　　① 在图 7-28 所示的运动控制对话框中点击"摄像头中心"，使锚定孔移动到摄像头正下方。

　　② 点击菜单命令"窗口"→选择"视频接口"，在打开的"视频窗口"对话框中，点击左上角的"开始"按钮，打开摄像头。

　　点击模拟手柄，打开图 7-28 所示的对话框，切换步进到"1 mm"，点击"X±"和"Y±"按钮，微移摄像头，观察"视频窗口"，使锚定孔 A 完全落入视频范围内，如图 7-29 所示。

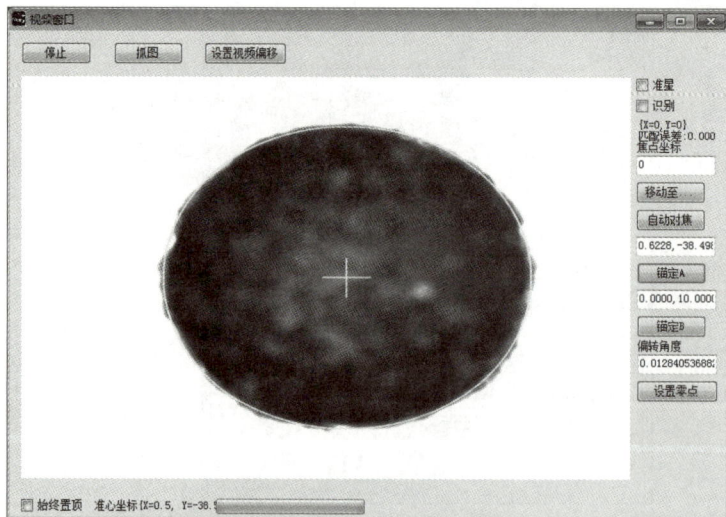

图 7-29　视频窗口

　　点击"锚定 A"，出现黄色的圆圈和加号对准孔的中心，如图 7-29 所示。否则可调高机器的亮度，或者再次抛光锚定孔，然后再次点击锚定"A 按钮"。

　　在图 7-28 的对话框中设置步进为 10 mm、1 mm 等，点击"Y−"按钮移动平台，使锚定孔 B 落入视频窗口内（本例为 23 mm），点击"锚定 B"。

　　点击"设置零点"按钮，当弹出的对话框询问是否重设零点时，点击"是"。最后点击"停止"按钮，关闭摄像头，并关闭视频窗口。

3. 生成 G 代码文件并加工板材

　　(1) 在图 7-27 的主界面中点击生成加工文件的■图标，生成 G 代码。这里每次重新对准锚定孔、重设零点，都需要再次生成 G 代码。

　　(2) 等显示"转换完成"后，点击■图标，查看红光是否在覆铜板锚定孔 A

的右上角加工区域。然后点击"停止"按钮关闭激光器，再关闭对话框。

（3）关闭设备罩门，点击启动加工图标▶开始加工。等加工完成后，在主界面的左下角会显示用时多少，说明已经加工完成。

（4）点击模拟手柄，设置步进为 50 mm，点击"Y−"按钮退出平台，取出电路板，激光雕刻完成后的电路板如图 7-30 所示。最后用刷子清洁台面。

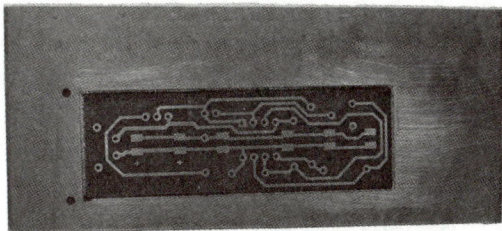

图 7-30   激光雕刻完成的呼吸灯电路板

四、热转印字符图形

按任务 7.1 的方法打印热转印用的字符图形，用纸胶带粘贴在覆铜板没有铜箔的一面，如图 7-31 所示，通过焊盘孔透光定位字符位置。

按任务 7.1 的方法用热转印机或熨斗加热将图形印到覆铜板上。热转印完成的电路板字符层如图 7-32 所示。

 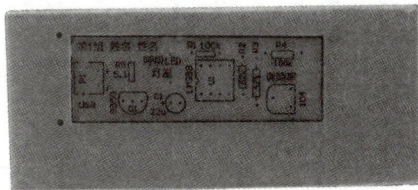

图 7-31   呼吸灯电路板贴字符层的热转印纸   图 7-32   热转印完成的呼吸灯电路板

五、电路板后期处理

（1）抛光。用水磨细砂纸来打磨抛光去除表面氧化铜箔。

（2）电路板裁边。将制作完成的印制电路板沿着边框线用裁板机手动裁剪掉多余的板面，并用砂纸、锉刀或角磨机等工具将边框的毛刺打磨平滑。制作完成的呼吸灯电路板如图 7-33 所示。

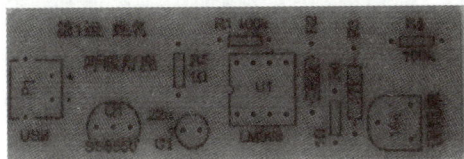 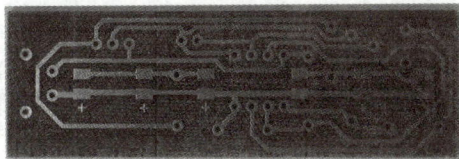

（a）字符层   （b）铜箔线路层

图 7-33   制作完成的呼吸灯电路板

(3) 电路板表面处理。通过目视法仔细对比 PCB 设计图，检查是否有线路断开或短路的地方。如果有断线的地方应该用导线将断开的线路焊接连通；如果有短路的地方则应该用刀片等尖锐的工具来划断被短路的线路。

六、呼吸灯电路的装配与调试

1. 根据元器件清单检测元器件质量好坏

对照表 3-9 所示的呼吸灯电路元件清单，认真核对各个元件的型号、参数、数量。用万用表进行初步检测，以确保元器件性能符合要求。

2. 元件焊接

(1) 焊接 6 个贴片 LED 元件，方法是先固定，后焊接。具体操作方法如下：

① 用烙铁在贴片元件的一个焊盘上预热镀锡，如图 7-34(a) 所示。

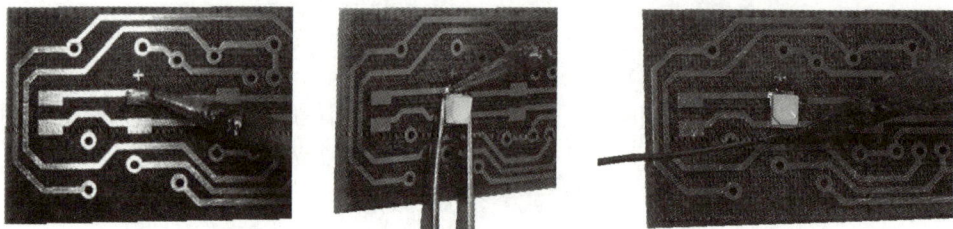

(a) LED 贴片焊盘上锡　　(b) 固定并焊接贴片元件的引脚　　(c) 焊接另外一个引脚

图 7-34　焊接贴片 LED 的方法

② 用镊子夹取贴片 LED，注意 LED 有缺口的一侧为阴极，焊接时极性要保证正确。把 LED 放到电路板上，用烙铁将镀锡的焊盘加热，让锡融化并推锡到 LED 引脚上，如图 7-34(b) 所示。

③ 焊好一个引脚后，贴片元件已被固定住，此时松开镊子，再用焊锡丝焊接另一端引脚，如图 7-34(c) 所示，先在引脚位置融化焊锡丝，然后将熔化的锡朝引脚上推，形成一个三角形，如图 7-35 所示。焊接动作应当快速、连贯。

图 7-35　贴片元件焊接完成示意图

(2) 测试贴片 LED。用万用表的 10k 欧姆挡去分别测试每组的 3 个 LED 是否能正常点亮，如图 7-36 所示。

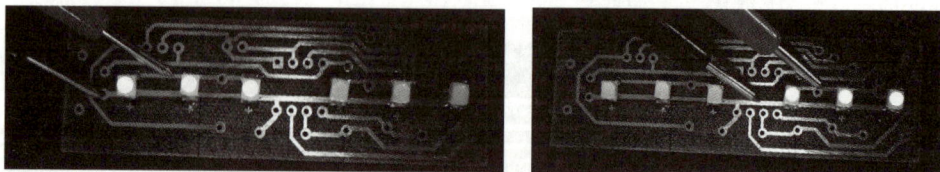

(a) 测试左侧的 3 个 LED　　(b) 测试右侧的 3 个 LED

图 7-36　测试呼吸灯电路板的贴片 LED 元件

然后焊接直插式元器件，按照从低到高顺序，依次安装并焊接元件到电路板上。焊接完成的电路板如图 7-37 所示。

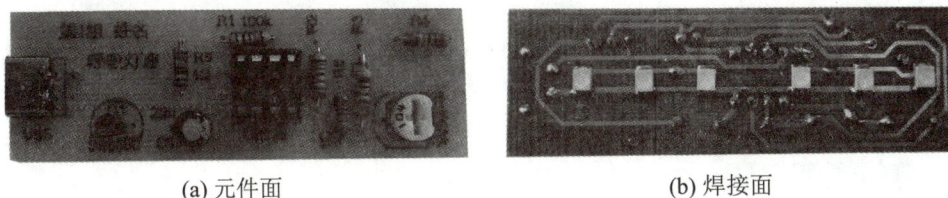

(a) 元件面　　　　　　　　　　　　　(b) 焊接面

图 7-37　焊接完成的呼吸灯电路板

3. 电路板检测、调试

(1) 裸板外观检测。检查所有的焊盘是否有漏焊、焊料引起的导线间短路 (即 "桥接")、元器件绝缘的损伤等。检查时，除目测外，还要用手指接触、镊子点拨动、拉线等办法检查有无导线断线、焊盘剥离等缺陷。

(2) 通电功能调试。用手机充电座和 USB 线连接电路板，注意正负极不要接反，观察到 6 个 LED 灯慢慢变亮到慢慢变暗。再通过调节电位器使 LED 闪烁速度变慢或变快，当一侧调到极限时可观察到 LED 相当于长亮的状态。

4. 安装呼吸灯立座外壳，得到样机产品

将电路板放置在立座的底座中，如图 7-38 所示，注意 LED 朝上，USB 接口对准缺口。然后插上透明亚克力牌，通电后可看到图 7-39 所示的呼吸灯立座效果。

图 7-38　放置了电路板的立座底座　　　　图 7-39　通电后的呼吸灯立座

任务7.3 // 化学感光法制作流水灯双面PCB

感光制板工艺是在覆铜板上均匀覆盖一层感光膜，然后将打印有 PCB 设计图形的透明菲林片覆盖在感光膜上，让紫外光线直接照射在覆有感光膜的电路板上，没有光照到的地方的感光膜会被显影剂溶解，而光照到的没有被溶解的感光

膜会保留在电路板的铜箔上，不让蚀刻液腐蚀，最后保留成为铜箔线路。根据感光膜的材料不同，感光制版工艺还分为干膜感光制板工艺与湿膜感光制板工艺。

任 务 单

任务要求

采用化学感光法和蚀刻法制作流水灯双面圆形电路板，最后焊接、调试电路板，实现流水灯的电路功能后装配产品外壳得到流水灯样机，即可交付顾客。

制板工艺流程如图 7-40 所示。

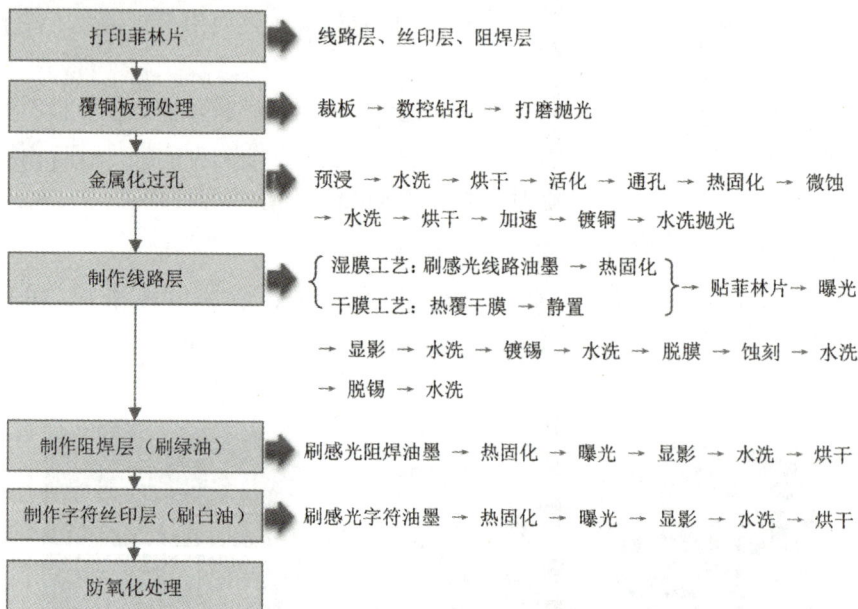

| 打印菲林片 | ➡ | 线路层、丝印层、阻焊层 |

| 覆铜板预处理 | ➡ | 裁板 → 数控钻孔 → 打磨抛光 |

| 金属化过孔 | ➡ | 预浸 → 水洗 → 烘干 → 活化 → 通孔 → 热固化 → 微蚀 → 水洗 → 烘干 → 加速 → 镀铜 → 水洗抛光 |

| 制作线路层 | ➡ | { 湿膜工艺：刷感光线路油墨 → 热固化 } → 贴菲林片 → 曝光 { 干膜工艺：热覆干膜 → 静置 } → 显影 → 水洗 → 镀锡 → 水洗 → 脱膜 → 蚀刻 → 水洗 → 脱锡 → 水洗 |

| 制作阻焊层（刷绿油） | ➡ | 刷感光阻焊油墨 → 热固化 → 曝光 → 显影 → 水洗 → 烘干 |

| 制作字符丝印层（刷白油） | ➡ | 刷感光字符油墨 → 热固化 → 曝光 → 显影 → 水洗 → 烘干 |

| 防氧化处理 |

图 7-40　化学感光制板工艺流程图

化学感光制板设备及耗材如下：

(1) 制板设备：Create-DCM3800 钻铣雕一体机、裁板机、激光打印机、线路板抛光机、金属过孔机、镀铜机、线路板丝印机、自动喷淋洗网机、油墨固化机、自动覆膜机 (干膜)、紫外光曝光机、自动喷淋显影机、自动喷淋脱膜机、自动喷淋腐蚀机。

(2) 制板工具及耗材：覆铜板、菲林片、剪刀、橡胶手套、透明胶带等。

(3) 焊接及检修工具：烙铁、镊子、焊锡丝、万用表、直流电源等。

学习目标

(1) 能说出感光膜的特点与分类，能说出干膜和湿膜制板的工艺流程。

(2) 会正确设置打印 PCB 光绘菲林片的正片、负片图形。

(3) 能正确使用化学感光制板设备并按工艺规范进行流水灯电路板的制作。制板过程强调安全意识和防范意识，正确佩戴防护护具。

(4) 能根据装配图安装、焊接流水灯电路板，并调试样机的电路功能。

任 务 实 施

一、认识感光膜，确定制板工艺流程

感光膜分为干膜和湿膜。干膜是利用半透明的成品感光干膜直接贴在覆铜板上，如图 7-41(a) 所示，热压后再进行感光处理。湿膜是将感光油墨如图 7-41(b) 所示均匀涂抹在覆铜板上，待感光油墨干透后再进行感光处理。

(a) 负性感光干膜   (b) 负性感光油墨   (c) 正性感光覆铜板

图 7-41   PCB 感光制作材料

根据感光特性的不同，感光膜还可分为正性和负性两种。负性的感光膜，被光照到的地方不会被显影剂溶解，没有溶解的感光膜保留在电路板的铜箔上，可以保护线路图形不被腐蚀掉。多数感光制板法采用的感光线路油墨和感光干膜为负性的感光材料。

而正性的感光膜则正好相反，被光照到的地方会被显影剂溶解。感光覆铜板 (或称光绘覆铜板) 一般是正性的感光膜，如图 7-41(c) 所示，在出厂时就带有感光膜，需要用遮光材料单独包装，不适用于工业批量制作印制电路板。

不同性质的感光膜打印的菲林片是不一样的，且使用的显影液也不一样，在使用的时候也要注意。下面以负性感光膜的制板方法为例进行介绍。

二、打印菲林片 (负性感光法制板)

菲林底片是根据 PCB 设计图而生成的 1：1 的黑白对比图形。白色透明的部分紫外线可以透过，而黑色的部分紫外线无法透过。

菲林底片根据制作工艺的不同可分为光绘底片和打印底片，其中光绘底片精度高，黑白对比度好。同时，光绘底片还分为正片和负片，如负性感光膜工艺中的线路底片就是负片，即需要透光的线路图形是白色的，不需要透光的部分是黑

色的。

打印菲林片与任务 7.1 的打印热转印图的方法一样，但是需要注意的是，对于打印的图形要根据实际需求设计打印方式，如根据感光膜为正性或者负性，线路图形是否需要镀锡等情况，来分别设置打印方式为输出正片或者负片。

流水灯电路板为双面板且要做金属化过孔，若采用负性感光法制板，则蚀刻电路板之前要在线路铜箔上、金属化过孔中镀上锡，覆盖住铜箔线路图形，防止线路被腐蚀。因此打印的线路图形均为正片，如图 7-42(a)、(b) 所示。

如果制作的单、双面板线路不需要制作金属化过孔，即曝光、显影后直接腐蚀电路板，则用感光膜把铜箔线路图形覆盖住防止被腐蚀即可，因此打印的图形应为负片，如图 7-42(d)、(e) 所示。

此外，不管做单面板还是双面板，阻焊层都应打印为正片，字符丝印层应打印为负片，如图 7-42(c)、(f) 所示。

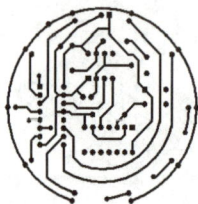

(a) 底层线路图形正片   (b) 顶层线路图形正片 (镜像)   (c) 底层阻焊图形正片

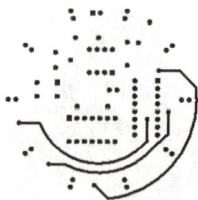

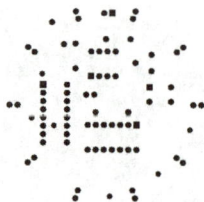

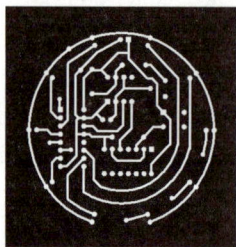

(d) 底层线路图形负片   (e) 顶层线路图负片 (镜像)   (f) 正面字符图负片 (镜像)

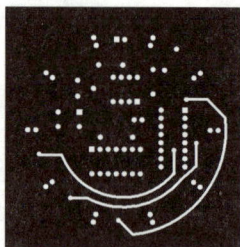

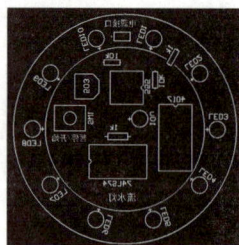

图 7-42　打印的流水灯 PCB 菲林底片

☆技巧提示

负片打印方法，在机械层放置一个比边框大的矩形填充。在打印预览中设置缩放比例为 100%，黑白打印，只显示要打印的层和机械层，将机械层颜色设置为黑色，其他层颜色设置为白色即可。

点击菜单命令"文件"→"打印预览"查看打印效果，以丝印层的镜像负片为例，丝印层和边框都变成了白色，机械层的填充矩形为黑色，如图 7-43 所示。

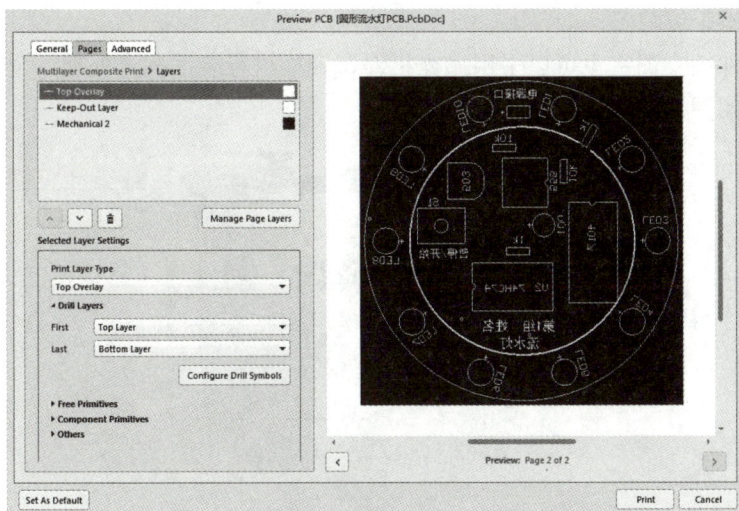

图 7-43　打印预览流水灯 PCB 的丝印层镜像负片

在打印机中放入透明的菲林纸，点击打印按钮输出负片，如图 7-44 所示。

图 7-44　打印好的正面字符丝印图形菲林底片

☆技巧提示

　　打印好的菲林底片，如果黑色碳粉位置有透光破洞，请以油性黑色笔修补，或者直接均匀地喷射黑色增黑剂。

三、裁板、数控钻孔、抛光

(1) 对覆铜板进行裁切，实际 PCB 设计为直径是 7 cm 的圆形，可以使用裁板机先切成矩形，保留 2 cm 以上的工艺边，例如裁剪成 10 cm × 10 cm 的正方形。

(2) 对覆铜板进行钻孔及割边。按照任务 7.2 使用数控钻铣雕一体机对电路板进行钻孔及割边，注意割边操作不要完全割断，这样才能留下边框方便用夹子固定将其放入蚀刻机。也可以制板完成后最后割边。

(3) 对覆铜板进行抛光预处理。手工制作 PCB 时可以直接用细砂纸去除表面氧化物及油污，去除钻孔时产生的毛刺。用细砂纸打磨抛光后的覆铜板需要用水

学习笔记

洗干净并擦干或晾干。

有条件的实训室也可以采用抛光机对覆铜板进行表面抛光处理，全自动线路板抛光机如图 7-45 所示。

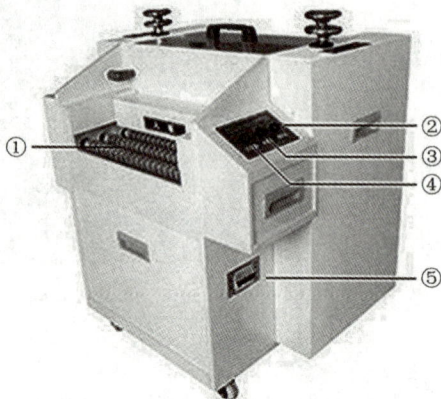

①—送料入口；②—电源指示灯；③—传动按钮；④—抛光按钮；⑤—电源开关。

图 7-45　全自动线路板抛光机

抛光机的操作方法如下：

(1) 启动设备，连接好抛光机电源线，并打开进水阀门及抛光机电源开关。按下面板上"传动"和"抛光"按钮，抛光机开始运行。根据板材厚度调节抛光机上侧压力调节旋钮。

(2) 将 PCB 板平放在送料台上，随后设备将自动完成传送。多个工件一起加工时，相互之间保留一定的间隙。

(3) 完成抛光后，及时从抛光机后部的出料台中取回工件。

(4) 关闭"抛光"和"传动"按钮，关闭进水阀门及抛光机电源开关。

四、金属化过孔

双面印制板制造工艺的核心问题是孔金属化过程。金属化过孔是指各层印制导线在孔中用化学镀和电镀方法使绝缘的孔壁上镀上一层导电金属使之互相可靠连通的工艺。金属化过孔设备如图 7-46 所示。

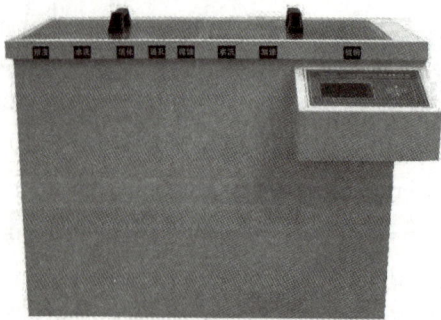

图 7-46　金属化过孔设备

　　由于金属化过孔设备中有几种不同的化学液体，因此需要戴橡胶手套操作。其主要操作步骤如下：

　　(1) 预浸。其目的是清除铜箔和孔内的油污、油脂及毛刺铜粉，调整孔内电荷，有利于碳颗粒的吸附，其原理如图 7-47 所示。设备预浸温度为 62～64℃，时间为 5 分钟。预浸后均需充分水洗并烘干后方可进入下一道工序，以免液体交叉污染。

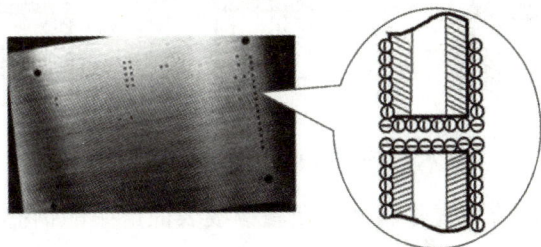

图 7-47　金属化过孔预浸原理图

　　(2) 活化。活化是指让孔壁吸附一层精细、导电碳颗粒以形成导电层，方便后续电镀铜。其原理如图 7-48 所示，室温操作，活化时间为 3 分钟左右。

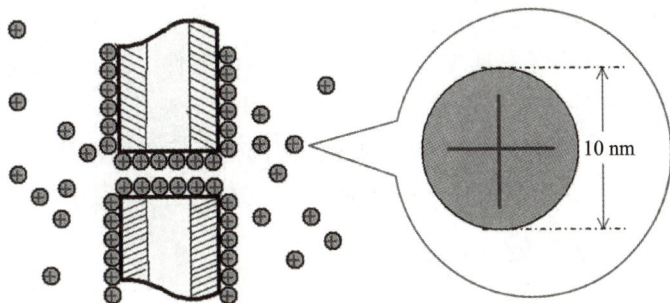

图 7-48　金属化过孔活化原理图

　　(3) 通孔。其目的是防止多余的黑孔液热固化后堵孔，需进行通孔。操作使用负压气泵，将板材表面及孔内多余的活化液吸掉。

　　(4) 热固化。热固化是将通孔后的板件置于热固化机内进行热固化。热固化温度为 105℃，固化时间为 5 分钟。热固化机如图 7-49 所示。

　　(5) 为使活化效果更好可多重复几次 (2)～(4) 的步骤。

　　(6) 微蚀。微蚀是为了除去表面铜箔上吸附的碳颗粒，保留孔壁上的碳颗粒。微蚀原理是微蚀液体只与铜反应，所以能将表面的铜箔轻微地腐蚀掉一层，这样吸附在铜箔上的碳颗粒就会松落去除，如图 7-50 所示。

图 7-49　热固化机

　　微蚀操作在室温环境下即可，操作时间为 2 分钟。微蚀后均需充分水洗并烘干后方可进入下一道工序，以免液体交叉污染。

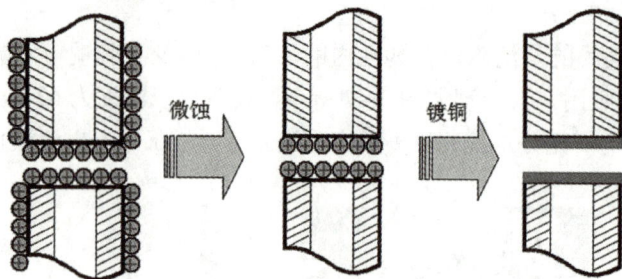

图 7-50　金属化过孔微蚀、镀铜原理图

（7）加速。其目的是去除微蚀时在覆铜板表面产生的铜盐。在室温下操作，操作时间为 1 分钟。

（8）镀铜。加速完成的 PCB 孔壁已吸附了一层碳颗粒，碳颗粒是导电的，通过电镀在碳层上电镀铜层（如图 7-50 所示），从而达到双面板过孔导通的目的。室温操作，操作时间为 30 分钟。镀铜的注意事项如下：

① 镀铜电流设置为 $2 \ A/dm^2$。

② 镀铜前，需确保夹具与阴极杆、夹具与待镀件之间充分拧紧；镀铜过程中如需中途查看镀铜效果，需先暂停设备，方可取下夹具。

③ 镀液含强酸 (H_2SO_4)，严禁用身体任何部位直接接触镀液。

（9）水洗、烘干。镀铜完毕，板件需进行充分水洗，然后抛光烘干备用。

五、覆感光膜、热固化（暗室环境）

1. 湿膜工艺

湿膜工艺需要在覆铜板上刷感光线路油墨（蓝油），然后热固化。油墨使用前，应充分搅拌均匀。如果感光油墨过于浓稠，可以采用感光油墨稀释剂来稀释。

刷感光油墨的丝印机、胶刮板如图 7-51 和图 7-52 所示。将覆铜板放置在丝印机的台面上并固定好，用 90 T 的丝网框进行线路油墨的胶刮，手工胶刮时要注意胶刮板与覆铜板之间保持 45° 的夹角方向进行。

图 7-51　小型 PCB 丝印机　　　　图 7-52　胶刮板

刷完感光油墨后需要进行热固化，将覆铜板放置在热固化机内，设置温度为 75℃，固化 20～30 分钟，等待油墨固化后烘干完成。

刷油墨完成后的丝网框、胶刮板等沾染油墨的工具都需要马上放入图 7-53 所示的自动喷淋洗网机内清洗，否则，一旦油墨干置将很难清除。自动喷淋洗网机设置温度为 50～55℃，清洗时间为 5 分钟。

2. 干膜工艺

图 7-53　自动喷淋洗网机

干膜工艺需要先热覆干膜，然后静置。干膜覆膜时，要先从干膜上撕下一面聚乙烯保护膜，然后在加热加压的条件下将干膜抗蚀剂粘贴在覆铜箔板上。自动覆膜机如图 7-54 所示，干膜中的抗蚀剂层受热后变软，流动性增加，借助于热压辊的压力和抗蚀剂中黏结剂的作用完成覆膜。

图 7-55 所示为覆膜后的覆铜板。没有用完的干膜应将其遮光保存，不能被曝光。

图 7-54　自动覆膜机

图 7-55　覆膜后的覆铜板

六、贴菲林片、曝光、显影

(1) 在暗室环境将打印好底层线路和顶层线路的菲林底片，对准覆铜板的钻孔位置，用透明胶固定好，如图 7-56 所示。注意：其中印有墨（碳粉）的一面与蓝色的感光膜面相接紧密。

(a) 底层线路层

(b) 顶层线路层

图 7-56　贴好菲林底片的 PCB 覆铜板

(2) 将待曝光的覆铜板放置于双面紫外曝光机内部的透明曝光平台中，如图 7-57 所示。启动真空 60 秒后，启动曝光。曝光原理如图 7-58 所示。

图 7-57　双面紫外曝光机

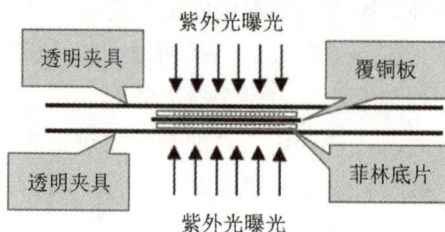

图 7-58　曝光示意图

☆技巧提示

可以采用日光台灯或直接用太阳光照射来代替曝光机，但是必须以玻璃紧压菲林片及覆铜感光板，越紧密越好。

用 20 W 的日光台灯时，曝光时间为：8～10 分钟（透明底片）；13～15 分钟（半透明）。

用太阳光曝光时，曝光时间为：强日光透明底片需 3～5 分钟；弱日光透明底片需 7～10 分钟，应避免阴天曝光。

(3) 显影是将没有曝光的感光膜去除，得到所需电路图形的过程。

操作方法：将曝光后的覆铜板置于图 7-59 所示的 PCB 显影机中显影，被曝光部位会被显影剂除去从而露出铜面，如图 7-60 所示。显影温度设置为 45～50℃，显影时间为 30～40 秒。

图 7-59　PCB 显影机

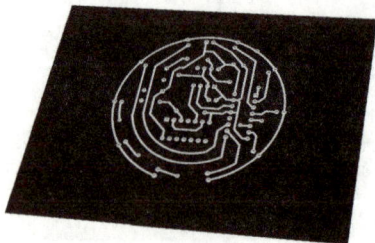

图 7-60　显影后的覆铜板

也可以直接用塑料盆（不能用金属盆）调制 PCB 专用显影液，显影液的浓度调制为 0.8%～1.2%。将覆铜板的感光膜面朝上放入盆中（双面板须悬空），每隔数秒摇晃容器或感光板，直到铜箔清晰且不再有蓝色雾状冒起时即完成显像，操作显像时间约为 1～2 分钟，可在一般光线下进行，随时注意观察显影的进度。

显影液越浓，显像速度越快，但过快会造成显像过度（线路会全面模糊缩小）；显影液过稀则显像过慢，易造成显像不足（最终造成蚀刻不完全）。

显影完成后需要水洗，然后放置到热固化机中烘干。

七、线路镀锡、脱膜、蚀刻、退锡

(1) 线路镀锡处理。其目的是将显影完成后裸露的铜箔走线以及金属化过孔通过镀锡来保护，使其在蚀刻时不被腐蚀掉。

将显影完成的电路板置入电镀铅锡机中，调节电流大小为每平方分米的有效面积上有 1.5～2 A 电流，对电路板图形进行电镀铅锡 20 分钟，注意电流不可太大，否则镀铅锡会太快太厚，手一碰触就会掉下来。此时显影后裸露的铜线部分会被灰色的铅锡覆盖。镀铅锡后需水洗干净并静置干燥。

(2) 脱膜。其目的是去除覆铜板上除了镀锡走线以外的感光膜，使铜箔裸露出来。

将镀完铅锡的电路板置入脱膜机中（内有 pH 值为 14 的强碱性氢氧化钠溶液），设置温度为 45～55℃，脱膜时间为 120 秒，可以把蓝色的线路感光膜全部脱掉。注意操作过程中要戴橡胶手套，防止皮肤损伤。脱膜完成后，需要用水洗干净电路板。

(3) 蚀刻线路板，具体操作方法见任务 7.1。

(4) 退锡。将蚀刻完成的电路板放到退锡液中，晃动塑料容器，当肉眼观察到线路铜箔上的白色铅锡完全褪去，变为黄色的铜箔即可，然后水洗并擦干电路板。

八、阻焊层制作

在制作好的电路板上丝网漏印一层感光阻焊油墨，然后通过曝光、显影的方式在需要的地方留下阻焊油墨。阻焊曝光、显影操作方法与线路曝光、显影基本一致。

(1) 印刷感光阻焊油墨（绿油）。在暗室环境中，用 100 T 的丝网框印刷阻焊油墨。配置感光阻焊油墨的比例是：油墨∶固化剂＝3∶1。如果油墨比较黏稠，则需要增加油墨稀释剂进行调整。用完后的工具需要马上清洗。

(2) 将电路板放置在阴凉不通风的环境，静置 15 分钟，不能见阳光。

(3) 热固化。将覆铜板放置在热固化机内，设置温度为 75℃，固化时间为 15 分钟，等待油墨固化后烘干完成操作。

(4) 贴阻焊层的菲林片、曝光、显影，显影时间为 40 秒左右。

(5) 水洗后将覆铜板放置在油墨热固化机内烘干。

九、丝印层制作

(1) 刷感光字符油墨（白油）。在暗室环境中，用 20 T 的丝网框印刷阻焊油墨。如果油墨比较黏稠，则需要增加油墨稀释剂进行调整，要求尽量调稀点，因为字符油墨要求越薄越好。用完后的工具需要马上清洗。

(2) 静置 15 分钟，进行热固化，设置温度为 75℃，时间为 15 分钟。

(3) 对贴字符图形的菲林片负片进行曝光显影，显影时间为 20～25 秒。

(4) 用水洗干净线路板，进行热固化，设置温度为 140℃，时间 20 分钟。

十、防氧化处理

防氧化处理，主要是防止焊盘、过孔等氧化，以提高其可焊性。可根据设备配置，选择喷锡、化学镀锡、OSP 等工艺。

最后裁掉多余的板面，并用砂纸、锉刀或角磨机等工具将电路板打磨平滑。

十一、流水灯电路的装配与调试

1. 根据元器件清单检测元件质量好坏

对照流水灯的原理图或元件清单（见表 4-5）认真核对各个元件的型号、参数、数量。用万用表进行初步检测，以确保元器件性能符合要求。

2. 电路板焊接、检测

根据图 4-44 所示的流水灯 PCB 图焊接元器件。如果电路板没有制作金属化过孔，则要先焊接 6 个过孔，用焊锡或导线穿过电路板焊接电路板的正反面，来代替金属化过孔的作用，如图 7-61 所示。

3. 电路板功能调试

通过杜邦线给电路板提供 5 V 直流电源供电，能观察到 10 个 LED 循环闪烁点亮。按下按键，观察 LED 能否暂停或重新启动循环；调节电位器是否能改变流水灯的闪烁速度。

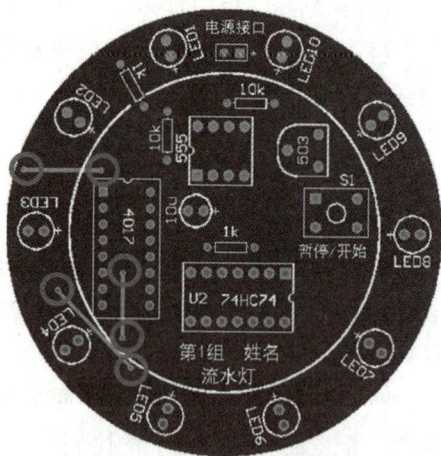

图 7-61 手工焊接过孔位置

电路板的故障排除方法如下：

(1) 所有灯都不亮：用万用表检测电路板上所有芯片及器件的 VDD 与 GND 端是否连接正确，并且没有短路现象。

(2) 个别 LED 不能点亮：检查该 LED 与集成芯片 4017 之间的电路是否连通，如果是连通的再检查 LED 是否烧坏。

(3) LED 不能循环点亮：检查 NE555 芯片 3 号引脚输出是否为脉冲方波。简单的测试方法是：用一个发光二极管碰接在 555 芯片的 3 号引脚上，如果观察到 LED 是闪烁点亮的，则输出为正常的脉冲。注意发光二极管只能短时间触碰，观察到现象即可，否则 LED 因缺少限流电阻容易被烧坏。

(4) 按键按下不能暂停 / 启动 LED 的循环：检查按键控制模块的所有电路是否正常连通，或者按键模块与振荡电路的连接网络 CTRL 是否接通。

展示项目、考核评价

按照分组，由项目验收员检查项目完成情况，各组展示设计作品，介绍项目设计过程等。根据考核评价表 7-2 进行小组自评、组间互评、教师评价。

表 7-2　考 核 评 价 表

姓名		组别		小组成员				
考核项目	考核内容	评 分 标 准			配分	自评 20%	互评 20%	师评 60%
PCB 制作 30 分	裁板钻孔	裁板尺寸正确，板边处理平整光滑；钻孔位置正确，能穿透电路板			10			
	铜箔线路	PCB 线路有断路或短路，每处扣 2 分			10			
	丝印字符	字符信息或图形有错漏，每处扣 2 分			10			
电路板焊接及功能调试 40 分	装配焊接	元件装配错误或不合理，焊点虚焊、脱焊或不规范，每处扣 2 分			20			
	功能调试故障排除	LED 能正常闪烁点亮，调节电位器或按下按键，能控制 LED 速度，各得 10 分			20			
职业素养 30 分	岗位职责	分工合理，主动性强，能按计划进度完成设计项目，严谨认真地完成岗位职责			10			
	爱岗敬业	遵守行业规范、现场 6S 标准要求，安全意识、责任意识、服从意识强			10			
	团队协作	互相协作、交流沟通、分享能力			10			
合　计					100			
评价人		时间			总分			

学习笔记

附录A // 原理图的常用元件符号

1. 杂项库

杂项库 (MiscellaneousDevices.IntLib) 包括电阻、电容、三极管、二极管、发光二极管、三端稳压管、变压器、开关类、可控硅、场效应管、蜂鸣器、电感、天线、保险丝、一位数码管、麦克风等基本元件。

序号	中文名称	元件名称	符号	序号	中文名称	元件名称	符号
1	天线	ANTENNA		7	稳压二极管	D Zener	
2	电池	BATTERY		8	二极管	Diode	
3	桥式二极管	Bridge1		9	数模转换器	DAC-8	
4	蜂鸣器	Buzzer		10	8 段数码管	Dpy Blue-CC	
5	电容	CAP		11	熔断器	Fuse 2	
6	极性电容	Cap Pol2		12	电感	INDUCTOR	

续表一

序号	中文名称	元件名称	符号	序号	中文名称	元件名称	符号
13	N 沟道结型场效应管	JFET-N		22	光电双向可控硅	Opto TRIAC	
14	N 沟道 MOS 场效应管	MOSFET-N		23	光隔离器(光电耦合器)	Optoisolator2	
15	发光二极管	LED1		24	光电NPN三极管	Photo NPN	
16	光电二极管	Photo Sen		25	继电器	Relay-SPDT	
17	话筒	Mic2		26	8排阻	Res Pack4	
18	扬声器	Speaker		27	电阻	Res2	
19	NPN三极管	NPN		28	电位器	RPot	
20	PNP三极管	PNP		29	可控硅(晶闸管)	SCR	
21	运算放大器	Op Amp		30	8位拨码开关	SW DIP-8	

续表二

31	按键开关	SW-PB		34	三极管可控硅	Triac	
32	拨动开关	SW-SPDT		35	电压调整器	Volt Reg	
33	中心抽头变压器	Trans CT		36	晶振	XTAL	

2. 连接器件库

连接器件库 (MiscellaneousConnectors.IntLib) 包括各种插针、电源接头、耳机接头、串口等接插件。

序号	中文名称	元件名称	符号	序号	中文名称	元件名称	符号
1	同轴电缆插件	BNC		7	插头	Plug	
2	射频同轴连接器	COAX-F		8	插座	Socket	
3	插座接头组件	Connector 14		9	交流电源插座	Plug AC Female	
4	插座组件	D Connector 9		10	6 孔 PS2 插座	PS2-6PIN	
5	2 脚连接器（有 2 脚～5 脚）	Header 2		11	低压电源接头	PWR2.5	
6	2 排 3 脚连接（有 2×2 到 25×2)	Header 3×2		12	饮片接头	RCA	

附录B // 常见元件的封装图形

1. 轴状封装元件（如电阻、二极管、瓷片电容等）

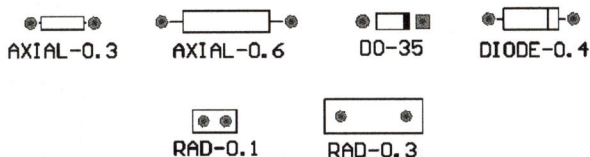

AXIAL-0.3　　AXIAL-0.6　　DO-35　　DIODE-0.4

RAD-0.1　　RAD-0.3

2. 径向封装元件（如极性电容、发光二极管、蜂鸣器等）

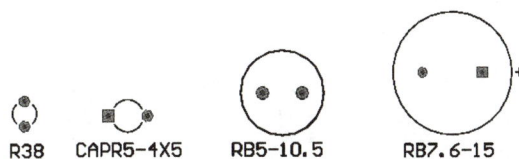

R38　　CAPR5-4X5　　RB5-10.5　　RB7.6-15

3. 两个引脚的贴片封装元件（如贴片电阻、电容、电感、二极管等）

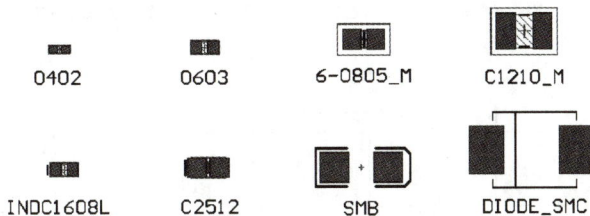

0402　　0603　　6-0805_M　　C1210_M

INDC1608L　　C2512　　SMB　　DIODE_SMC

4. 晶体管（直插式及贴片式）

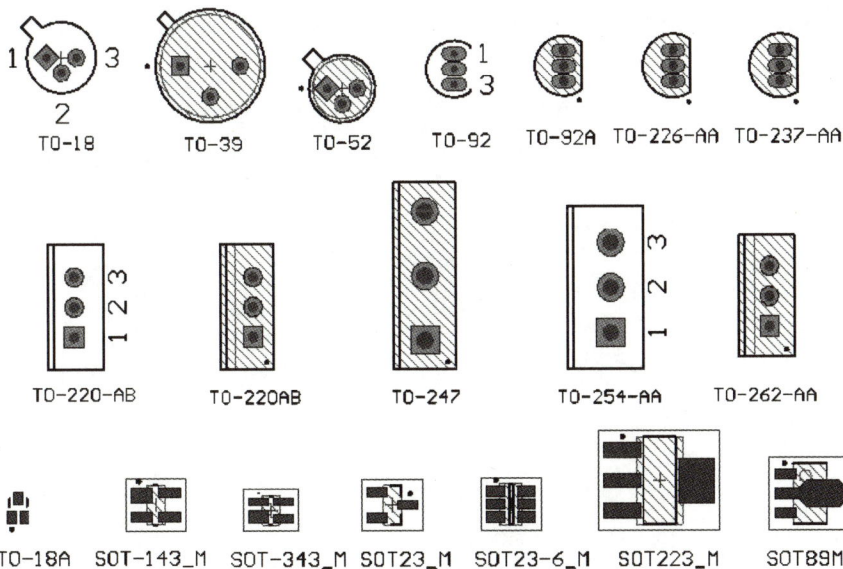

TO-18　　TO-39　　TO-52　　TO-92　　TO-92A　　TO-226-AA　　TO-237-AA

TO-220-AB　　TO-220AB　　TO-247　　TO-254-AA　　TO-262-AA

TO-18A　　SOT-143_M　　SOT-343_M　　SOT23_M　　SOT23-6_M　　SOT223_M　　SOT89M

5. 芯片封装（数码管封装、双列直插芯片封装、双列贴片芯片封装）

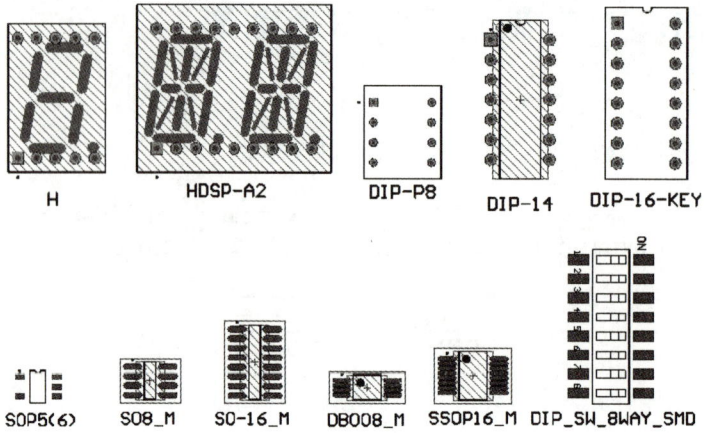

H   HDSP-A2   DIP-P8   DIP-14   DIP-16-KEY

SOP5(6)   SO8_M   SO-16_M   DB008_M   SSOP16_M   DIP_SW_8WAY_SMD

6. 连接器及接插件

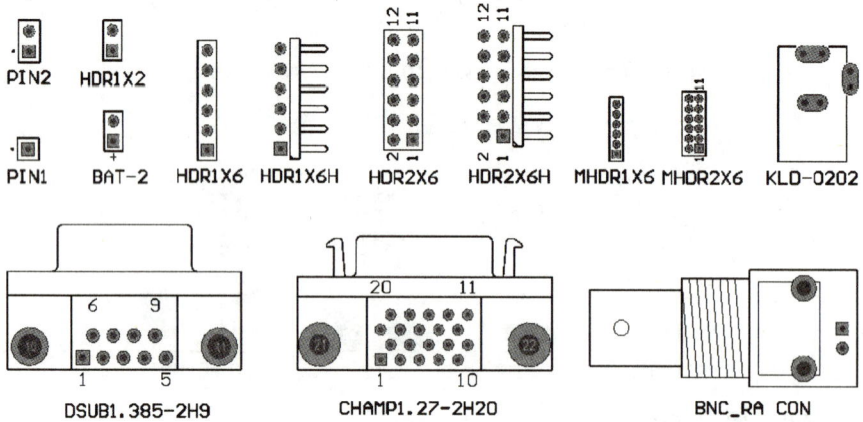

PIN2   HDR1X2   PIN1   BAT-2   HDR1X6   HDR1X6H   HDR2X6   HDR2X6H   MHDR1X6   MHDR2X6   KLD-0202

DSUB1.385-2H9   CHAMP1.27-2H20   BNC_RA CON

附录C // Altium软件中常用的快捷键

1. 原理图和 PCB 编辑器公共的快捷键

快捷键	功　能	快捷键	功　能
X	放置对象时水平翻转（镜像）	A	显示"排列"子菜单
Y	放置对象时垂直翻转（镜像）	B	显示"工具栏"子菜单
Space	移动对象时逆时针 90°旋转	C	显示"工程"子菜单
	布线时切换走线拐角模式	D	显示"设计"子菜单
Shift + Space	布线时在布线模式间循环切换	E	显示"编辑"子菜单
Esc	从当前处理中退出	H	显示"帮助"子菜单
End	刷新屏幕	J	显示"跳转"子菜单
Home	定位中心到光标同时刷新屏幕	K	显示"工作区面板"子菜单
Alt + F5	切换全屏模式	M	显示"移动"子菜单
Tab	放置的时候编辑属性	O	弹出右键选项菜单
Shift + Ctrl + T	以顶对齐排列选中对象	P	显示"放置"子菜单
Shift + Ctrl + L	以左对齐排列选中对象	R	显示"报告"子菜单
Shift + Ctrl + R	以右对齐排列选中对象	S	显示"选择"子菜单
Shift + Ctrl + B	以底对齐排列选中对象	T	显示"工具"子菜单
Shift + Ctrl + H	水平平铺选中的对象	V	显示"查看"子菜单
Shift + Ctrl + V	垂直平铺选中的对象	W	显示"Windows"子菜单
Shift + Ctrl + D	按照栅格排列对象	X	显示"取消选定"子菜单
F11	切换属性面板的开关	Z	显示"缩放命令"子菜单
Ctrl + M	测量两点之间的距离	Delete	删除选择对象
Ctrl + Y	重新执行	C，C	编译工程
Ctrl + Z	撤销	V，A	查看合适区域
Ctrl + A	全选	V，D	查看整个文档
Ctrl + R	橡皮章 （快速复制粘贴选中对象）	V，F	查看已放对象 （或 Ctrl + Page Down)
Ctrl + Q	在对话框中切换公英制单位	Shift + C	清除蒙板
Page Down	缩小（或 Ctrl + 鼠标滚轮下）	鼠标滚轮	上下滚动
Page Up	在光标处放大 （或 Ctrl + 鼠标滚轮上）	Shift + 鼠标滚轮	左右滚动

2. 原理图编辑器中的快捷键

快捷键	功　能	快捷键	功　能
G	在跳转栅格设置间循环切换	D，O	打开"文档选项"对话框
Backspace	在放置导线、总线、直线或多边形时移除最后一个顶点	T，P 或 O，P	打开"Preference"对话框中的"Schematic-General"页
Ctrl + F	搜索文本	O，E	打开"Preference"对话框中的"Schematic-Graphical Editing"页
Ctrl + H	搜索和替换文本	D，G	显示原理图"通用模板"子菜单
P，W	放置导线	T，N	强制标注所有器件
P，D，L	放置直线	T，G	打开"封装管理器"
P，B	放置总线	P，J	放置节点
P，U	放置总线入口	P，N	放置网络标签
P，T	放置字符串	P，R	放置端口

3. PCB 编辑器中的快捷键

快捷键	功　能	快捷键	功　能
Q	公英制单位切换	G	显示栅格设置子菜单
2(主键盘)	交互式布线时放置一个过孔	L	交互式布线时在放置过孔后按下可切换布线层
	切换二维显示		翻转正在移动的元件到板的另一边（或者按下 M、I）
3(主键盘)	切换三维显示		打开"板层管理"对话框
布线状态 + Ctrl	智能走线	Backspace	交互布线时清除最后一个转角
Shift + Space	布线时改变走线模式	Shift + F	查找相似对象
		Shift + S	单层显示模式开关
Shift + Ctrl + 单击	高亮光标所在的已连接网络	Ctrl + PgUp	放大到 400%
Ctrl + 单击层标签	在层页面中亮层	Ctrl + PgDn	缩放到所有对象合适
Ctrl + Shift + 单击	在层页面中添加高亮	Ctrl + End	跳转到工作区的相对起始坐标
Ctrl + Alt + 鼠标	在层页面中高亮显示鼠标接触的元件	Shift + F1	布线时按下可以显示合适的交互布线快捷键
E，O，S	设定原点	T，E	打开"泪滴"选项对话框
E，O，R	复位原点	T，D	打开"设计规则检查"对话框
D，R	打开"布线规则设置"对话框	T，M	复位错误标志
D，W	打开"规则向导"	T，P	打开"PCB Editor-General"页
D，S，D	根据选择对象定义板子形状	T，V，B	从选择的元素创建板剪切

续表

快捷键	功　能	快捷键	功　能
D，P	生成 PCB 库	S，A	全选
D，A	生成集成库	S，L	线选
U，U，A	取消布线 - 全部	S，I	选择区域（内部）
U，U，N	取消布线 - 网络	S，O	选择区域（外部）
U，U，C	取消布线 - 连接	V，B	翻转电路板
U，U，O	取消布线 - 器件	V，H	查看 - 合适图纸

4. PCB 的 3D 可视化快捷键

快捷键	功　能	快捷键	功　能
0	旋转 3D 视图，使板水平面沿窗口底部运动	Ctrl + C	在剪切板上创建一个当前三维视图的位图图像
9	旋转 3D 视图，使板水平面沿窗口右侧运动	L	打开三维"视图配置"对话框
2	切换二维显示	3	切换三维显示
Shift	开启 3D 旋转运动球体	Shift + 右键拖动	任意旋转电路板的角度
V → B 或 Ctrl + F	沿着光标位置横向翻转电路板	Ctrl + 右键拖动 或 Ctrl + 滚轮	任意缩放电路板的大小

附录D // PCB 设计规则

对于 PCB 的设计，AD 软件提供了详尽的 10 种不同的设计规则，这些设计规则包括导线放置、导线布线方法、元件放置、布线规则、元件移动和信号完整性等。根据这些规则，AD 软件进行自动布局和自动布线。很大程度上，布线是否成功和布线质量的高低取决于设计规则的合理性，也依赖于用户的设计经验。

对于具体的电路可以采用不同的设计规则，如果设计的是双面板，很多规则可以采用系统默认值，系统默认值就是对双面板进行布线的设置。

PCB 规则分类如下：

1. Electrical(电气规则)

(1) Clearance：安全间距规则。安全间距设置的是 PCB 电路板在布置铜膜导线时，元件焊盘和焊盘之间、焊盘和导线之间、导线和导线之间的最小距离。在 Constraints 选项区域中的最小间隔文本框中，系统默认输入为 10 mil，如图 D-1 所示，文中其他位置的 mil 也代表同样的长度单位。

(2) Short Circuit：短路规则。短路设置就是不允许电路中有导线交叉短路，系统默认不允许短路，即取消 Allow Short Circuit 复选项的选定，如图 D-2 所示。

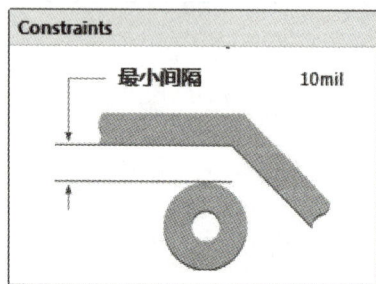

图 D-1　设置最小距离

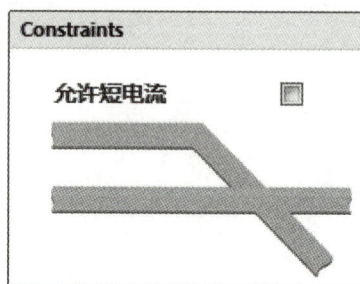

图 D-2　设置短路规则

(3) UnRouted Net：未布线网络规则。可以指定网络，检查网络布线是否成功，如果不成功，将保持用飞线连接。

(4) UnConnected Pin：未连线引脚规则。检查指定网络是否所有元件引脚都连线了。

(5) Modified Polygon：覆铜修改规则。检测搁置或已被修改但尚未被修改的多边形。

2. Routing(布线规则)

(1) Width：走线宽度规则。导线的宽度有三个值，分别为 Max Width(最大宽度)、Preferred Width(最佳宽度)、Min Width(最小宽度)。系统对导线宽度的默认值为 10 mil，单击每个项直接输入数值进行更改，如图 D-3 所示。

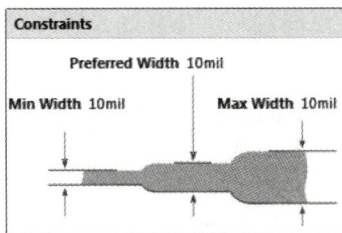

图 D-3　设置导线宽度

(2) Routing Topology：走线拓扑布局规则。拓扑规则定义是采用布线的拓扑逻辑约束。Protel DXP 中常用的布线约束为统计最短逻辑规则，用户可以根据具体设计选择不同的布线拓扑规则。AD 软件提供了以下几种布线拓扑规则，可从 Topology 下拉菜单中选择，如图 D-4(a) 所示。

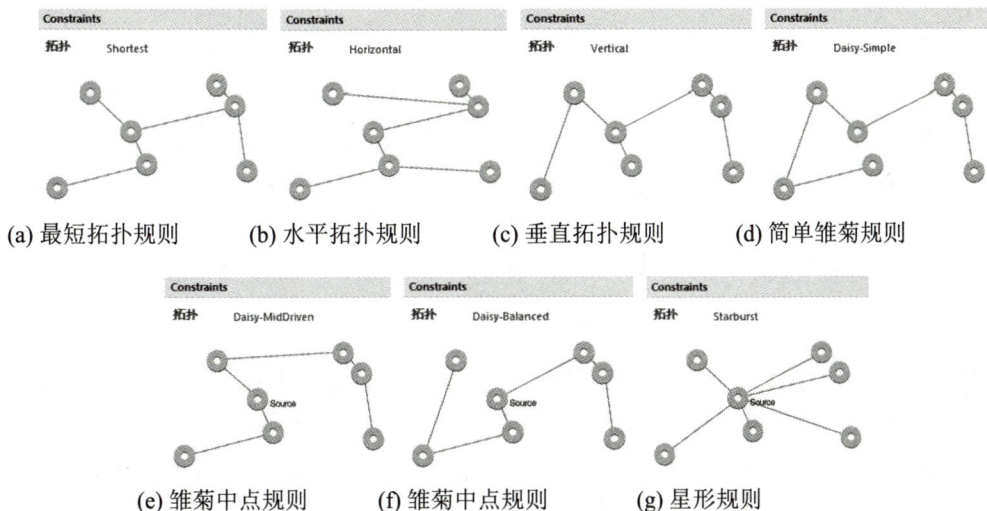

(a) 最短拓扑规则　(b) 水平拓扑规则　(c) 垂直拓扑规则　(d) 简单雏菊规则

(e) 雏菊中点规则　(f) 雏菊中点规则　(g) 星形规则

图 D-4　设置走线拓扑布局规则

① Shortest(最短) 规则：布线时连接所有节点的连线最短规则。

② Horizontal(水平) 规则：采用连接节点的水平连线最短规则。

③ Vertical(垂直) 规则：连接所有节点，在垂直方向的连线最短规则。

④ Daisy-Simple (简单雏菊) 规则：采用的是使用链式连通法则，从一点到另一点连通所有的节点，并使连线最短。

⑤ Daisy-MidDriven(雏菊中点) 规则：选择一个 Source(源点)，以它为中心向左右连通所有的节点，并使连线最短。

⑥ Daisy-Balanced (雏菊平衡) 规则：选择一个源点，将所有的中间节点数目平均分成组，所有的组都连接在源点上，并使连线最短。

⑦ Starburst 星形规则：选择一个源点，以星形方式去连接别的节点，并使连线最短。

(3) Routing Priority：布线优先级规则。该规则用于设置布线的优先次序，设置的范围从 0～100，数值越大，优先级越高。

(4) Routing Layers：布线板层线规则。该规则设置允许布线的信号层，默认为双面板，顶层和底层都允许布线，如图 D-5 所示。

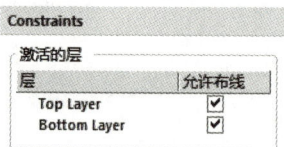

图 D-5　设置布线层

(5) Routing Corners：导线拐角规则。布线的拐角可以有 45°拐角、90°拐角和圆形拐角三种，系统默认选择 45°拐角模式。如图 D-6 所示，从"Style"（类型）下拉菜单栏中可以选择拐角的类型，"Setback"文本框用于设定拐角的长度，"to"文本框用于设置拐角的大小。

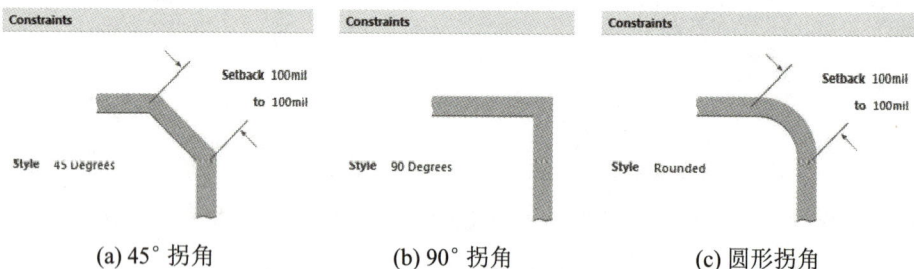

(a) 45°拐角　　　　　　(b) 90°拐角　　　　　　(c) 圆形拐角

图 D-6　设置导线拐角

(6) Routing Via Style：布线过孔形式规则。该规则用于设置布线中金属化过孔的尺寸，其界面如图 D-7 所示。可以设置的参数有过孔的直径"Via Diameter"和过孔中的通孔直径"Via Hole Size"，包括最大值 (Maximum)、最小值 (Minimum) 和首选值 (Preferred)。设置时需注意过孔直径和通孔直径的差值不宜过小，否则将不适于制板加工。合适的差值在 10 mil 以上。

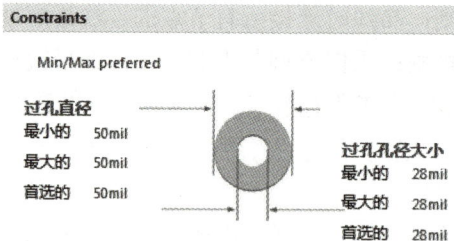

图 D-7　过孔设置

(7) Fan out Control：布线扇出控制规则。该规则主要用于球栅阵列、无引线芯片座等封装的特殊器件的布线控制。

(8) Differential Pairs Routing：差分对布线规则。该规则用于设置差分对布线的线宽尺寸、铜膜导线之间的间距等，其界面如图 D-8 所示。

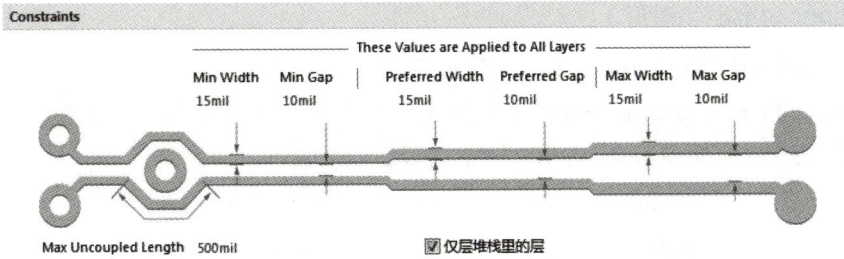

图 D-8　设置差分对布线

参数设置包括"Min Width"最小线宽、"Min Gap"最小间距、"Preferred Width"首选线宽、"Preferred Gap"首选间距、"Max Width"最大线宽、"Max Gap"最大间距和"Max Uncoupled Length"最大不耦合长度。

3. SMT(表面贴装规则)

(1) SMD To Corner：SMD 焊盘与导线拐角处最小间距规则。

(2) SMD To Plane：SMD 焊盘与电源层过孔最小间距规则。

(3) SMD Neck Down：SMD 焊盘颈缩率规则。

(4) SMD Entry：SMD 焊盘入口规则。

4. Mask(掩模规则)

(1) Solder Mask Expansion：阻焊层收缩量规则。该规则用于设计从焊盘到阻碍焊层之间的延伸距离。在电路板的制作时，阻焊层要预留一部分空间给焊盘。这个延伸量就是防止阻焊层和焊盘相重叠，如图 D-9 所示，系统默认值为 4 mil，Expansion 设置延伸量的大小。

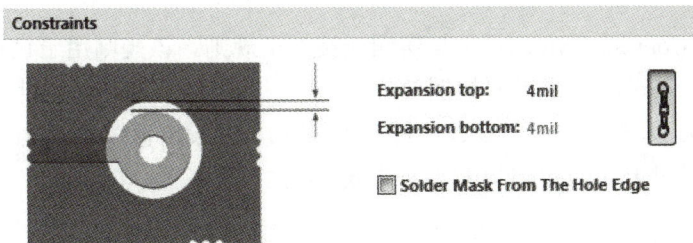

图 D-9　阻焊层延伸量设置

(2) Paste Mask Expansion：助焊层收缩量规则。该规则设置表面黏着元件的焊盘和焊锡层孔之间的距离，如图 D-10 所示，图中的 Expansion 设置项为设置延伸量的大小。

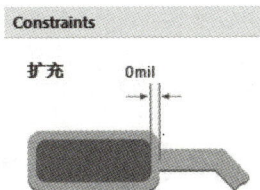

图 D-10　助焊层延伸量设置

5. Plane(内电层和覆铜)

内层设计规则用于多层板设计中，有如下几种设置规则。

(1) Power Plane Connect Style：电源层连接方式规则。该规则用于设置导孔到电源层的连接，其设置界面如图 D-11 所示。图中共有 5 项设置项，分别是：

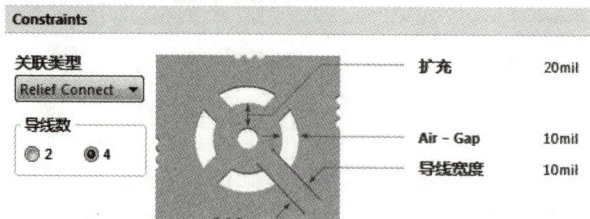

图 D-11　电源层连接方式设置

① "关联类型" 下拉列表：用于设置电源层和导孔的连接风格。下拉列表中有 3 个选项可以选择：Relief Connect(发散状连接)、Direct connect(直接连接) 和 No Connect(不连接)。工程制板中多采用发散状连接风格。

② "导线数" 复选项：用于选择连通的导线数目，可以有 2 条或者 4 条导线供选择。

③ "扩充" 文本框：用于设置从导孔到空隙的间隔之间的距离。

④ "Air-Gap" 文本框：用于设置空隙的间隔宽度。

⑤ "导线宽度" 文本框：用于设置导通的导线宽度。

(2) Power Plane Clearance：电源层安全间距规则。该规则用于设置电源层与穿过它的导孔之间的安全距离，即防止导线短路的最小距离，设置界面如图 D-12 所示，系统默认值 20 mil。

(3) Polygon Connect Style：焊盘与覆铜连接类型规则。该规则用于设置多边形覆铜与焊盘之间的连接方式，设置界面如图 D-13 所示。该设置对话框中的设置与 Power Plane Connect Style 选项设置意义相同，在此不再赘述。最后可以设定覆铜与焊盘之间的连接角度，有 90 Angle(90°) 和 45 Angle(45°) 角两种方式可选。

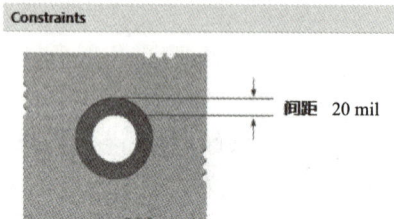

图 D-12　电源层安全距离设置

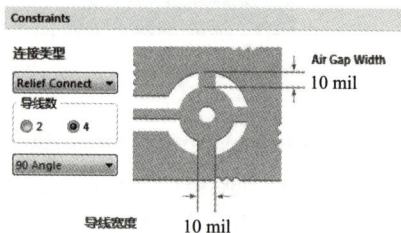

图 D-13　覆铜连接方式设置

6. TestPoint(测试点规则)

TestPoint 规则用于设计测试点的形状、用法等，有如下几项设置。

(1) TestPoint Style：测试点样式规则。该规则中可以指定测试点的大小和格点大小等。

(2) TestPoint Usage：测试点使用规则。该规则用于设置是否可以在同一网络上允许多个测试点存在。

7. Manufacturing(工业制板规则)

电路板工业制板规则用于对电路板制板的设置，有如下几类设置：

(1) Minimum Annular Ring：最小焊盘环宽规则。设置电路板制作时的最小焊盘宽度，即焊盘外直径和导通孔直径之间的有效期值，用以防止焊盘脱落，系统默认值为 10 mil。

(2) Acute Angle：导线夹角规则。点击"新规则"按钮，设置两条铜膜导线的交角，一般不小于 90°，如图 D-14 所示，系统默认值为 60°。

(3) Hole Size：孔径设置规则。该规则用于设置过孔的内直径大小。可以指定过孔的内直径的最大值和最小值。"测量方法"下拉列表中有两种选项："Absolute"以绝对尺寸来设计，"Percent"以相对的比例来设计。采用绝对尺寸的过孔直径设置对话框如图 D-15 所示（以 mil 为单位）。

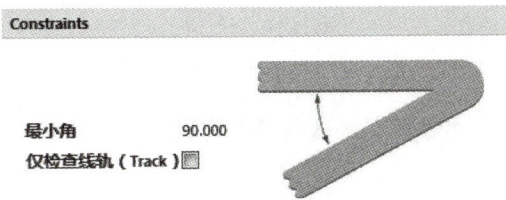
图 D-14　导线夹角设置

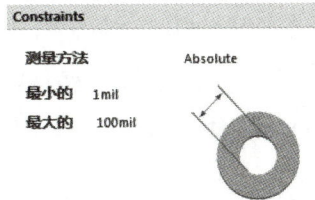
图 D-15　孔径设置

(4) Layer Pairs：配对层设置规则。在设计多层板时，如果使用了盲导孔，就要在这里对板层对进行设置，设定所有钻孔电气符号（焊盘和过孔）的起始层和终止层。对话框中的复选项用于选择是否允许使用板层对设置。

(5) Hole To Hole Clearance：孔间间距。这个规则确保检查钻孔的制造兼容性。启用时，它将在同一位置标记任何通孔 / 焊盘，或重叠焊盘 / 通孔，还可以选择是否允许堆叠微过孔，参数设置如图 D-16 所示。

(6) Minimum Solder Mask Sliver：最小阻焊膜间隙。这个规则检查任何两个阻焊层开口之间的距离是否等于或大于用户规定的最小值，以确保整个电路板上的阻焊层的最小宽度，参数设置如图 D-17 所示。

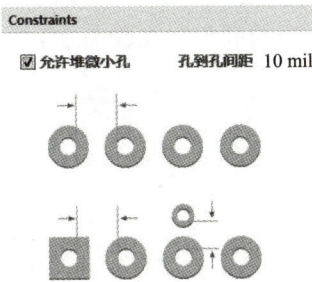
图 D-16　孔间间距设置

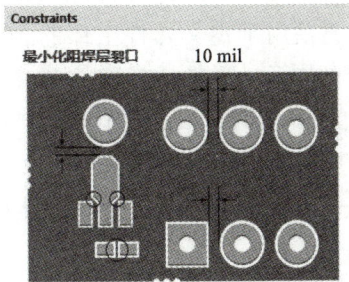
图 D-17　最小阻焊膜间隙设置

(7) Silkscreen Over Component Pads：丝印与元器件焊盘间距规则。该规则用于检查任何丝印字符、图形和焊接元件对象或暴露的铜膜导线之间的间隙，以确保丝印与元器件焊盘的距离等于或大于约束中指定的值，如图 D-18 所示。

(8) Silk To Silk Clearance：丝印间距规则。该规则定义了丝印层上任意两个对象之间允许的最小间距，如图 D-19 所示。

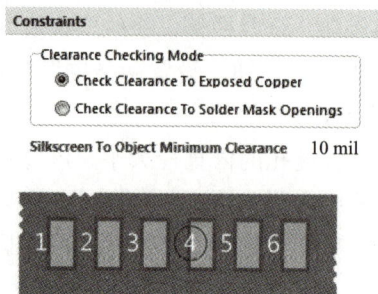

图 D-18　丝印与元器件焊盘间距设置

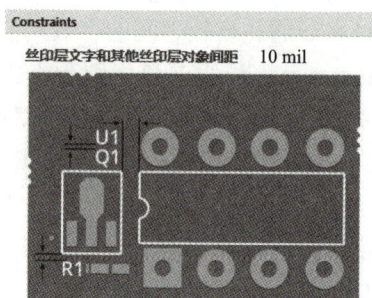

图 D-19　丝印间距设置

(9) Net Antennae：网络天线规则。

(10) Board Outline Clearance：板轮廓间隙规则，这条规则定义了从设计物体到板边的最小间隙。

8. HighSpeed(高速信号规则)

(1) Parallel Segment：平行铜膜线段间距限制规则。

(2) Length：网络长度限制规则。

(3) Matched Net Lengths：网络长度匹配规则。

(4) Daisy Chain Stub Length：菊花状布线分支长度限制规则。

(5) Vias Under SMD：SMD 焊盘下过孔限制规则。

(6) Maximum Via Count：最大过孔数目限制规则。

9. Placement(元件布局规则)

(1) Room Definition：元件集合定义规则。此规则指定了一个矩形区域，其中元件允许或不允许放入该区域。

(2) Component Clearance：元件间距规则。此规则是指定元件可以相互放置的最小距离。元件间隙包括用于定义元件主体的 3D 模型之间的间隙。在没有 3D 模型的情况下，丝印和铜箔上的图元 (不包括指定符和注释) 用于定义对象的形状和大小以及组件属性中指定的高度值。参数设置如图 D-20 所示。

(3) Component Orientations：元件布置方向规则。

(4) Permitted Layers：允许元件布置板层规则。此规则指定可以在哪些层放置元件。

(5) Nets To Ignore：网络忽略规则。这个

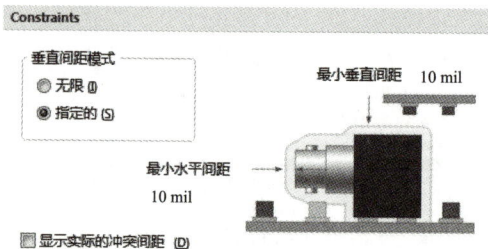

图 D-20　元件间距设置

规则指定哪些网络应该被忽略。

(6) Hight：高度规则。此规则指定放置在设计中的元件的高度限制，参数设置如图 D-21 所示。

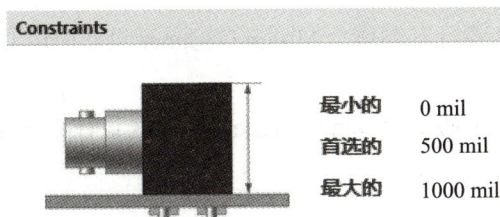

图 D-21　元件高度规则设置

10. SignalIntegrity(信号完整性)

(1) Signal Stimulus：激励信号规则。

(2) Undershoot-Falling Edge：负下冲超调量限制规则。

(3) Undershoot-Rising Edge：正下冲超调量限制规则。

(4) Impedance：阻抗限制规则。

(5) Signal Top Value：高电平信号规则。

(6) Signal Base Value：低电平信号规则。

(7) Flight Time-Rising Edge：上升飞行时间规则。

(8) Flight Time-Falling Edge：下降飞行时间规则。

(9) Slope-Rising Edge：上升沿时间规则。

(10) Slope-Falling Edge：下降沿时间规则。

(11) Supply Nets：电源网络规则。

同一类规则下可以包含多个规则，并为每个规则设置不同的适用范围和优先级，以根据具体需求实现灵活多样的规则。

具体的规则设计情况可到 Altium 公司官网上查询，地址如下：

https://www.altium.com/cn/documentation/altium-designer/pcb-design-rule-types?version=22.0

参 考 文 献

[1]　马颖，蒋雪琴. PCB 设计与制作：Altium Designer 设计应用 [M]. 西安：西安电子科技大学出版社，2018.

[2]　Altium 中国技术支持中心. Altium Designer 21 PCB 设计官方指南（基础应用）[M]. 北京：清华大学出版社，2022.